抗中性粒细胞胞浆抗体
间接免疫荧光图谱

判读解析

主　编　胡朝军
副主编　周仁芳　何　敏　刘冬舟
主　审　曾小峰

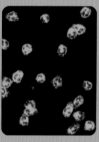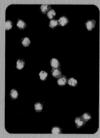

人民卫生出版社

图书在版编目（CIP）数据

抗中性粒细胞胞浆抗体间接免疫荧光图谱判读解析 / 胡朝军主编 . —北京：人民卫生出版社，2019
ISBN 978-7-117-28836-1

Ⅰ.①抗… Ⅱ.①胡… Ⅲ.①粒细胞 – 细胞质 – 荧光抗体技术 – 判读 – 图解 Ⅳ.①Q939.91-64

中国版本图书馆 CIP 数据核字（2019）第 189081 号

| 人卫智网 | www.ipmph.com | 医学教育、学术、考试、健康，购书智慧智能综合服务平台 |
| 人卫官网 | www.pmph.com | 人卫官方资讯发布平台 |

抗中性粒细胞胞浆抗体间接免疫荧光图谱
判读解析

主　　编：胡朝军
出版发行：人民卫生出版社（中继线 010-59780011）
地　　址：北京市朝阳区潘家园南里 19 号
邮　　编：100021
E - mail：pmph @ pmph.com
购书热线：010-59787592　　010-59787584　　010-65264830
印　　刷：三河市宏达印刷有限公司（胜利）
经　　销：新华书店
开　　本：787×1092　1/16　印张：28
字　　数：681 千字
版　　次：2019 年 9 月第 1 版　2019 年 9 月第 1 版第 1 次印刷
标准书号：ISBN 978-7-117-28836-1
定　　价：258.00 元

打击盗版举报电话：010-59787491　E-mail：WQ @ pmph.com
（凡属印装质量问题请与本社市场营销中心联系退换）

编 者（以姓氏汉语拼音为序）

白伊娜 （北京协和医院风湿免疫科）

董凌莉 （华中科技大学同济医学院附属同济医院风湿免疫科）

董晓娟 （北京协和医院风湿免疫科）

甘晓丹 （北京协和医院风湿免疫科）

关文娟 （郑州大学第一附属医院风湿免疫科）

何 敏 （广州中医药大学第二附属医院检验科）

洪小平 （深圳市人民医院风湿免疫科）

胡朝军 （北京协和医院风湿免疫科）

黄清水 （南昌大学第一附属医院检验科）

贾 宇 （郑州大学第一附属医院肾脏内科）

姜 蕾 （牡丹江医学院附属红旗医院检验科）

黎德育 （华中科技大学协和深圳医院中医风湿科）

李 菁 （北京协和医院风湿免疫科）

李 萍 （北京协和医院风湿免疫科）

李 晞 （广西医科大学第一附属医院检验科）

李梦涛 （北京协和医院风湿免疫科）

刘 坚 （航天中心医院风湿免疫科）

刘 瑜 （大连医科大学附属第二医院风湿免疫科）

刘冬舟 （深圳市人民医院风湿免疫科）

刘丽琴 （广东医科大学附属医院检验科）

任冬梅 （焦作市人民医院检验科）

单洪丽 （吉林大学白求恩第一医院检验科）

史晓敏 （北京大学第一医院检验科）

宋 宁 （北京协和医院风湿免疫科）

田新平 （北京协和医院风湿免疫科）

王 迁 （北京协和医院风湿免疫科）

王春燕 （郑州大学第一附属医院肾脏内科）

武丽君 （新疆维吾尔自治区人民医院风湿免疫病科）

武永康 （四川大学华西医院实验医学科）

夏 勇 （广州医科大学附属第三医院检验科）

徐 健 （昆明医科大学第一附属医院风湿免疫科）

杨 滨 （四川大学华西医院实验医学科）

杨国香 （内蒙古自治区人民医院医学检验科）

翟福英 （荣成市人民医院检验科）

3

张道强 （威海市中心医院中心实验研究室）

张晓梅 （甘肃省人民医院检验科）

赵　静 （内蒙古医科大学附属医院风湿免疫科）

赵久良 （北京协和医院风湿免疫科）

郑文洁 （北京协和医院风湿免疫科）

周仁芳 （温州医科大学附属温岭医院检验科）

主编简介

胡朝军,博士,北京协和医院风湿免疫科副研究员。2005年毕业于四川大学华西医学中心(原华西医科大学),就职于北京协和医院。2014年前往美国约翰·霍普金斯大学访问学习。

中国医师协会风湿免疫科医师分会自身抗体检测专业委员会副主任委员兼秘书长;中国中西医结合学会检验医学专业委员会免疫性疾病学术委员会委员兼秘书长;中国中西医结合学会检验医学专业委员会免疫性疾病学术委员会青年委员会副主任委员;中国医师协会检验医师分会自身免疫性疾病检验医学专业委员会委员;中国免疫学会临床免疫分会委员会青年委员;中国中西医结合学会检验医学专业委员会肿瘤免疫实验诊断专家委员会委员;中国研究型医院学会神经胃肠病学专业委员会青年委员。《中华临床免疫与风湿病》杂志通讯编委;《中华检验医学杂志》编委会审稿专家;国家自然科学基金委员会评审专家。

自工作以来,主要从事自身免疫性疾病临床实验诊断检测技术标准化及发病机制研究工作。《抗中性粒细胞胞浆抗体检测的临床应用专家共识》《抗核抗体检测的临床应用专家共识》和《抗磷脂抗体检测的临床应用专家共识》第一执笔者。作为课题负责人承担国家自然科学基金2项、北京协和医学院"协和青年基金"2项。作为课题主要成员参与国家科技部"863计划基金项目""十一五""十二五""十三五"和国家自然科学基金等国家级课题10余项。

近年来参编《自身抗体免疫荧光图谱》等专著6部,在国内外专业杂志发表研究论文140余篇,其中以第一作者、共同第一作者和通讯作者发表论文40余篇(SCI论文18篇)。自身免疫病相关自身抗体及其靶抗原研究申报国家和国际发明专利19项,其中5项已获得授权。研究成果荣获高等学校科学研究优秀成果奖(科学技术)科技进步奖二等奖、中华医学科技奖三等奖、华夏医学科技奖三等奖、北京市科技进步奖、北京协和医院医疗成果奖等。

副主编简介

周仁芳，主任技师，就职于温州医科大学附属温岭医院检验科。

中国医师协会检验医师分会自身免疫性疾病检验医学专业委员会委员；中国医师协会风湿免疫科医师分会自身抗体检测专业委员会委员；中国中西医结合学会检验医学专业委员会免疫性疾病学术委员会委员；中国中西医结合学会检验医学专业委员会免疫性疾病学术委员会青年委员会副主任委员；中国研究型医院学会检验医学专业委员会委员；浙江省医学会检验医学分会生化与免疫学检验学组委员等。

近年来，主要从事自身免疫性疾病的实验诊断检测技术标准化和临床研究工作，《抗中性粒细胞胞浆抗体检测的临床应用专家共识》《抗核抗体检测的临床应用专家共识》和《抗磷脂抗体检测的临床应用专家共识》主要执笔者。研究成果发表学术论文 50 多篇，获省、市自然科学优秀论文奖 10 余项。副主编、参编专著 4 部。参与或主持国家级、省、市级课题多项。

副主编简介

何　敏，中山大学免疫学博士，主任技师，硕士生导师，现任广州中医药大学第二附属医院检验科副主任技师。

中国医师协会检验医师分会自身免疫性疾病检验医学专业委员会委员；中国中西医结合学会检验医学专业委员会免疫性疾病学术委员会委员；中国中西医结合学会检验医学专业委员会免疫性疾病学术委员会青年委员会委员；广东省中西医结合学会检验医学专业委员会委员；广东省中医药学会检验医学专业委员会委员；广东省预防医学会微生物与免疫学专业委员会委员；广东省肝脏病学会检验诊断专业委员会委员；国家自然科学基金委员会评审专家；中国合格评定国家认可委员会技术评审员。

近年来独立主持国家自然科学基金、广东省科技计划等各级课题6项，参与国家"十二五"项目，"863课题"等各级课题10余项。以第一作者或通讯作者身份发表论文10余篇，其中SCI收录5篇。主要研究方向为临床免疫检验标准化，自身免疫性疾病的实验室诊断。

副主编简介

刘冬舟，主任医师，医学博士，硕士研究生导师、博士后合作导师，现任深圳市人民医院（暨南大学第二临床医学院）风湿免疫科主任。

中国医师协会风湿免疫科医师分会常务委员；海峡两岸医药卫生交流协会风湿免疫病学专业委员会常务委员；广东省医学会风湿病学分会常务委员。

1994年毕业于原湖北医科大学医疗系（现武汉大学医学院），毕业后至武汉大学人民医院（湖北省人民医院）工作。2003年取得武汉大学博士学位后来到深圳市人民医院风湿免疫科工作，主要从事风湿病的临床诊治。主持及参与包括国家自然科学基金、广东省自然科学基金等多项课题，其中2019年获广东省科技厅重点领域研发计划项目，资助金额500万元。以第一及通讯作者发表文章30余篇，其中1篇发表在风湿病学领域国际上公认的最权威杂志 *Ann rheum dis*，2018年影响因子14.299。主要研究方向为风湿免疫病的发病机制与临床。

自身抗体和自身免疫病的相互密切关系是转化医学在免疫专业中成功应用的范例。继抗核抗体谱在结缔组织病诊治中成功发挥重要作用,20 世纪 80 年代出现于临床的抗中性粒细胞胞浆抗体(antineutrophil cytoplasmic antibody,ANCA)紧随其后,为弥漫性结缔组织病中的自身免疫性血管炎诊断提供了不可估量的作用。

20 世纪 80 年代初,ANCA 先后在一些肾小球病和 / 或血管炎患者的血清中被检出,它推动血管炎发病机制的研究,更重要的是它为一些小血管炎患者提供了诊断依据,对明确治疗方向、改善预后起到重要的作用。因此文献上屡屡出现 ANCA 相关血管炎名称,至 2012 年欧美血管炎的指南中明确将 ANCA 相关血管炎分为独立的一类疾病。2017 年欧洲抗风湿病联盟 / 美国风湿病学会(European League Against Rheumatism/American College of Rheumatology,EULAR/ACR)再次提出的 ANCA 相关血管炎分类标准中,也包含了 ANCA 间接免疫荧光检测结果。作为这类血管炎的标志物,ANCA 间接免疫荧光检测结果的重要性就不言自明了。

由于 ANCA 对临床疾病诊治具有重要意义,故对其检测要求精准。目前国内风湿免疫实验室采用间接免疫荧光(indirect immunofluorescence,IIF)法进行 ANCA 的测定,根据各自呈现的荧光模型进行鉴别,包括胞浆型 ANCA(cANCA)和核周型 ANCA(pANCA),以及采用 ELISA 等靶抗原特异性抗体检测方法进行蛋白酶 3(proteinase 3,PR3)-ANCA 及髓过氧化物酶(myeloperoxidase,MPO)-ANCA 的检测。IIF-ANCA 检测受多种外来因素影响,其中最重要的是检测者对荧光模型的认识和判断能力。2017 年在中国医师协会风湿免疫科医师分会的领导下组织了一次全国范围的调查,把北京协和医院 203 份 ANCA 阳性或者可疑的血清标本荧光图片借助网络让全国相关实验室检测人员进行判读,该次判读合格率仅为 7.2%。经过网络培训,一个月后再次测试合格率达 77.1%。说明检测者识别荧光模型的能力是关键,为普及对 ANCA 图形的认识,北京协和医院风湿免疫科实验室将 200 余份 ANCA 图谱附以判读结果解析印刷成书,作为各实验室相关人员的参考,以提高他们的识别和判读能力。

要重视不典型 ANCA 的荧光模型,不论是不典型的 cANCA 还是不典型的 pANCA 都代表中性粒细胞胞浆内可能具有其他靶抗原的存在,有必要以有效的免疫测试法测定其相应的抗体来明确这些靶抗原的分子成分,并对它们进行与临床疾病相关的研究。因此,可以说 IIF-ANCA 是一个与 ANCA 谱相关的许多自身抗体的总称。

最后,我认为 IIF-ANCA 检测项目是每个风湿免疫科实验室必须开展的,临床医师对相关疑似的患者也必做此项检测。为此,本图谱的作用也就不言自明了。

北京协和医院风湿免疫科

2019 年 3 月

序 二

20世纪80年代发现的抗中性粒细胞胞浆抗体（ANCA）和随后的广泛临床应用促进了临床 ANCA 相关血管炎（ANCA-associated vasculitis，AAV）一大类临床疾病的命名和发病机制的研究。ANCA 对 AAV 的诊断和治疗评估非常重要，是该类疾病最重要的血清标志物。间接免疫荧光（IIF）法是最初发现 ANCA 的重要方法，并一直在临床使用至今，其检测结果仍是 2017 年 EULAR/ACR 提出的肉芽肿性多血管炎／显微镜下多血管炎／嗜酸性肉芽肿性多血管炎（granulomatosis with polyangiitis/microscopic polyangiitis/eosinophilic granulomatosis with polyangiitis，GPA/MPA/EGPA）分类标准中的重要指标之一。

由于 IIF-ANCA 检测结果判读受操作者工作经验、实验操作过程等多种因素影响，其检测结果的质量对临床诊断有重要影响。中国医师协会风湿免疫科医师分会自身抗体检测专业委员会于 2017 年 9 月进行的抗中性粒细胞胞浆抗体（ANCA）间接免疫荧光（IIF）法检测判读网络培训系统全国注册用户问卷调查结果显示，我国 IIF-ANCA 检测质量现状并不理想。虽然经过网络培训后 IIF-ANCA 检测结果判读质量显著提高，但仍有许多实验室人员对本次培训 IIF-ANCA 检测结果判读过程和判读依据不太理解。由胡朝军等多位临床和实验室一线工作人员编写的《抗中性粒细胞胞浆抗体间接免疫荧光图谱判读解析》一书正是对本次调查、培训采用的 IIF-ANCA 图谱判读结果进行逐一解析。由于本图谱采用图片均来自临床日常检验工作中的实际病例，能最大程度代表临床实际工作情况，具有很好的临床实用价值。参与编写人员均来自全国各省市从事本专业的实验室人员和临床医师，因此本图谱判读解析既涵盖最新的专业理论知识，又体现出编写人员丰富的临床工作经验。本图谱的出版必将有助于规范 IIF-ANCA 检测结果判读，提高我国 IIF-ANCA 检测结果判读的质量，进一步促进 ANCA 在临床相关疾病诊疗中的应用。

《抗中性粒细胞胞浆抗体间接免疫荧光图谱判读解析》一书是风湿免疫病学领域的重要书籍,本图谱将是我国一线临床实验室人员和临床医师重要的工作参考书。

北京协和医院风湿免疫科

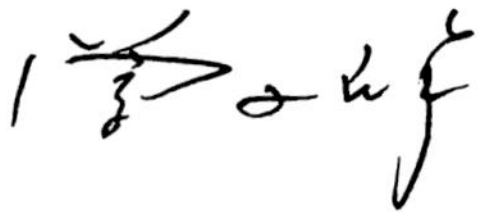

2019 年 5 月

免疫荧光抗体技术是通过免疫荧光的方法对自身抗体或抗原进行检测,具有特异性强、灵敏度高的特点,在自身免疫性疾病的诊断和治疗中发挥着重要作用。抗中性粒细胞胞浆抗体(ANCA)不仅是血管炎诊断的重要血清标志物,而且有助于诊断多种炎症性疾病,包括肺部疾病、肾脏疾病以及感染性疾病。特别是 ANCA 与某些自身免疫性疾病如炎性肠病和自身免疫性肝病等密切相关。因此,学习和理解 ANCA 在疾病中出现的特点和临床意义对相关疾病的诊治及病情判断具有重要作用。

本图谱收集了大量珍贵的 ANCA 免疫荧光检测细胞图谱资料,这些资料将对大家进一步理解和认识 ANCA 在相关疾病的特异性诊断和治疗起到促进作用。

北京协和医院历史悠久,基础免疫实力雄厚,于 1965 年成立了血清免疫室,于 1975 年建立了荧光免疫研究室并开展了多种自身抗体检测,提高了免疫性疾病的诊断水平;1980 年正式成立了风湿免疫科和风湿病实验室诊断中心。如今,该科室已经发展成为全国免疫性疾病临床研究中心,承担多项国家级重大科研课题,并为多种临床疾病提供实验室诊断的现代化综合性科室。该科室始终传承着"严谨、勤奋、求实"的协和精神,不断取得新的突破,为临床风湿性疾病的诊治做出了卓越贡献。本图谱的出版是该科室在 ANCA 与相关疾病诊断方面不断总结和积极探索的成果。

总之,我相信本图谱的出版将有助于提升临床医生和临床实验室工作者对相关复杂疾病的诊断和治疗水平。

北京协和医院检验科

王惠珍

2019 年 4 月

前　言

　　自身抗体作为自身免疫病最具特征的实验室标志物,目前在临床上得到广泛推广和应用。在众多自身抗体中,抗中性粒细胞胞浆抗体(ANCA)是一组重要的自身抗体,主要见于 ANCA 相关血管炎(AAV),也可见于炎性肠病、自身免疫性肝病等其他自身免疫病。临床实验室检测 ANCA 对相关疾病的诊断、鉴别诊断、分型、病情监测及疗效判断等具有重要的临床意义。间接免疫荧光(IIF)法作为发现 ANCA 的基本实验室检测方法,开创了 ANCA 实验室检测临床应用的里程碑,现已成为 ANCA 重要的检测技术之一。

　　IIF 检测 ANCA(IIF-ANCA)是根据靶抗原的理化性质不同及所在实验细胞基质特征,在甲醛、乙醇固定的人中性粒细胞等实验基质上呈现特征性荧光模型,可分为核周型 ANCA(pANCA)、胞浆型 ANCA(cANCA)及不典型 ANCA(aANCA)。不同荧光模型的 ANCA 见于不同的疾病患者,可具有不同的临床应用价值。因此,在 ANCA 检测的相关国际共识、国内临床应用专家共识以及 AAV 的分类标准中,IIF 一直是实验室检测 ANCA 的重要方法。但是,IIF-ANCA 荧光模型的判读与实验基质及实验操作等因素有关,特别是实验室人员的判读经验对结果起关键作用。目前,全国相关调查数据显示,IIF-ANCA 的结果判读对于临床实验室人员仍是一大挑战。因此,相关临床实验室人员和临床医师急需 IIF-ANCA 荧光模型结果判读和相关临床解析的书籍,此乃本图谱成书的初衷。

　　本书的编写立足于临床实践,参与编写人员均为来自全国各省市从事本专业临床一线的实验室人员和临床医师,荧光图谱判读示例也均来自日常临床工作中的实际病例。采用一例一解析的方式,由不同实验基质上的荧光图片、IIF-ANCA判读结果、ANCA 谱结果、临床资料及 IIF-ANCA 判读解析 5 部分组成。为方便读者查阅,书稿中的实例顺序分为 pANCA、cANCA、aANCA 及阴性,同时结合是否存在抗核抗体(antinuclear antibody,ANA)干扰和靶抗原是否阳性做了相关细分。除此之外,本书也包括了 ANCA 的相关概述、检测方法及临床意义。因此,本图谱解析力求提供给读者更好的临床应用实践,也阐述了 ANCA 检测技术的发展历程和临床应用新进展。相信本书的出版能对从事此专业的临床实验室人员和临床医师提供一定的借鉴。由于 IIF-ANCA 荧光模型结果判读具有一定的主观性,因此对于书稿中的某一具体实例会有不同的解析观点,不足和错误之处在所难免,恳请同道们批评指正,期待一起学习提高。

在本书出版之际,特别感谢董怡教授、曾小峰教授和王惠珍教授亲自为本书作序,也感谢参与本书撰写的所有编者的辛勤付出,在此一并致谢!

胡朝军

2019 年 4 月于北京

目　录

第一章
抗中性粒细胞胞浆抗体概述

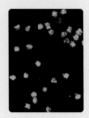

抗中性粒细胞胞浆抗体（antineutrophil cytoplasmic antibody，ANCA）是以中性粒细胞及单核细胞胞浆成分为靶抗原的自身抗体，以 IgG 型为主。ANCA 靶抗原除常见的蛋白酶 3（proteinase 3，PR3）、髓过氧化物酶（myeloperoxidase，MPO）外，还包括人白细胞弹性蛋白酶（human leukocyte elastase，HLE）、乳铁蛋白（lactoferrin，LF）、溶酶体（lysosome，LYS）、组织蛋白酶 G（cathepsin G，CG）和杀菌/通透性增高蛋白（bactericidal/permeability increasing protein，BPI）等。ANCA 作为小血管炎的实验室标志物，主要存在于 ANCA 相关血管炎（ANCA-associated vasculitis，AAV）患者中，如显微镜下多血管炎（microscopic polyangiitis，MPA）、肉芽肿性多血管炎（granulomatosis with polyangiitis，GPA）及嗜酸性肉芽肿性多血管炎（eosinophilic granulomatosis with polyangiitis，EGPA）。也可存在于炎性肠病、自身免疫性肝病、其他自身免疫病、恶性疾病、感染性疾病及药物使用后等临床情况。临床实验室检测 ANCA 及其靶抗原特异性自身抗体，对疾病的诊断、鉴别诊断、分型、病情监测及疗效判断等具有重要的临床意义。

ANCA 在 1982 年由 Davies 等在研究节段性坏死性肾小球肾炎患者血清中的抗核抗体过程中偶然发现，采用间接免疫荧光（indirect immunofluorescence，IIF）法在中性粒细胞的实验基质上，可观察到中性粒细胞胞浆弥散分布的荧光染色。1985 年 van der Woude 等在 GPA 患者中发现胞浆型 ANCA（cytoplasmic ANCA，cANCA），并对此进行了深入研究。1988 年 Falk 和 Jennette 在系统性血管炎和原发性坏死性新月体性肾小球肾炎患者的血清中发现核周型 ANCA（perinuclear ANCA，pANCA）。随后，研究者使用酶联免疫吸附试验（enzyme-linked immunosorbent assay，ELISA）发现 MPO 是 pANCA 的主要靶抗原，PR3 确认为 cANCA 的主要靶抗原。随着临床上对 ANCA 的不断认识和深入研究，ANCA 也被发现与其他小血管炎相关，如 MPA、EGPA 等。最初，各临床实验室通常采用自建 ELISA 方法检测 PR3-ANCA 和 MPO-ANCA，随后逐渐认识到加强这些检测方法标准化的必要性。1998 年由 15 个临床中心对原发性系统性血管炎患者进行 ANCA 检测方法的标准化评估，研究结果显示联合间接免疫荧光法检测 ANCA（IIF-ANCA）和 ELISA 检测靶抗原特异性 ANCA 可提高 ANCA 对原发性系统性血管炎临床诊断的性能。研究发现，IIF-ANCA 的敏感性为 81%~85%，特异性为 76%；IIF-ANCA 联合 ELISA 检测 PR3-ANCA、MPO-ANCA 的敏感性为 67%~82%，但特异性为 98%。在多中心的研究结果基础上，1999 年形成 ANCA 检测和报告国际共识，由此促进了 ANCA 在临床上的广泛应用。随着生物技术的飞速发展，ANCA 的检测技术也在不断提高，如 ELISA 检测 PR3-ANCA、MPO-ANCA 出现了多种抗原固相载体方法，以及许多新的固相测定技术。PR3-ANCA、MPO-ANCA 检测新技术、新方法的临床应用，使 1999 年的 ANCA 检测和报告国际共识不断面临新的挑战，并于 2017 年形成 GPA 和 MPA 中 ANCA 检测的修订版国际共识（图 1-2-1）。

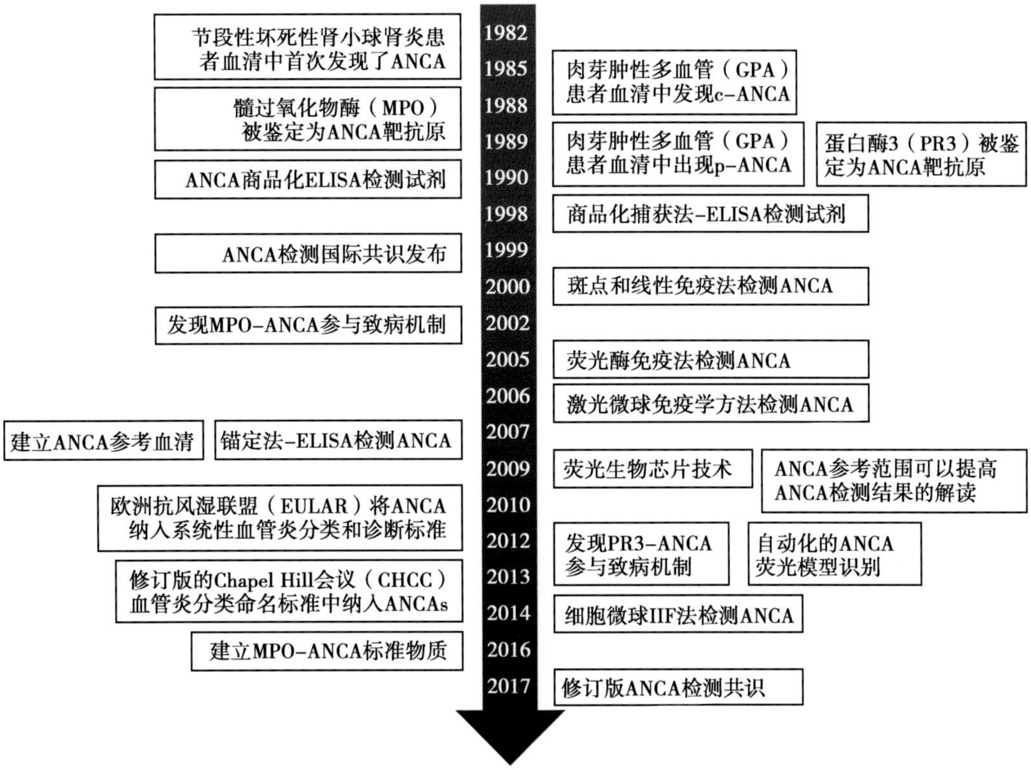

节段性坏死性肾小球肾炎患者血清中首次发现了ANCA	**1982**	
	1985	肉芽肿性多血管（GPA）患者血清中发现c-ANCA
髓过氧化物酶（MPO）被鉴定为ANCA靶抗原	**1988**	
	1989	肉芽肿性多血管（GPA）患者血清中出现p-ANCA · 蛋白酶3（PR3）被鉴定为ANCA靶抗原
ANCA商品化ELISA检测试剂	**1990**	
	1998	商品化捕获法–ELISA检测试剂
ANCA检测国际共识发布	**1999**	
	2000	斑点和线性免疫法检测ANCA
发现MPO-ANCA参与致病机制	**2002**	
	2005	荧光酶免疫法检测ANCA
	2006	激光微球免疫学方法检测ANCA
建立ANCA参考血清 · 锚定法–ELISA检测ANCA	**2007**	
	2009	荧光生物芯片技术 · ANCA参考范围可以提高ANCA检测结果的解读
欧洲抗风湿联盟（EULAR）将ANCA纳入系统性血管炎分类和诊断标准	**2010**	
	2012	发现PR3-ANCA参与致病机制 · 自动化的ANCA荧光模型识别
修订版的Chapel Hill会议（CHCC）血管炎分类命名标准中纳入ANCAs	**2013**	
	2014	细胞微球IIF法检测ANCA
建立MPO-ANCA标准物质	**2016**	
	2017	修订版ANCA检测共识

图 1-2-1 ANCA 检测的发展历史

第二章
抗中性粒细胞胞浆抗体检测方法

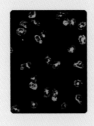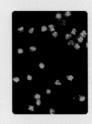

第一节 概述

ANCA 的检测方法包括间接免疫荧光(indirect immunofluorescence,IIF)法及针对靶抗原特异性自身抗体的各种免疫学方法。

IIF-ANCA 以乙醇和甲醛固定的中性粒细胞为标准实验基质,为便于更好的进行荧光结果的判读,建议同时结合 HEp-2 细胞等实验基质以排除抗核抗体(antinuclear antibody,ANA)的干扰。IIF-ANCA 通常使用荧光素标记的抗人 IgG 抗体作为二抗。根据在乙醇和甲醛固定的中性粒细胞实验基质上呈现的荧光模型,分为胞浆型 ANCA(cANCA)、核周型 ANCA(pANCA)及不典型 ANCA(atypical ANCA,aANCA),其中不典型 ANCA 包括不典型 cANCA 和不典型 pANCA。

自 1982 年采用 IIF 检测 ANCA 以来,IIF-ANCA 的检测技术不断发展,如在中性粒细胞的实验基质上不断优化,IIF-ANCA 实验操作的自动化和荧光模型的自动识别技术。新技术的应用有效避免了 IIF-ANCA 实验操作的费时、费力、工作效率低、实验结果判读的主观性影响及特殊培训等缺点,可促进 IIF-ANCA 的临床广泛应用。

ANCA 针对靶抗原的特异性自身抗体主要包括 MPO-ANCA、PR3-ANCA 及其他。自 1990 年第一个商品化的 ELISA 试剂进行 ANCA 靶抗原特异性自身抗体的检测以来,不断有许多基于新原理、新技术的商品化试剂应用于 ANCA 临床检测。如从最初使用靶抗原直接包被微孔板的第一代 ELISA 检测技术(间接法),发展到使用单克隆抗体包被微孔板以结合靶抗原的第二代 ELISA 检测技术(捕获法),以及使用桥联分子包被微孔板以结合靶抗原的第三代 ELISA 检测技术(锚定法)(图 2-1-1)。同时在 ELISA 基础上发展了斑点免疫法、线性免疫法、荧光酶免疫法、化学发光法及多元微球免疫法等新方法,从而提高了 ANCA 靶抗原特异性自身抗体检测的敏感性和特异性。不仅如此,目前抗 MPO 抗体和抗 PR3 抗体有参考血清,且抗 MPO 抗体已有标准物质(ERM-DA 476/IFCC),这些都将有助于 ANCA 检测的标准化。

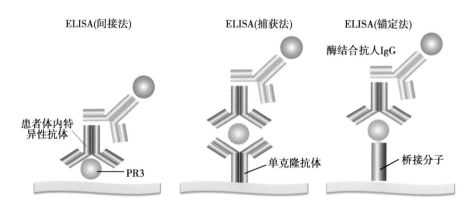

图 2-1-1 第一代 ELISA 至第三代 ELISA 检测 ANCA 靶抗原特异性自身抗体示意图

第二节 IIF-ANCA 荧光模型

IIF-ANCA 根据在乙醇和甲醛固定的中性粒细胞上呈现的荧光染色形态不同,分为胞浆型 ANCA(cANCA)、核周型 ANCA(pANCA)及不典型 ANCA(aANCA:不典型 cANCA 和不典型 pANCA)。为确保具有重要临床意义的荧光模型被准确识别以及根据荧光模型判读难易程度不同,2018 年中国医师协会风湿免疫科医师分会自身抗体检测专业委员会发表的《抗中性粒细胞胞浆抗体检测的临床应用专家共识》,建议将 ANCA 荧光模型分为必报荧光模型(包括:cANCA、pANCA)和选报荧光模型不典型 ANCA(包括:不典型 cANCA 和不典型 pANCA)。具体鉴别要点如下:

1. cANCA 阳性 乙醇固定的人中性粒细胞胞浆呈现弥散、粗细不一的颗粒状荧光,胞浆中的荧光可清晰勾勒出细胞及细胞核的形态,分叶核间荧光呈现重染;甲醛固定的人中性粒细胞呈现与上述一致的荧光染色。cANCA 阳性时,通常甲醛固定的人中性粒细胞基质上的荧光强度强于乙醇固定的人中性粒细胞荧光强度,因此部分患者经治疗后,可能表现为甲醛固定的人中性粒细胞荧光染色阳性,乙醇固定的人中性粒细胞荧光染色阴性。当 ANA 阳性时,应注意排除 ANA 胞浆型荧光的干扰。

2. pANCA 阳性 乙醇固定的人中性粒细胞呈现典型的核周胞浆带状荧光染色增强,荧光阳性染色主要集中在分叶核周围,形成环状或不规则的块状、带状荧光向细胞核内浸润或不浸润;甲醛固定的人中性粒细胞胞浆呈现弥散、粗细不一的颗粒状荧光,胞浆中的荧光可清晰勾勒出细胞及细胞核的形态,分叶核间荧光呈现重染。pANCA 阳性时,通常乙醇固定的人中性粒细胞荧光强度强于甲醛固定的人中性粒细胞荧光强度,因此部分患者经治疗后,可能表现为乙醇固定的人中性粒细胞荧光染色阳性,甲醛固定的人中性粒细胞荧光染色阴性。当 ANA 阳性时,应注意排除 ANA 细胞核荧光染色的干扰。

3. 不典型 cANCA 阳性 在乙醇固定的人中性粒细胞呈现胞浆中均匀弥散分布的细颗粒状荧光,在分叶间无增强的荧光染色;甲醛固定的人中性粒细胞胞浆呈现与上述一致的荧光染色或阴性。当 ANA 阳性时,判断不典型 cANCA 时需注意排除 ANA 胞浆型荧光的干扰。

4. 不典型 pANCA 阳性 乙醇固定的人中性粒细胞呈现核周胞浆的平滑丝带状荧光,无带状荧光向细胞核内浸润,荧光阳性染色均匀分布于核周,无不规则的块状(需排除 ANA 核膜型干扰);甲醛固定的人中性粒细胞呈阴性(需排除 ANA 核膜型干扰;需排除部分患者经治疗后,可能表现为乙醇固定的人中性粒细胞荧光染色阳性,但甲醛固定的人中性粒细胞荧光染色阴性的 pANCA),或者在甲醛固定的人中性粒细胞上呈现胞浆中淡染、均匀弥散分布的细颗粒状荧光,在分叶核间无增强的荧光染色。

5. 粒细胞特异性抗核抗体(granulocyte specific antinuclear antibody,GS-ANA)阳性 乙醇固定的人中性粒细胞核呈现均匀或颗粒样荧光;甲醛固定的人中性粒细胞胞浆呈现阴性。以 HEp-2 细胞为基质检测的 ANA 荧光染色阴性。

6. ANA 细胞核型阳性 乙醇固定的人中性粒细胞核呈现均质或颗粒样荧光(ANA 核膜型阳性则会呈现核周平滑丝带状荧光);甲醛固定的人中性粒细胞胞浆呈现阴性;以 HEp-2 细胞为基质检测的 ANA 荧光染色呈现均质型或颗粒型荧光染色(ANA 核膜型阳性

则会呈现核周荧光）。由于 ANCA 和 ANA 检测的最佳起始稀释度不同,因此乙醇固定的人中性粒细胞与 HEp-2 细胞可呈现荧光强度差异,但不能以此作为判断是否存在 ANCA 的依据。

7. ANA 胞浆型阳性　乙醇及甲醛固定的人中性粒细胞胞浆呈现均一的细颗粒状荧光,以 HEp-2 细胞为基质检测的 ANA 呈现胞浆型荧光染色。

第三节　检测程序

根据 1999 年的抗中性粒细胞胞浆抗体检测和报告国际共识[international consensus statement on testing and reporting of antineutrophil cytoplasmic antibodies（ANCA）],ANCA 在临床应用时,通常以 IIF-ANCA 作为筛查项目,在 IIF-ANCA 阳性后,再进行抗原特异性 ANCA（MPO-ANCA、PR3-ANCA）的各种免疫方法检测（图 2-3-1）。IIF-ANCA 与 MPO-ANCA、PR3-ANCA 的联合检测可提高 ANCA 的临床诊断性能。此共识的发表,使 ANCA 在临床上得到广泛应用。随着新技术、新方法不断应用于 MPO-ANCA、PR3-ANCA 的临床检测,IIF-ANCA 作为 ANCA 筛查项目的最佳方法也面临新的质疑。2016 年欧洲血管炎研究组（European Vasculitis Study,EUVAS）对欧洲 4 个临床中心的 186 例 GPA、65 例 MPA 及 924 例疾病对照,进行 IIF-ANCA 与抗原特异性 ANCA（MPO-ANCA、PR3-ANCA）的相关性研究,为避免治疗过程对 ANCA 检测的影响,选择的病例为新诊断未进行任何免疫抑制剂治疗的患者。采用 4 种不同厂家的 IIF-ANCA（包括 2 种自动化检测）,8 种不同方法（ELISA、荧光酶免疫法、化学发光法及多元微球免疫法等）的抗原特异性 ANCA 进行检测。研究结果显示,IIF-ANCA 在不同实验室间的阴、阳性结果及荧光模型判读差异较大,IIF-ANCA 作为筛查实验的敏感性不如抗原特异性 ANCA（MPO-ANCA、PR3-ANCA）,MPO-ANCA、PR3-ANCA 的检测对 GPA、MPA 具有较高的临床诊断性能。最终于 2017 年形成 GPA 和 MPA 中 ANCA 检测的修改版国际共识,对临床疑似 ANCA 相关血管炎,可使用高敏感性和特异性的 MPO-ANCA、PR3-ANCA 进行初筛,若检测结果阴性,但临床仍高度怀疑小血管炎,应使用其他免疫学方法和 / 或 IIF-ANCA 进行重复检测（图 2-3-2）。但是,2017 年修订版 GPA 和 MPA 患者关于抗中性粒细胞胞浆抗体（ANCA）检测的国际共识,有严格的前提条件:针对未经治疗的 GPA 和 MPA 患者这一特定人群,而不是所有临床需要检测 ANCA 的患者,并且明确排除了炎性肠病等需要检测 ANCA 的患者。所以该共识仅针对 GPA 和 MPA 患者中的 ANCA 检测,并不是指临床所有 ANCA 检测的共识。2017 年欧洲抗风湿病联盟 / 美国风湿病学会（European League Against Rheumatism/American College of Rheumatology,EULAR/ACR）的 GPA、MPA、EGPA 的分类标准中,ANCA 检测包括抗 MPO 抗体、抗 PR3 抗体,或者 IIF-ANCA 中的 pANCA 或 cANCA,并未否定间接免疫荧光法检测 ANCA 的临床价值。

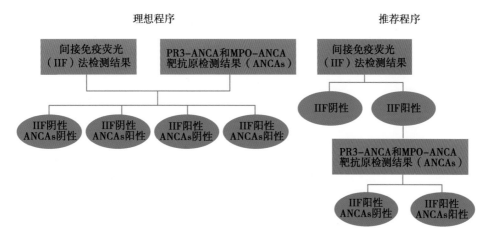

图 2-3-1　1999 年 ANCA 检测和报告国际共识中的 ANCA 检测程序

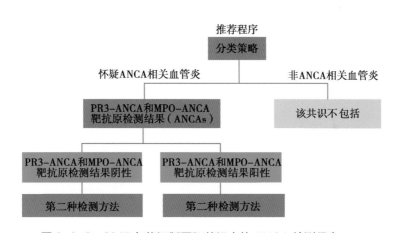

图 2-3-2　2017 年修订版国际共识中的 ANCA 检测程序

第四节　IIF-ANCA 与抗 MPO 抗体和抗 PR3 抗体检测结果临床解读

具体内容见表 2-4-1。

表 2-4-1　IIF-ANCA 与 MPO-ANCA、PR3-ANCA 检测结果的简易临床解读

IIF-ANCA	MPO-ANCA/PR3-ANCA	临床评价
cANCA 阳性	MPO-ANCA 或 PR3-ANCA 阳性	可出现在活动性 ANCA 相关血管炎（AAV）患者,但临床确诊需要依据临床标准和实验室检查
cANCA 阳性	MPO-ANCA 和 PR3-ANCA 阴性	出现在经治疗后的 ANCA 相关血管炎（AAV）患者,也可出现在炎性肠病或其他自身免疫病患者
pANCA 阳性	MPO-ANCA 或 PR3-ANCA 阳性	可出现在活动性 ANCA 相关血管炎（AAV）患者中,但临床确诊需要依据临床标准和实验室检查
pANCA 阳性	MPO-ANCA 和 PR3-ANCA 阴性	可出现在经治疗后的 ANCA 相关血管炎（AAV）患者,也可出现在炎性肠病或其他自身免疫病患者
cANCA 阴性	PR3-ANCA 阳性	可出现在 ANCA 相关血管炎（AAV）患者,也可出现在炎性肠病或其他自身免疫病患者
pANCA 阴性	MPO-ANCA 阳性	可出现在 ANCA 相关血管炎（AAV）患者,也可出现在炎性肠病或其他自身免疫病患者
aANCA 阳性	MPO-ANCA 和 PR3-ANCA 阴性	可见于炎性肠病或其他自身免疫病患者,通常不出现在 ANCA 相关血管炎（AAV）患者

第三章
抗中性粒细胞胞浆抗体
临床意义

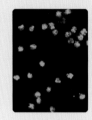

第一节 ANCA 在 ANCA 相关血管炎中的临床意义

ANCA 相关血管炎（AAV）是一类临床表现复杂、诊断及治疗困难的系统性血管炎性疾病。传统意义上，这一类疾病包括显微镜下多血管炎（MPA）、肉芽肿性多血管炎（GPA，以往称为韦格纳肉芽肿病）及嗜酸性肉芽肿性多血管炎（EGPA，以往称为 Churg-Strauss 综合征）。ANCA 的临床检测，对 AAV 的诊断、鉴别诊断、分型及活动性评估等具有重要的临床意义。

GPA 中的 cANCA 阳性率约为 90%，cANCA 对 GPA 的诊断特异性约为 90%。蛋白酶 3（PR3）作为 cANCA 的主要靶抗原，是一种位于中性粒细胞嗜天青颗粒和单核细胞溶酶体中的丝氨酸蛋白酶。PR3 是由 228 个氨基酸多肽组成的弱阳离子蛋白，分子量为 29~30kD，活性受 $\alpha1-$ 胰蛋白酶抑制。PR3 与 PR3-ANCA 结合可抑制其与 $\alpha1-$ 胰蛋白酶形成复合物，PR3 与 PR3-ANCA 复合物在炎症部位分解，PR3 发挥水解作用导致血管内皮损伤。中性粒细胞的启动和凋亡导致膜表面结合的 PR3 表达增加，使其与 ANCA 发生结合，这些与 ANCA 结合的中性粒细胞会聚合在一起，形成大的聚合物。这种复合物通过血管内皮细胞间隙进入血管壁及周围组织，随中性粒细胞发生脱颗粒，释放氧自由基，发生呼吸爆发，促进中性粒细胞的吞噬功能。同时释放中性粒细胞趋化物质，使更多的中性粒细胞到达血管壁和周围组织，造成血管壁和周围组织的损伤。体外实验也显示细胞表面 ANCA 与 PR3 和 $Fc\gamma-R$ 同时结合可启动中性粒细胞导致其脱颗粒和呼吸爆发。PR3-ANCA 对 GPA 的诊断敏感性取决于疾病的活动性和病期阶段，在初发不活动的 GPA 中，阳性率约为 50%；而活动性典型的 GPA，阳性率可达 100%。PR3-ANCA 滴度与疾病活动性一致，常作为判断疗效、预测复发的实验室指标，定期进行监测有助于指导临床治疗。此外，虽然 cANCA 或 PR3-ANCA 作为 GPA 分类标准中实验室检查的主要评分项目，但也可见于其他的 AAV 患者中。

MPA 中的 pANCA 阳性率约为 70%，但 pANCA 对 MPA 的诊断特异性低于 cANCA 对 GPA。髓过氧化物酶（MPO）作为 pANCA 的主要靶抗原，是一种主要位于中性粒细胞嗜天青颗粒中的高阳离子糖蛋白（pI 为 11.0），分子量为 133~155kD。MPO 具有超氧化物酶活性，催化过氧化氢和氯离子反应产生次氯酸。细胞内吞噬小体与溶酶体融合后形成吞噬体，次氯酸与吞噬体共同对细菌等微生物具有杀灭作用，次氯酸也可灭活蛋白酶抑制剂，从而使水解酶从中性粒细胞中释放，降解中性粒细胞周围的物质和外来物质。MPO-ANCA 与 AAV 密切相关，约 60% 的 MPA 患者 MPO-ANCA 阳性，约 50% 的 EGPA 患者 MPO-ANCA 阳性，约 24% 的 GPA 患者 MPO-ANCA 阳性。MPO-ANCA 滴度与疾病活动性一致，常作为判断疗效、预测复发的实验室指标，定期进行监测有助于指导临床治疗。pANCA 或 MPO-ANCA 在 2017 年 EULAR/ACR 的 MPA 分类标准中是实验室检查的主要评分项目。

目前根据临床表现将 AAV 分为 MPA、GPA 及 EGPA 三类，但它们的临床表现有很多重叠，而且 Chapel Hill 研究组与欧洲医学会对这三类疾病的分类标准之间存在差异，给临床诊断带来混淆。2012 年 Chapel Hill 研究组对 502 例经组织病理学证实的 AAV 患者按照 ANCA 的亚型对其临床表现进行分型，发现 AAV 患者的临床表现与 ANCA 亚型的相关性优于 MPA 或 GPA 的临床分类，其中 PR3-ANCA 与耳鼻咽喉、肺部病变的相关性更强，而 MPO-ANCA 与肾脏病变相关，且 MPO-ANCA 阳性患者在随访过程中 60% 以上会进展为终末期肾病，而不到 10% 的 PR3-ANCA 阳性患者进展为终末期肾病。在治疗上，27% 的

MPO-ANCA 阳性患者对传统的免疫抑制剂治疗无效,而 PR3-ANCA 阳性患者仅有 17% 对此无效。另外,PR3-ANCA 阳性患者的疾病复发率是 MPO-ANCA 阳性患者的 3.15 倍。近年来全基因组关联分析(genome-wide association study,GWAS)以及生物芯片基因组研究还发现,PR3-ANCA 与 *HLA-DP* 基因相关,而 MPO-ANCA 则与 *HLA-DQ* 相关。因此 ANCA 检测对 AAV 的分型、临床表现、治疗反应及预后具有重要的临床意义。

为确保合理使用 ANCA 检测项目,国际共识中的 ANCA 检测临床应用指南建议对疑似 AAV 患者检测 ANCA。例如:肾小球肾炎,特别是快速进展的肾小球肾炎;肺出血,特别是肺出血肾炎综合征;有系统特征的皮肤型血管炎;多个肺结节;上呼吸道慢性破坏性疾病;长期鼻窦炎或耳炎;声门下气管狭窄;多发性单神经炎或其他周围神经病变;眶后肿块;巩膜炎。

第二节　ANCA 在其他疾病中的临床意义

ANCA 作为小血管炎的实验室标志,存在于 AAV 患者中,主要是 MPA 和 GPA。也可存在于 EGPA 患者中,阳性率为 30%~38%,且此类患者常伴有哮喘、嗜酸性粒细胞增高及肉芽肿性炎症。此外,ANCA 可存在于炎性肠病、自身免疫性肝病、其他自身免疫病、恶性疾病、感染性疾病等。

ANCA 可存在于胃肠疾病患者中,如炎性肠病(溃疡性结肠炎、克罗恩病)、自身免疫性肝病(自身免疫性肝炎、原发性胆汁性胆管炎、原发性硬化性胆管炎)、慢性病毒感染等。上述疾病中的 IIF-ANCA 通常为不典型 ANCA(aANCA),在溃疡性结肠炎中的阳性率为 50%~67%,在克罗恩病中的阳性率为 6%~15%。结合抗酿酒酵母菌抗体(anti *Saccharomyces cerevisia* antibody,ASCA)能提高对炎性肠病的诊断性能,ASCA 阳性 /aANCA 阴性常见于克罗恩病,ASCA 阴性 /aANCA 阳性常见于溃疡性结肠炎。ANCA 可存在于系统性自身免疫病(系统性红斑狼疮、类风湿关节炎)、恶性疾病(非霍奇金淋巴瘤、骨髓增生异常)。ANCA 可存在于感染性疾病(真菌、细菌、病毒等)及呼吸系统炎症性疾病患者,如感染性心内膜炎患者会出现 IIF-ANCA、MPO-ANCA 或 PR3-ANCA 阳性,临床上也曾出现急性、亚急性细菌性心内膜炎误诊为 AAV,并使用不恰当的免疫抑制剂治疗给患者带来严重的后果。因此,AAV 在使用免疫抑制剂治疗前应该排除感染性心内膜炎、丙型肝炎病毒感染及结核感染等。此外,ANCA 也可存在于肼屈嗪、丙硫氧嘧啶、二甲基四环素及可卡因等药物使用患者中。

第四章
核周型抗中性粒细胞
胞浆抗体

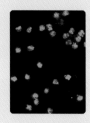

第一节 甲醛固定的人中性粒细胞阳性的 pANCA

甲醛固定的人中性粒细胞阳性的 pANCA 各种常见临床情况见图 4-1-1~ 图 4-1-72。

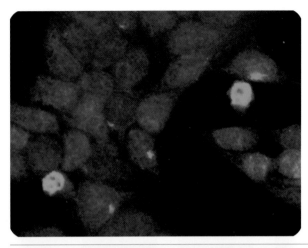

▶ 图 4-1-1
HEp-2 细胞和人中性粒细胞

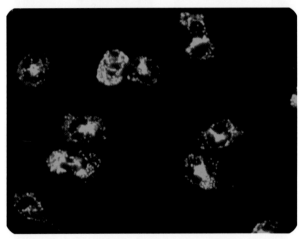

▶ 图 4-1-2
甲醛固定的人中性粒细胞

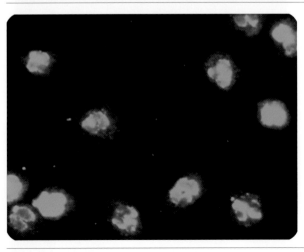

▶ 图 4-1-3
乙醇固定的人中性粒细胞

【IIF-ANCA 判读结果】

ANCA 阳性,pANCA 型。

【ANCA 谱结果】

靶抗原	定性结果	定量结果	单位	参考范围
MPO	阳性	173.49	RU/ml	≤ 20
PR3	阴性	2.00	RU/ml	≤ 20
LF	阴性	0.14	S/CO	≤ 1
HLE	阴性	0.02	S/CO	≤ 1
CG	阴性	0.08	S/CO	≤ 1
BPI	阴性	0.29	S/CO	≤ 1

注:RU/ml(relative unit/ml),相对单位/毫升;S/CO,表示检测标本的吸光度与临界值(cut off 值)的比值

【临床资料】

男性患者,68 岁。临床诊断:弥漫性实质性肺疾病。

【IIF-ANCA 结果判读解析】

HEp-2 细胞荧光染色阴性。中性粒细胞荧光染色阳性,表明存在 ANCA 或者 GS-ANA。

甲醛固定的人中性粒细胞胞浆呈现典型的 ANCA 胞浆颗粒型荧光染色,中性粒细胞胞浆呈现弥散、粗细不一的颗粒状荧光,胞浆中的荧光可清晰勾勒出细胞及细胞核的形态,分叶核间荧光染色增强。因此可以判断 ANCA 阳性。

乙醇固定的人中性粒细胞呈现典型的核周带状荧光染色增强,荧光阳性染色主要集中在分叶核周围,形成环状或不规则的块状、带状荧光向细胞核内浸润,考虑 pANCA 阳性。

综合以上情况,该标本可判断为 pANCA 阳性,与针对靶抗原 MPO 的抗体阳性结果符合。

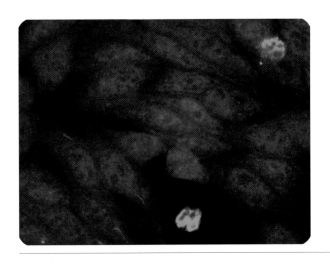

▶ 图 4-1-4
HEp-2 细胞和人中性粒细胞

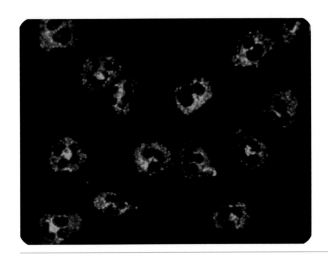

▶ 图 4-1-5
甲醛固定的人中性粒细胞

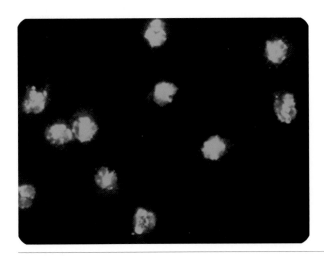

▶ 图 4-1-6
乙醇固定的人中性粒细胞

【IIF-ANCA 判读结果】
ANCA 阳性,pANCA 型。

【ANCA 谱结果】

靶抗原	定性结果	定量结果	单位	参考范围
MPO	阳性	115.43	RU/ml	≤ 20
PR3	阴性	2.29	RU/ml	≤ 20
LF	阴性	0.12	S/CO	≤ 1
HLE	阴性	0.01	S/CO	≤ 1
CG	阴性	0.01	S/CO	≤ 1
BPI	阳性	1.34	S/CO	≤ 1

【临床资料】
男性患者,78 岁。临床诊断:系统性血管炎。

【IIF-ANCA 结果判读解析】
HEp-2 细胞呈现 ANA 细胞核颗粒型弱荧光染色,在后续乙醇固定的人中性粒细胞上判断 ANCA 结果时,需要考虑 ANA 细胞核颗粒型荧光染色的干扰。中性粒细胞荧光染色阳性,表明存在 ANCA 或者 GS-ANA。

甲醛固定的人中性粒细胞胞浆呈现弥散、粗细不一的颗粒状荧光,胞浆中的荧光可清晰勾勒出细胞及细胞核的形态。因此可以判断 ANCA 阳性。

乙醇固定的人中性粒细胞呈现典型的核周带状荧光染色增强,荧光阳性染色主要集中在分叶核周围,形成环状或不规则的块状、带状荧光向细胞核内浸润,考虑 pANCA 阳性。pANCA 阳性时,乙醇固定的人中性粒细胞荧光染色常强于甲醛固定的人中性粒细胞荧光染色 1~2 个滴度,该标本也表现出该特征。

综合以上情况,该标本可判断为 pANCA 阳性,与针对靶抗原 MPO 的抗体阳性结果符合,也与临床诊断系统性血管炎符合。

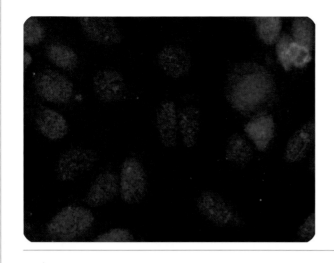

▶ 图 4-1-7
HEp-2 细胞和人中性粒细胞

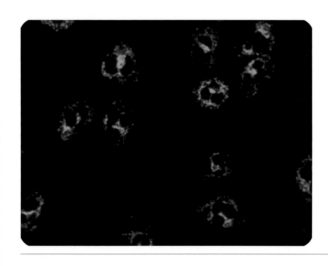

▶ 图 4-1-8
甲醛固定的人中性粒细胞

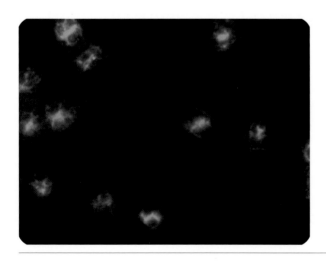

▶ 图 4-1-9
乙醇固定的人中性粒细胞

【IIF-ANCA 判读结果】

ANCA 阳性, pANCA 型。

【ANCA 谱结果】

靶抗原	定性结果	定量结果	单位	参考范围
MPO	阳性	75.99	RU/ml	≤ 20
PR3	阴性	2.00	RU/ml	≤ 20
LF	阴性	0.05	S/CO	≤ 1
HLE	阴性	0.03	S/CO	≤ 1
CG	阴性	0.02	S/CO	≤ 1
BPI	阴性	0.00	S/CO	≤ 1

【临床资料】

女性患者, 47 岁。临床诊断: 系统性血管炎。

【IIF-ANCA 结果判读解析】

HEp-2 细胞荧光染色阴性。中性粒细胞荧光染色阴性, 可排除 GS-ANA 干扰。

甲醛固定的人中性粒细胞胞浆呈现弥散、粗细不一的颗粒状荧光, 胞浆中的荧光可清晰勾勒出细胞及细胞核的形态, 分叶核间荧光染色增强, 因此可以判断 ANCA 阳性。

乙醇固定的人中性粒细胞荧光染色呈现典型的 pANCA 荧光染色, 核周带状荧光染色增强, 荧光阳性染色主要集中在分叶核周围, 形成环状, 可见部分带状荧光向细胞核内浸润。

综合以上情况, 该标本可判断为 pANCA 阳性。与针对靶抗原 MPO 的阳性结果符合, 也与临床诊断系统性血管炎符合。

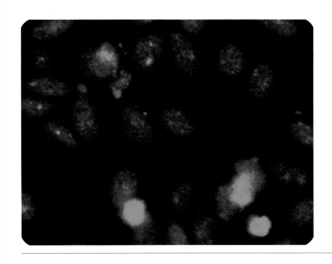

▶ 图 4-1-10
HEp-2 细胞和人中性粒细胞

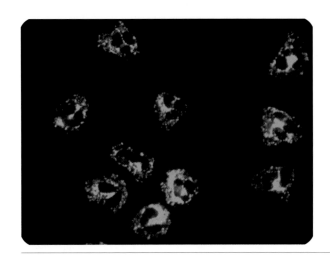

▶ 图 4-1-11
甲醛固定的人中性粒细胞

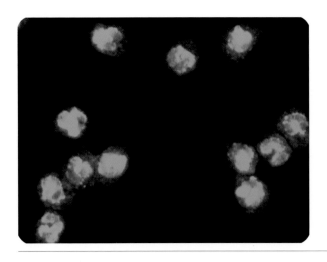

▶ 图 4-1-12
乙醇固定的人中性粒细胞

【IIF-ANCA 判读结果】
ANCA 阳性,pANCA 型。

【ANCA 谱结果】

靶抗原	定性结果	定量结果	单位	参考范围
MPO	阳性	200.00	RU/ml	≤ 20
PR3	阴性	2.00	RU/ml	≤ 20
LF	阴性	0.06	S/CO	≤ 1
HLE	阴性	0.03	S/CO	≤ 1
CG	阴性	0.03	S/CO	≤ 1
BPI	阴性	0.01	S/CO	≤ 1

【临床资料】
女性患者,65 岁。临床诊断:无。

【IIF-ANCA 结果判读解析】
HEp-2 细胞上呈现 ANA 细胞核颗粒型弱荧光染色,所以在后续乙醇固定的人中性粒细胞上判断 ANCA 结果时,需要考虑 ANA 细胞核颗粒型荧光染色的干扰。中性粒细胞荧光染色阳性,表明存在 ANCA 或者 GS-ANA。

甲醛固定的人中性粒细胞胞浆呈现弥散、粗细不一的颗粒状荧光,胞浆中的荧光可清晰勾勒出细胞及细胞核的形态,分叶核间荧光染色增强。因此可以判断 ANCA 阳性。

乙醇固定的人中性粒细胞荧光染色呈现典型的 pANCA 荧光染色,核周带状荧光染色增强,荧光阳性染色主要集中在分叶核周围,形成环状或不规则的块状、带状荧光向细胞核内浸润。

综合以上情况,该标本 pANCA 阳性,也符合针对靶抗原 MPO 的抗体阳性结果。

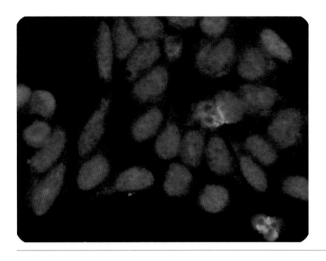

► 图 4-1-13
HEp-2 细胞和人中性粒细胞

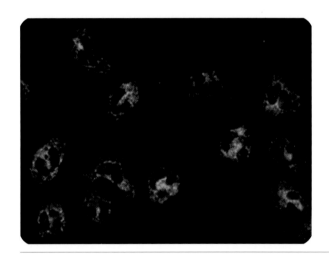

► 图 4-1-14
甲醛固定的人中性粒细胞

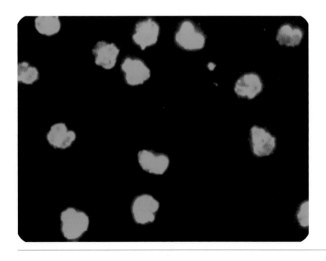

► 图 4-1-15
乙醇固定的人中性粒细胞

【IIF-ANCA 判读结果】

ANCA 阳性,pANCA 型。

【ANCA 谱结果】

靶抗原	定性结果	定量结果	单位	参考范围
MPO	阳性	89.05	RU/ml	≤ 20
PR3	阴性	10.19	RU/ml	≤ 20
LF	阴性	0.23	S/CO	≤ 1
HLE	阴性	0.01	S/CO	≤ 1
CG	阴性	0.00	S/CO	≤ 1
BPI	阴性	0.10	S/CO	≤ 1

【临床资料】

女性患者,64 岁。临床诊断:肺部阴影。

【IIF-ANCA 结果判读解析】

HEp-2 细胞上呈现 ANA 细胞核均质型核成分弱荧光染色,所以在后续乙醇固定的人中性粒细胞上判断 ANCA 结果时,需要考虑 ANA 细胞核均质荧光染色的干扰。中性粒细胞荧光染色阴性,可排除 GS-ANA 干扰。

甲醛固定的人中性粒细胞胞浆呈现弥散、粗细不一的颗粒状荧光,胞浆中的荧光可清晰勾勒出细胞及细胞核的形态,分叶核间荧光染色增强。因此可以判断 ANCA 阳性。

乙醇固定的人中性粒细胞荧光染色呈现典型的 pANCA 荧光染色,核周带状荧光染色增强,荧光阳性染色主要集中在分叶核周围,形成环状或不规则的块状、带状荧光向细胞核内浸润;一般情况下,pANCA 阳性时,乙醇固定的人中性粒细胞荧光染色常强于甲醛固定的人中性粒细胞荧光染色 1~2 个滴度,该标本也表现出该特征。

综合以上情况,该标本 pANCA 阳性,也符合针对靶抗原 MPO 的抗体阳性结果。

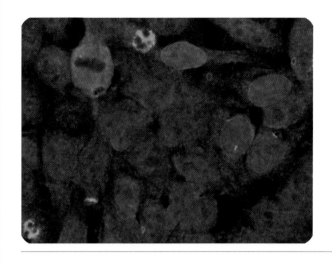

► 图 4-1-16
HEp-2 细胞和人中性粒细胞

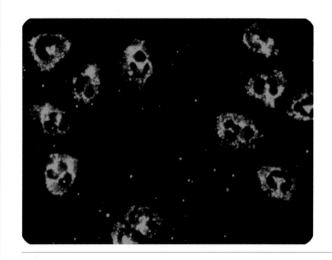

► 图 4-1-17
甲醛固定的人中性粒细胞

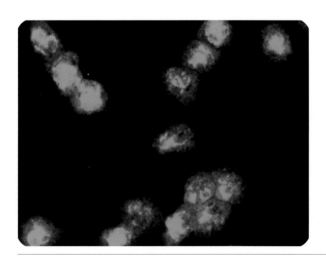

► 图 4-1-18
乙醇固定的人中性粒细胞

【IIF-ANCA 判读结果】

ANCA 阳性,pANCA 型。

【ANCA 谱结果】

靶抗原	定性结果	定量结果	单位	参考范围
MPO	阳性	191.21	RU/ml	≤ 20
PR3	阴性	7.81	RU/ml	≤ 20
LF	阴性	0.19	S/CO	≤ 1
HLE	阴性	0.36	S/CO	≤ 1
CG	阴性	0.22	S/CO	≤ 1
BPI	阴性	0.32	S/CO	≤ 1

【临床资料】

男性患者,74 岁。临床诊断:肺部感染。

【IIF-ANCA 结果判读解析】

HEp-2 细胞胞浆中可见胞浆型弱荧光染色,在后续甲醛固定的人中性粒细胞上判断 ANCA 结果时,需要考虑 ANA 胞浆型荧光染色的干扰。中性粒细胞荧光染色阳性,表明存在 ANCA 或者 GS-ANA。

甲醛固定的人中性粒细胞呈现典型的 ANCA 胞浆颗粒型荧光染色,中性粒细胞胞浆呈现弥散、粗细不一的颗粒状荧光,胞浆中的荧光可清晰勾勒出细胞及细胞核的形态,分叶核间荧光染色增强。因此可以判断 ANCA 阳性。

乙醇固定的人中性粒细胞呈现典型的核周带状荧光染色增强,荧光阳性染色主要集中在分叶核周围,形成环状或不规则的块状、带状荧光向细胞核内浸润。中性粒细胞胞浆型弱荧光染色考虑为 ANA 胞浆型荧光染色在乙醇固定的人中性粒细胞上的干扰。

综合以上情况,该标本可判断为 pANCA 阳性,与针对靶抗原 MPO 的抗体阳性结果符合。

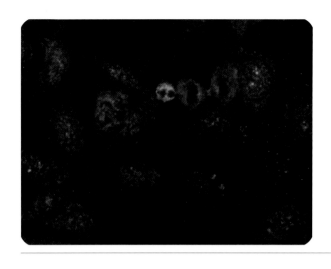

▶ 图 4-1-19
HEp-2 细胞和人中性粒细胞

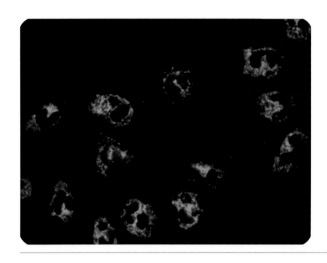

▶ 图 4-1-20
甲醛固定的人中性粒细胞

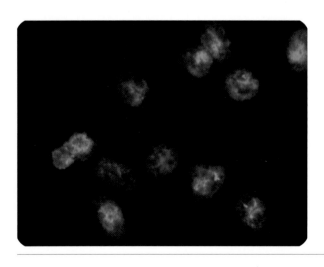

▶ 图 4-1-21
乙醇固定的人中性粒细胞

【IIF-ANCA 判读结果】

ANCA 阳性,pANCA 型。

【ANCA 谱结果】

靶抗原	定性结果	定量结果	单位	参考范围
MPO	阳性	84.01	RU/ml	≤ 20
PR3	阴性	2.00	RU/ml	≤ 20
LF	阴性	0.11	S/CO	≤ 1
HLE	阴性	0.01	S/CO	≤ 1
CG	阴性	0.01	S/CO	≤ 1
BPI	阴性	0.32	S/CO	≤ 1

【临床资料】

男性患者,70 岁。临床诊断:间质性肺炎。

【IIF-ANCA 结果判读解析】

HEp-2 细胞胞浆中可见弱荧光染色,在后续甲醛固定的人中性粒细胞上判断 ANCA 结果时,需要考虑 ANA 胞浆型荧光染色的干扰。中性粒细胞荧光染色阴性,可排除 GS-ANA 干扰。

甲醛固定的人中性粒细胞胞浆呈现弥散、粗细不一的颗粒状荧光,胞浆中的荧光可清晰勾勒出细胞及细胞核的形态。因此可以判断 ANCA 阳性。

乙醇固定的人中性粒细胞呈现典型的核周带状荧光染色增强,荧光阳性染色主要集中在分叶核周围,形成环状,带状荧光向细胞核内浸润。

综合以上情况,该标本可判断为 pANCA 阳性,与针对靶抗原 MPO 的抗体阳性结果相符。

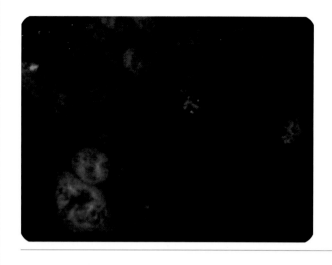

▶ 图 4-1-22
HEp-2 细胞和人中性粒细胞

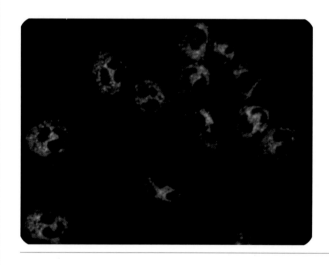

▶ 图 4-1-23
甲醛固定的人中性粒细胞

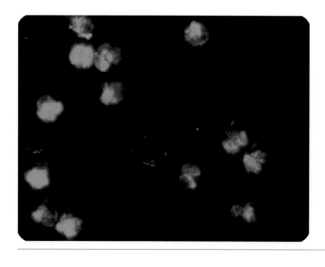

▶ 图 4-1-24
乙醇固定的人中性粒细胞

【IIF-ANCA 判读结果】

ANCA 阳性,pANCA 型。

【ANCA 谱结果】

靶抗原	定性结果	定量结果	单位	参考范围
MPO	阳性	179.44	RU/ml	≤ 20
PR3	阴性	2.00	RU/ml	≤ 20
LF	阴性	0.27	S/CO	≤ 1
HLE	阴性	0.01	S/CO	≤ 1
CG	阴性	0.00	S/CO	≤ 1
BPI	阴性	0.16	S/CO	≤ 1

【临床资料】

女性患者,59 岁。临床诊断:慢性肾小球肾炎。

【IIF-ANCA 结果判读解析】

该标本 HEp-2 细胞上荧光染色阴性,中性粒细胞荧光染色阴性,可排除 GS-ANA 干扰。

甲醛固定的人中性粒细胞胞浆呈现弥散、粗细不一的颗粒状荧光,胞浆中的荧光可清晰勾勒出细胞及细胞核的形态。因此可以判断 ANCA 阳性。

乙醇固定的人中性粒细胞呈现典型的核周带状荧光染色增强,荧光阳性染色主要集中在分叶核周围,形成环状,带状荧光向细胞核内浸润。pANCA 阳性时,乙醇固定的人中性粒细胞荧光染色常强于甲醛固定的人中性粒细胞荧光染色 1~2 个滴度,该标本也表现出该特征。

综合以上情况,该标本可判断为 pANCA 阳性,与针对靶抗原 MPO 的抗体阳性结果符合。

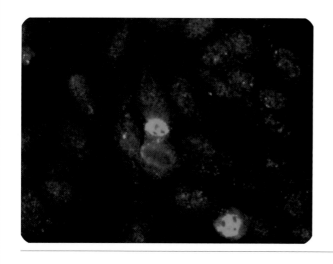

► 图 4-1-25
HEp-2 细胞和人中性粒细胞

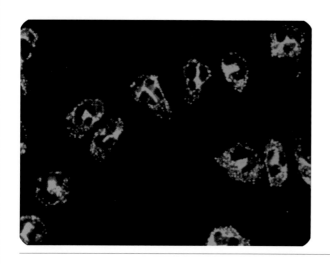

► 图 4-1-26
甲醛固定的人中性粒细胞

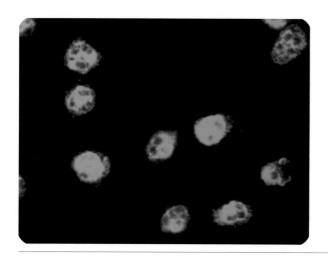

► 图 4-1-27
乙醇固定的人中性粒细胞

【IIF-ANCA 判读结果】

ANCA 阳性, pANCA 型。

【ANCA 谱结果】

靶抗原	定性结果	定量结果	单位	参考范围
MPO	阳性	177.24	RU/ml	≤ 20
PR3	阴性	2.00	RU/ml	≤ 20
LF	阴性	0.10	S/CO	≤ 1
HLE	阴性	0.01	S/CO	≤ 1
CG	阴性	0.01	S/CO	≤ 1
BPI	阴性	0.07	S/CO	≤ 1

【临床资料】

男性患者, 66 岁。临床诊断: 甲状腺功能亢进。

【IIF-ANCA 结果判读解析】

HEp-2 细胞为 ANA 细胞核颗粒型弱荧光染色, 对后续甲醛固定的人中性粒细胞和乙醇固定的人中性粒细胞判断 ANCA 结果干扰较小。中性粒细胞荧光染色阳性, 表明存在 ANCA 或者 GS-ANA。

甲醛固定的人中性粒细胞呈现典型的 ANCA 胞浆颗粒型荧光染色, 中性粒细胞胞浆呈现弥散、粗细不一的颗粒状荧光, 胞浆中的荧光可清晰勾勒出细胞及细胞核的形态, 分叶核间荧光染色增强。因此可以判断 ANCA 阳性。

乙醇固定的人中性粒细胞呈现典型的核周带状荧光染色增强, 荧光阳性染色主要集中在分叶核周围, 形成环状或不规则的块状、带状荧光向细胞核内浸润。

综合以上情况, 该标本可判断为 pANCA 阳性, 与针对靶抗原 MPO 的抗体阳性结果符合。

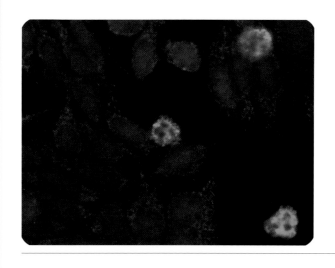

▶ 图 4-1-28
HEp-2 细胞和人中性粒细胞

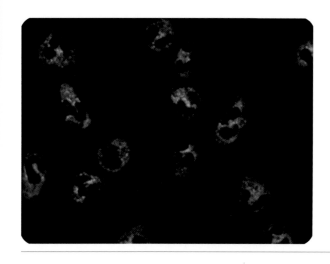

▶ 图 4-1-29
甲醛固定的人中性粒细胞

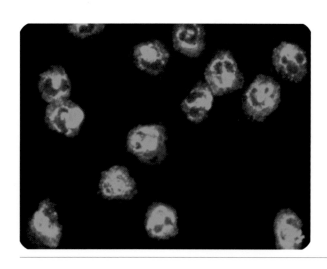

▶ 图 4-1-30
乙醇固定的人中性粒细胞

【IIF-ANCA 判读结果】

ANCA 阳性,pANCA 型。

【ANCA 谱结果】

靶抗原	定性结果	定量结果	单位	参考范围
MPO	阳性	28.28	RU/ml	≤ 20
PR3	阴性	7.05	RU/ml	≤ 20
LF	阴性	0.23	S/CO	≤ 1
HLE	阴性	0.21	S/CO	≤ 1
CG	阴性	0.00	S/CO	≤ 1
BPI	阴性	0.69	S/CO	≤ 1

【临床资料】

女性患者,47 岁。临床诊断:肺部阴影。

【IIF-ANCA 结果判读解析】

HEp-2 细胞荧光染色阴性。中性粒细胞荧光染色阳性,表明存在 ANCA 或者 GS-ANA。

甲醛固定的人中性粒细胞胞浆呈现典型的 ANCA 胞浆颗粒型荧光染色,中性粒细胞胞浆呈现弥散、粗细不一的颗粒状荧光,胞浆中的荧光可清晰勾勒出细胞及细胞核的形态,分叶核间荧光染色增强。因此可以判断 ANCA 阳性。

乙醇固定的人中性粒细胞荧光染色呈现典型的 pANCA 荧光染色,核周带状荧光染色增强,荧光阳性染色主要集中在分叶核周围,形成环状或不规则的块状,可见带状荧光向细胞核内浸润。pANCA 阳性时,乙醇固定的人中性粒细胞荧光染色常强于甲醛固定的人中性粒细胞荧光染色 1~2 个滴度,该标本也表现出该特征。

综合以上情况,该标本可判断为 pANCA 阳性,与针对靶抗原 MPO 的抗体阳性结果符合。

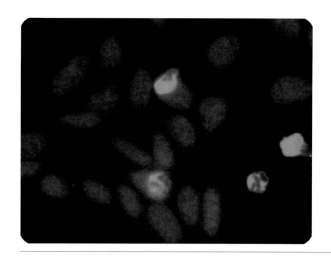

▶ 图 4-1-31
HEp-2 细胞和人中性粒细胞

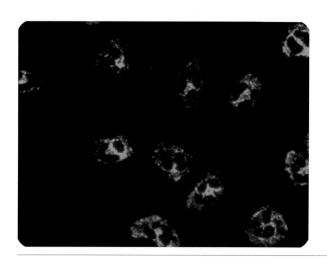

▶ 图 4-1-32
甲醛固定的人中性粒细胞

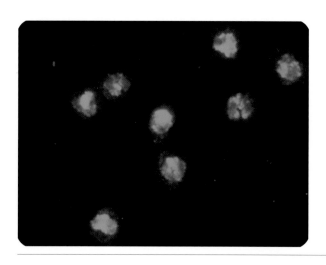

▶ 图 4-1-33
乙醇固定的人中性粒细胞

【IIF-ANCA 判读结果】

ANCA 阳性,pANCA 型。

【ANCA 谱结果】

靶抗原	定性结果	定量结果	单位	参考范围
MPO	阳性	200.00	RU/ml	≤ 20
PR3	阴性	19.05	RU/ml	≤ 20
LF	阴性	0.12	S/CO	≤ 1
HLE	阴性	0.01	S/CO	≤ 1
CG	阴性	0.03	S/CO	≤ 1
BPI	阴性	0.02	S/CO	≤ 1

【临床资料】

男性患者,75 岁。临床诊断:ANCA 相关血管炎(AAV)。

【IIF-ANCA 结果判读解析】

HEp-2 细胞为 ANA 细胞核均质型弱阳性荧光染色,所以在后续乙醇固定的人中性粒细胞上判断 ANCA 结果时,需要考虑 ANA 细胞核均质型荧光染色的干扰。中性粒细胞荧光染色阳性,表明存在 ANCA 或者 GS-ANA。

甲醛固定的人中性粒细胞胞浆呈现弥散、粗细不一的颗粒状荧光,胞浆中的荧光可清晰勾勒出细胞及细胞核的形态,分叶核间荧光染色增强,因此可以判断 ANCA 阳性。

乙醇固定的人中性粒细胞荧光染色呈现典型的 pANCA 荧光染色,核周带状荧光染色增强,荧光阳性染色主要集中在分叶核周围,形成环状或不规则的块状、带状荧光向细胞核内浸润。pANCA 阳性时,乙醇固定的人中性粒细胞荧光染色常强于甲醛固定的人中性粒细胞荧光染色 1~2 个滴度,该标本也表现出该特征。

综合以上情况,该标本可判断 pANCA 阳性。与针对靶抗原 MPO 的抗体阳性检测结果符合,也与 AAV 的临床诊断符合。

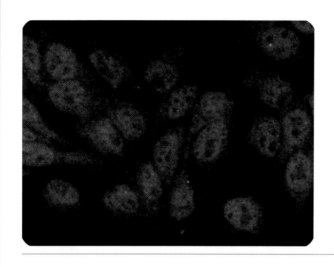

▶ 图 4-1-34
HEp-2 细胞和人中性粒细胞

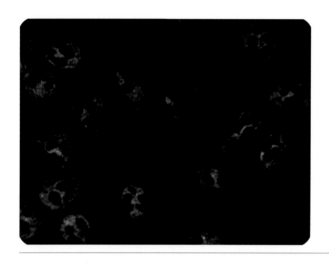

▶ 图 4-1-35
甲醛固定的人中性粒细胞

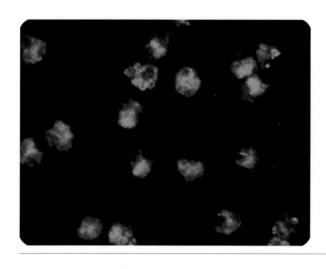

▶ 图 4-1-36
乙醇固定的人中性粒细胞

【IIF-ANCA 判读结果】

ANCA 阳性,pANCA 型。

【ANCA 谱结果】

靶抗原	定性结果	定量结果	单位	参考范围
MPO	阳性	114.80	RU/ml	≤ 20
PR3	阴性	2.00	RU/ml	≤ 20
LF	阴性	0.27	S/CO	≤ 1
HLE	阴性	0.06	S/CO	≤ 1
CG	阴性	0.00	S/CO	≤ 1
BPI	阴性	0.23	S/CO	≤ 1

【临床资料】

女性患者,59 岁。临床诊断:慢性肾小球肾炎。

【IIF-ANCA 结果判读解析】

HEp-2 细胞上为 ANA 细胞核颗粒型弱荧光染色,对后续乙醇固定的人中性粒细胞上判断 ANCA 结果干扰影响较小。

甲醛固定的人中性粒细胞胞浆呈现典型的弱 ANCA 胞浆颗粒型荧光染色,中性粒细胞胞浆呈现弥散、粗细不一的颗粒状荧光,胞浆中的荧光可清晰勾勒出细胞及细胞核的形态。

乙醇固定的人中性粒细胞核周带状荧光染色增强,荧光阳性染色主要集中在分叶核周围,形成环状或不规则的块状、带状荧光向细胞核内浸润,考虑 pANCA 阳性。pANCA 阳性时,乙醇固定的人中性粒细胞荧光染色常强于甲醛固定的人中性粒细胞荧光染色 1~2 个滴度。

综合以上情况,该标本可判断为 pANCA 阳性,与针对靶抗原 MPO 的抗体阳性结果符合,也与临床诊断慢性肾小球肾炎相符。

▶ 图 4-1-37
HEp-2 细胞和人中性粒细胞

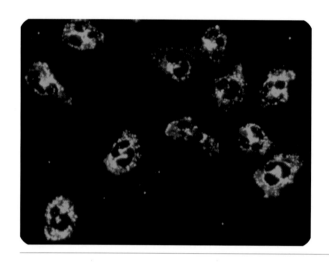

▶ 图 4-1-38
甲醛固定的人中性粒细胞

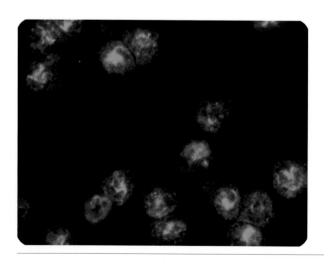

▶ 图 4-1-39
乙醇固定的人中性粒细胞

【IIF-ANCA 判读结果】

ANCA 阳性,pANCA 型。

【ANCA 谱结果】

靶抗原	定性结果	定量结果	单位	参考范围
MPO	阳性	139.83	RU/ml	≤ 20
PR3	阴性	2.00	RU/ml	≤ 20
LF	阴性	0.24	S/CO	≤ 1
HLE	阴性	0.09	S/CO	≤ 1
CG	阴性	0.06	S/CO	≤ 1
BPI	阴性	0.49	S/CO	≤ 1

【临床资料】

女性患者,48 岁。临床诊断:不明原因发热。

【IIF-ANCA 结果判读解析】

HEp-2 细胞上为 ANA 细胞胞浆型弱荧光染色,在后续甲醛固定的人中性粒细胞上判断 ANCA 结果时,需要考虑 ANA 胞浆型荧光染色的干扰。

甲醛固定的人中性粒细胞胞浆呈现典型的 ANCA 胞浆颗粒型荧光染色,中性粒细胞胞浆呈现弥散、粗细不一的颗粒状荧光,胞浆中的荧光可清晰勾勒出细胞及细胞核的形态,分叶核间荧光染色增强。因此可以判断 ANCA 阳性。

乙醇固定的人中性粒细胞核周有增强的平滑丝带状荧光,荧光阳性染色主要集中在分叶核周围,形成环状或不规则的块状、带状荧光向细胞核内浸润。

综合以上情况,该标本可判断为 pANCA 阳性,与针对靶抗原 MPO 的抗体阳性结果符合。

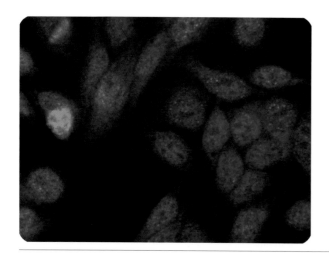

▶ 图 4-1-40
HEp-2 细胞和人中性粒细胞

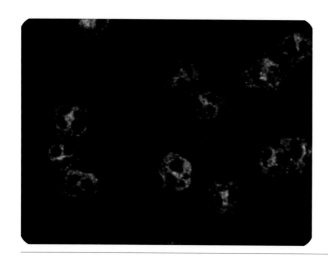

▶ 图 4-1-41
甲醛固定的人中性粒细胞

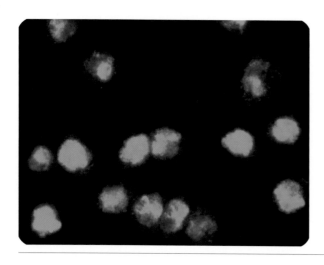

▶ 图 4-1-42
乙醇固定的人中性粒细胞

【IIF-ANCA 判读结果】

ANCA 阳性,pANCA 型。

【ANCA 谱结果】

靶抗原	定性结果	定量结果	单位	参考范围
MPO	阳性	183.82	RU/ml	≤ 20
PR3	阴性	2.00	RU/ml	≤ 20
LF	阴性	0.08	S/CO	≤ 1
HLE	阴性	0.02	S/CO	≤ 1
CG	阴性	0.00	S/CO	≤ 1
BPI	阴性	0.11	S/CO	≤ 1

【临床资料】

女性患者,73 岁。临床诊断:肺间质纤维化。

【IIF-ANCA 结果判读解析】

HEp-2 细胞上为 ANA 细胞核颗粒型弱荧光染色,在后续乙醇固定的人中性粒细胞上判断 ANCA 结果时,需要考虑 ANA 细胞核颗粒型荧光染色的干扰。

甲醛固定的人中性粒细胞胞浆呈现典型的 ANCA 胞浆颗粒型荧光染色,中性粒细胞胞浆呈现弥散、粗细不一的颗粒状荧光,胞浆中的荧光可清晰勾勒出细胞及细胞核的形态。因此可以判断 ANCA 阳性。

乙醇固定的人中性粒细胞荧光染色呈现典型的 pANCA 荧光染色,核周带状荧光染色增强,荧光阳性染色主要集中在分叶核周围,形成环状或不规则的块状、带状荧光向细胞核内浸润;pANCA 阳性时,乙醇固定的人中性粒细胞荧光染色常强于甲醛固定的人中性粒细胞荧光染色 1~2 个滴度,该标本也表现出该特征。

综合以上情况,该标本可判断为 pANCA 阳性,与针对靶抗原 MPO 的抗体阳性结果符合。

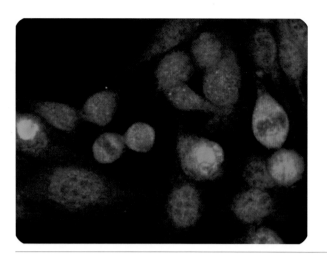

► 图 4-1-43
HEp-2 细胞和人中性粒细胞

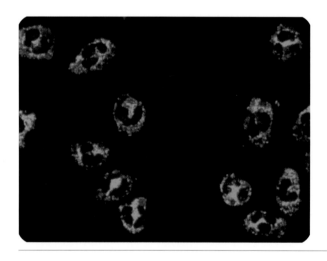

► 图 4-1-44
甲醛固定的人中性粒细胞

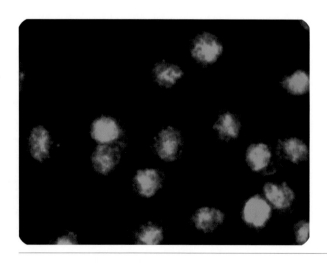

► 图 4-1-45
乙醇固定的人中性粒细胞

【IIF-ANCA 判读结果】

ANCA 阳性,pANCA 型。

【ANCA 谱结果】

靶抗原	定性结果	定量结果	单位	参考范围
MPO	阳性	200.00	RU/ml	≤ 20
PR3	阴性	2.00	RU/ml	≤ 20
LF	阴性	0.08	S/CO	≤ 1
HLE	阴性	0.03	S/CO	≤ 1
CG	阴性	0.01	S/CO	≤ 1
BPI	阴性	0.02	S/CO	≤ 1

【临床资料】

男性患者,70 岁。临床诊断:系统性血管炎。

【IIF-ANCA 结果判读解析】

HEp-2 细胞上为 ANA 细胞核颗粒型弱荧光染色,在后续乙醇固定的人中性粒细胞上判断 ANCA 结果时,需要考虑 ANA 细胞核颗粒型荧光染色的干扰。

甲醛固定的人中性粒细胞胞浆呈现弥散、粗细不一的颗粒状荧光,胞浆中的荧光可清晰勾勒出细胞及细胞核的形态,分叶核间荧光染色增强。因此可以判断 ANCA 阳性。

乙醇固定的人中性粒细胞荧光染色呈现典型的 pANCA 荧光染色,核周带状荧光染色增强,荧光阳性染色主要集中在分叶核周围,形成环状或不规则的块状、带状荧光向细胞核内浸润。

综合以上情况,该标本可判断为 pANCA 阳性,与针对靶抗原 MPO 的抗体阳性结果相符,也与临床诊断系统性血管炎符合。

▶ 图 4-1-46
HEp-2 细胞和人中性粒细胞

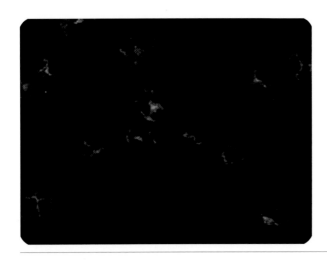

▶ 图 4-1-47
甲醛固定的人中性粒细胞

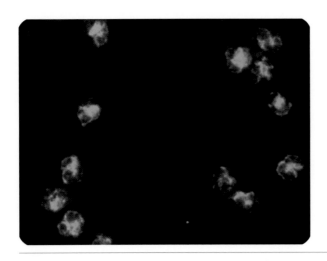

▶ 图 4-1-48
乙醇固定的人中性粒细胞

【IIF-ANCA 判读结果】

ANCA 阳性,pANCA 型。

【ANCA 谱结果】

靶抗原	定性结果	定量结果	单位	参考范围
MPO	阳性	61.71	RU/ml	≤ 20
PR3	阴性	2.00	RU/ml	≤ 20
LF	阳性	1.66	S/CO	≤ 1
HLE	阴性	0.12	S/CO	≤ 1
CG	阴性	0.10	S/CO	≤ 1
BPI	阴性	0.17	S/CO	≤ 1

【临床资料】

女性患者,78 岁。临床诊断:不明原因发热。

【IIF-ANCA 结果判读解析】

HEp-2 细胞上为 ANA 细胞核颗粒型荧光染色,在后续乙醇固定的人中性粒细胞上判断 ANCA 结果时,需要考虑 ANA 细胞核颗粒型荧光染色的干扰。

甲醛固定的人中性粒细胞胞浆呈现弥散、粗细不一的颗粒状弱荧光染色,胞浆中的荧光可清晰勾勒出细胞及细胞核的形态。因此可以判断 ANCA 阳性。

乙醇固定的人中性粒细胞荧光染色呈现典型的 pANCA 荧光染色,核周带状荧光染色增强,荧光阳性染色主要集中在分叶核周围,形成环状或不规则的块状、带状荧光向细胞核内浸润,考虑 pANCA 阳性。pANCA 阳性时,乙醇固定的人中性粒细胞荧光染色常强于甲醛固定的人中性粒细胞荧光染色 1~2 个滴度,该标本也表现出该特征。

综合以上情况,该标本可判断为 pANCA 阳性,与针对靶抗原 MPO 的抗体阳性结果相符。

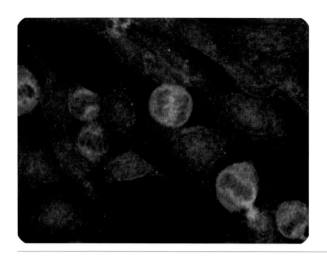

▶ 图 4-1-49
HEp-2 细胞和人中性粒细胞

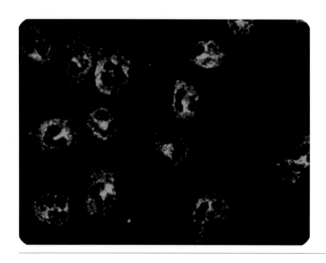

▶ 图 4-1-50
甲醛固定的人中性粒细胞

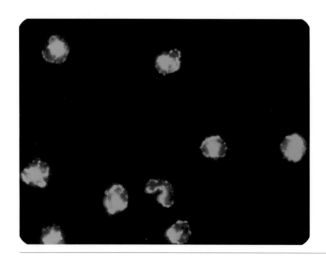

▶ 图 4-1-51
乙醇固定的人中性粒细胞

【IIF-ANCA 判读结果】

ANCA 阳性,pANCA 型。

【ANCA 谱结果】

靶抗原	定性结果	定量结果	单位	参考范围
MPO	阳性	182.30	RU/ml	≤ 20
PR3	阴性	2.15	RU/ml	≤ 20
LF	阴性	0.43	S/CO	≤ 1
HLE	阴性	0.08	S/CO	≤ 1
CG	阴性	0.05	S/CO	≤ 1
BPI	阴性	0.33	S/CO	≤ 1

【临床资料】

女性患者,81 岁。临床诊断:不明原因发热。

【IIF-ANCA 结果判读解析】

HEp-2 细胞胞浆中可见胞浆型弱荧光染色,在后续甲醛固定的人中性粒细胞上判断 ANCA 结果时,需要考虑 ANA 胞浆型荧光染色的干扰。

甲醛固定的人中性粒细胞胞浆呈现典型的 ANCA 胞浆颗粒型荧光染色,中性粒细胞胞浆呈现弥散、粗细不一的颗粒状荧光,胞浆中的荧光可清晰勾勒出细胞及细胞核的形态,分叶核间荧光染色增强。因此可以判断 ANCA 阳性。

乙醇固定的人中性粒细胞呈现典型的核周带状荧光染色增强,荧光阳性染色主要集中在分叶核周围,形成环状或不规则的块状、带状荧光向细胞核内浸润,考虑 pANCA 阳性。pANCA 阳性时,乙醇固定的人中性粒细胞荧光染色常强于甲醛固定的人中性粒细胞荧光染色 1~2 个滴度。

综合以上情况,该标本可判断 pANCA 阳性,与针对靶抗原 MPO 的抗体阳性检测结果符合。

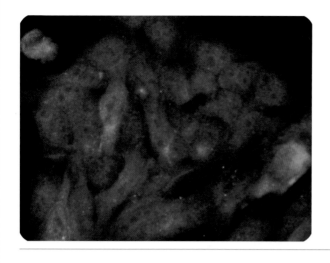

▶ 图 4-1-52
HEp-2 细胞和人中性粒细胞

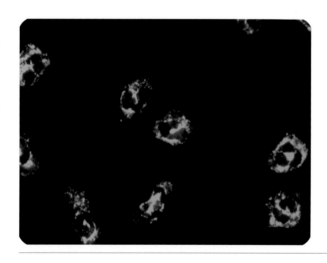

▶ 图 4-1-53
甲醛固定的人中性粒细胞

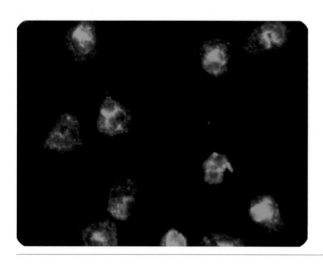

▶ 图 4-1-54
乙醇固定的人中性粒细胞

【IIF-ANCA 判读结果】

ANCA 阳性,pANCA 型。

【ANCA 谱结果】

靶抗原	定性结果	定量结果	单位	参考范围
MPO	阳性	80.30	RU/ml	≤ 20
PR3	阴性	11.72	RU/ml	≤ 20
LF	阴性	0.61	S/CO	≤ 1
HLE	阴性	0.04	S/CO	≤ 1
CG	阴性	0.32	S/CO	≤ 1
BPI	阴性	0.83	S/CO	≤ 1

【临床资料】

男性患者,64 岁。临床诊断:无。

【IIF-ANCA 结果判读解析】

HEp-2 细胞可见胞浆型荧光染色,在后续甲醛固定的人中性粒细胞上判断 ANCA 结果时,需要考虑 ANA 胞浆型荧光染色的干扰。

甲醛固定的人中性粒细胞胞浆呈现典型的 ANCA 胞浆颗粒型荧光染色,中性粒细胞胞浆呈现弥散、粗细不一的颗粒状荧光,胞浆中的荧光可清晰勾勒出细胞及细胞核的形态,分叶核间荧光染色增强。因此可以判断 ANCA 阳性。

乙醇固定的人中性粒细胞呈现典型的核周带状荧光染色增强,荧光阳性染色主要集中在分叶核周围,形成环状或不规则的块状,可见带状荧光向细胞核内浸润。中性粒细胞胞浆型弱荧光染色考虑为 ANA 胞浆型荧光染色在乙醇固定的人中性粒细胞上的干扰。

综合以上情况,该标本可判断为 pANCA 阳性,与针对靶抗原 MPO 的抗体阳性结果符合。

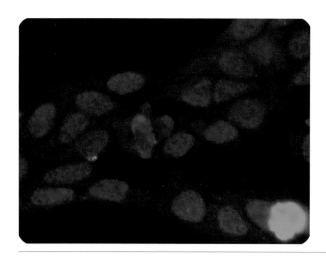

▶ 图 4-1-55
HEp-2 细胞和人中性粒细胞

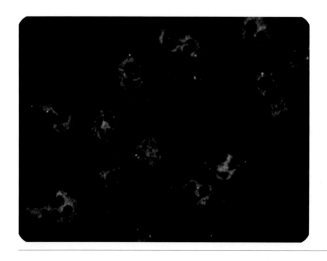

▶ 图 4-1-56
甲醛固定的人中性粒细胞

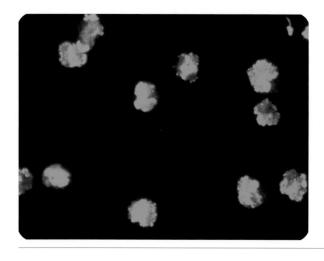

▶ 图 4-1-57
乙醇固定的人中性粒细胞

【IIF-ANCA 判读结果】

ANCA 阳性,pANCA 型。

【ANCA 谱结果】

靶抗原	定性结果	定量结果	单位	参考范围
MPO	阳性	146.40	RU/ml	≤ 20
PR3	阴性	2.00	RU/ml	≤ 20
LF	阴性	0.12	S/CO	≤ 1
HLE	阴性	0.08	S/CO	≤ 1
CG	阴性	0.04	S/CO	≤ 1
BPI	阴性	0.41	S/CO	≤ 1

【临床资料】

女性患者,34 岁。临床诊断:慢性肾功能不全;类风湿关节炎。

【IIF-ANCA 结果判读解析】

HEp-2 细胞上为 ANA 细胞核均质型弱荧光染色,在后续乙醇固定的人中性粒细胞上判断 ANCA 结果时,需要考虑 ANA 细胞核均质型荧光染色的干扰。中性粒细胞荧光染色阳性,表明存在 ANCA 或者 GS-ANA。

甲醛固定的人中性粒细胞胞浆呈现弥散、粗细不一的颗粒状荧光,胞浆中的荧光可清晰勾勒出细胞及细胞核的形态,分叶核间荧光染色增强。因此可以判断 ANCA 阳性,荧光强度较弱。

乙醇固定的人中性粒细胞呈现典型的核周带状荧光染色增强,荧光阳性染色主要集中在分叶核周围,形成环状或不规则的块状、带状荧光向细胞核内浸润。pANCA 阳性时,乙醇固定的人中性粒细胞荧光染色常强于甲醛固定的人中性粒细胞荧光染色。

综合以上情况,该标本可判断为 pANCA 阳性,与针对靶抗原 MPO 的抗体阳性结果符合。类风湿关节炎患者经常出现 GS-ANA 抗体阳性,易误判为不典型 pANCA,当类风湿关节炎患者判断存在 pANCA 时,一定要严格排除 GS-ANA 干扰。

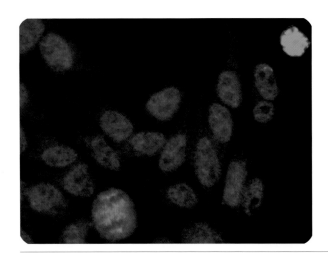

▶ 图 4-1-58
HEp-2 细胞和人中性粒细胞

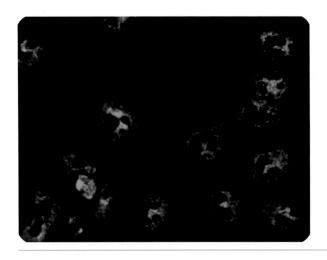

▶ 图 4-1-59
甲醛固定的人中性粒细胞

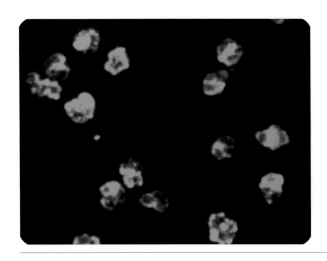

▶ 图 4-1-60
乙醇固定的人中性粒细胞

【IIF-ANCA 判读结果】

ANCA 阳性，pANCA 型。

【ANCA 谱结果】

靶抗原	定性结果	定量结果	单位	参考范围
MPO	阳性	111.14	RU/ml	≤ 20
PR3	阴性	2.00	RU/ml	≤ 20
LF	阴性	0.46	S/CO	≤ 1
HLE	阳性	1.79	S/CO	≤ 1
CG	阴性	0.15	S/CO	≤ 1
BPI	阴性	0.19	S/CO	≤ 1

【临床资料】

女性患者，22 岁。临床诊断：血管炎。

【IIF-ANCA 结果判读解析】

HEp-2 细胞上为 ANA 细胞核颗粒型荧光染色，在后续乙醇固定的人中性粒细胞上判断 ANCA 结果时，需要考虑 ANA 细胞核颗粒型荧光染色的干扰。中性粒细胞荧光染色阳性，表明存在 ANCA 或者 GS-ANA。

甲醛固定的人中性粒细胞胞浆呈现弥散、粗细不一的颗粒状荧光，胞浆中的荧光可清晰勾勒出细胞及细胞核的形态，分叶核间荧光染色增强。因此可以判断 ANCA 阳性。

乙醇固定的人中性粒细胞荧光染色呈现典型的 pANCA 荧光染色，核周带状荧光染色增强，荧光阳性染色主要集中在分叶核周围，形成环状或不规则的块状、带状荧光向细胞核内浸润。pANCA 阳性时，乙醇固定的人中性粒细胞荧光染色常强于甲醛固定的人中性粒细胞荧光染色 1~2 个滴度，该标本也表现出该特征。

综合以上情况，该标本判断为 pANCA 阳性，与针对靶抗原 MPO 的抗体阳性结果及临床诊断血管炎相符。

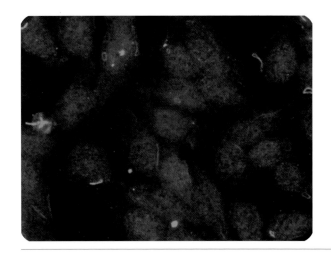

▶ 图 4-1-61
HEp-2 细胞和人中性粒细胞

▶ 图 4-1-62
甲醛固定的人中性粒细胞

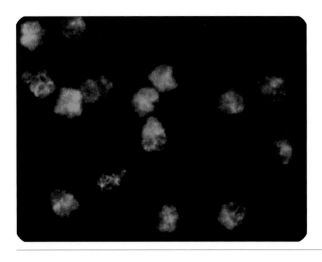

▶ 图 4-1-63
乙醇固定的人中性粒细胞

【IIF-ANCA 判读结果】

ANCA 阳性,pANCA 型。

【ANCA 谱结果】

靶抗原	定性结果	定量结果	单位	参考范围
MPO	阳性	87.75	RU/ml	≤ 20
PR3	阴性	4.43	RU/ml	≤ 20
LF	阴性	0.16	S/CO	≤ 1
HLE	阴性	0.10	S/CO	≤ 1
CG	阴性	0.04	S/CO	≤ 1
BPI	阴性	0.22	S/CO	≤ 1

【临床资料】

女性患者,35 岁。临床诊断:显微镜下多血管炎(MPA);类风湿关节炎。

【IIF-ANCA 结果判读解析】

HEp-2 细胞可见胞浆型弱荧光染色,在后续甲醛固定的人中性粒细胞上判断 ANCA 结果时,需要考虑 ANA 胞浆型荧光染色的干扰。

甲醛固定的人中性粒细胞胞浆呈现弥散的颗粒状荧光,胞浆中的荧光可清晰勾勒出细胞及细胞核的形态。因此可以判断 ANCA 可能阳性,荧光强度较弱,但不能完全排除 ANA 胞浆型荧光染色的干扰。

乙醇固定的人中性粒细胞呈现核周带状荧光染色增强,荧光阳性染色主要集中在分叶核周围,形成环状或不规则的块状、带状荧光向细胞核内浸润,考虑 pANCA 阳性。pANCA 阳性时,乙醇固定的人中性粒细胞荧光染色常强于甲醛固定的人中性粒细胞荧光染色 1~2 个滴度,该标本也表现出该特征。

综合以上情况,该标本可判断为 pANCA 阳性,与针对靶抗原 MPO 的抗体阳性检测结果和临床诊断 MPA 相符。

► 图 4-1-64
HEp-2 细胞和人中性粒细胞

► 图 4-1-65
甲醛固定的人中性粒细胞

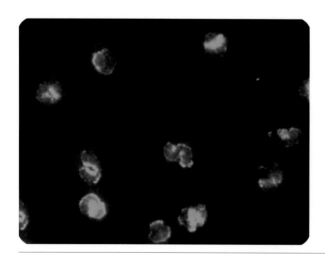

► 图 4-1-66
乙醇固定的人中性粒细胞

【IIF-ANCA 判读结果】

ANCA 阳性,pANCA 型。

【ANCA 谱结果】

靶抗原	定性结果	定量结果	单位	参考范围
MPO	阳性	67.91	RU/ml	≤ 20
PR3	阴性	2.00	RU/ml	≤ 20
LF	阴性	0.43	S/CO	≤ 1
HLE	阴性	0.15	S/CO	≤ 1
CG	阴性	0.02	S/CO	≤ 1
BPI	阴性	0.20	S/CO	≤ 1

【临床资料】

女性患者,38 岁。临床诊断:肺部阴影。

【IIF-ANCA 结果判读解析】

HEp-2 细胞为 ANA 荧光染色阴性。

甲醛固定的人中性粒细胞胞浆呈现弥散、粗细不一的颗粒状荧光,胞浆中的荧光可清晰勾勒出细胞及细胞核的形态,分叶核间荧光染色增强。因此可以判断 ANCA 阳性。

乙醇固定的人中性粒细胞荧光染色呈现典型的 pANCA 荧光染色,核周带状荧光染色增强,荧光阳性染色主要集中在分叶核周围,形成环状或不规则的块状,可见带状荧光向细胞核内浸润,考虑 pANCA 阳性。pANCA 阳性时,乙醇固定的人中性粒细胞荧光染色常强于甲醛固定的人中性粒细胞荧光染色 1~2 个滴度,该标本也表现出该特征。

综合以上情况,该标本判断为 pANCA 阳性,与针对靶抗原 MPO 的抗体阳性结果符合。

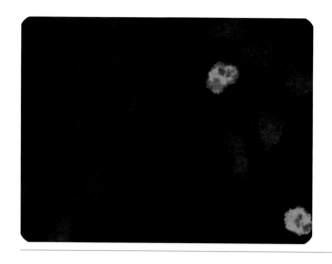

► 图 4-1-67
HEp-2 细胞和人中性粒细胞

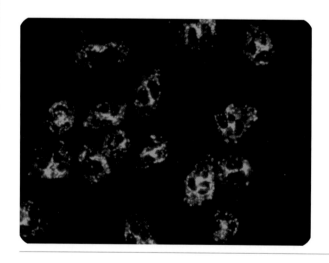

► 图 4-1-68
甲醛固定的人中性粒细胞

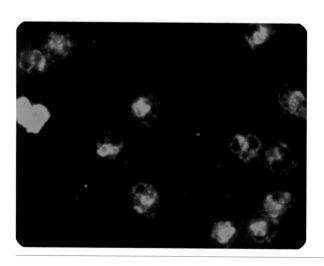

► 图 4-1-69
乙醇固定的人中性粒细胞

【IIF-ANCA 判读结果】

ANCA 阳性,pANCA 型。

【ANCA 谱结果】

靶抗原	定性结果	定量结果	单位	参考范围
MPO	阳性	200.00	RU/ml	≤ 20
PR3	阴性	2.00	RU/ml	≤ 20
LF	阴性	0.16	S/CO	≤ 1
HLE	阴性	0.12	S/CO	≤ 1
CG	阴性	0.10	S/CO	≤ 1
BPI	阴性	0.46	S/CO	≤ 1

【临床资料】

男性患者,41 岁。临床诊断:间质性肺炎;肺部感染。

【IIF-ANCA 结果判读解析】

HEp-2 细胞荧光染色阴性。中性粒细胞荧光染色阳性,表明存在 ANCA 或者 GS-ANA。

甲醛固定的人中性粒细胞胞浆呈现典型的 ANCA 胞浆颗粒型荧光染色,中性粒细胞胞浆呈现弥散、粗细不一的颗粒状荧光,胞浆中的荧光可清晰勾勒出细胞及细胞核的形态,分叶核间荧光染色增强。因此可以判断 ANCA 阳性。

乙醇固定的人中性粒细胞呈现典型的核周带状荧光染色增强,荧光阳性染色主要集中在分叶核周围,形成环状或不规则的块状、带状荧光向细胞核内浸润,考虑 pANCA 阳性。

综合以上情况,该标本可判断为 pANCA 阳性,与针对靶抗原MPO的抗体阳性结果符合。

▶ 图 4-1-70
HEp-2 细胞和人中性粒细胞

▶ 图 4-1-71
甲醛固定的人中性粒细胞

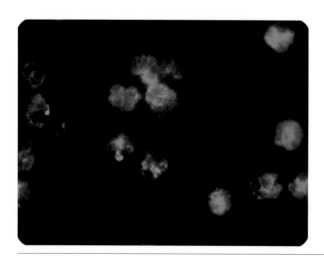

▶ 图 4-1-72
乙醇固定的人中性粒细胞

【IIF-ANCA 判读结果】

ANCA 阳性,pANCA 型。

【ANCA 谱结果】

靶抗原	定性结果	定量结果	单位	参考范围
MPO	阳性	200.00	RU/ml	≤ 20
PR3	阴性	2.00	RU/ml	≤ 20
LF	阴性	0.19	S/CO	≤ 1
HLE	阴性	0.06	S/CO	≤ 1
CG	阴性	0.01	S/CO	≤ 1
BPI	阴性	0.48	S/CO	≤ 1

【临床资料】

男性患者,62 岁。临床诊断:系统性血管炎。

【IIF-ANCA 结果判读解析】

HEp-2 细胞为 ANA 荧光染色阴性。

甲醛固定的人中性粒细胞胞浆呈现弥散、粗细不一的颗粒状荧光,胞浆中的荧光可清晰勾勒出细胞及细胞核的形态,分叶核间荧光染色增强。因此可以判断 ANCA 阳性。

乙醇固定的人中性粒细胞呈现典型的核周带状荧光染色增强,荧光阳性染色主要集中在分叶核周围,形成环状或不规则的块状、带状荧光向细胞核内浸润,考虑 pANCA 阳性。

综合以上情况,该标本可判断为 pANCA 阳性,与针对靶抗原 MPO 的抗体检测结果阳性和临床诊断系统性血管炎符合。

第二节 甲醛固定的人中性粒细胞阴性的 pANCA

甲醛固定的人中性粒细胞阴性的 pANCA 各种常见临床情况见图 4-2-1~ 图 4-2-24。

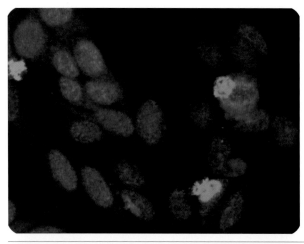

▶ 图 4-2-1
HEp-2 细胞和人中性粒细胞

▶ 图 4-2-2
甲醛固定的人中性粒细胞

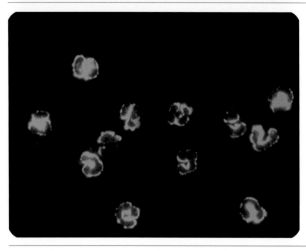

▶ 图 4-2-3
乙醇固定的人中性粒细胞

【IIF-ANCA 判读结果】

ANCA 阳性,pANCA 型。

【ANCA 谱结果】

靶抗原	定性结果	定量结果	单位	参考范围
MPO	阳性	28.25	RU/ml	≤ 20
PR3	阴性	2.00	RU/ml	≤ 20
LF	阴性	0.18	S/CO	≤ 1
HLE	阴性	0.02	S/CO	≤ 1
CG	阴性	0.03	S/CO	≤ 1
BPI	阴性	0.16	S/CO	≤ 1

【临床资料】

男性患者,71 岁。临床诊断:ANCA 相关血管炎(AAV);肺间质病变。

【IIF-ANCA 结果判读解析】

HEp-2 细胞呈现 ANA 细胞核颗粒型弱荧光染色,在后续乙醇固定的人中性粒细胞上判断 ANCA 结果时,需要考虑 ANA 细胞核颗粒型荧光染色的干扰。中性粒细胞荧光染色阳性,表明存在 ANCA 或者 GS-ANA。

甲醛固定的人中性粒细胞胞浆呈现典型的非常弱的 ANCA 胞浆颗粒型荧光染色,中性粒细胞胞浆呈现弥散、粗细不一的颗粒状荧光,胞浆中的荧光勾勒出细胞及细胞核的形态,但是荧光强度较弱,无法确认 ANCA 是否阳性。

乙醇固定的人中性粒细胞呈现典型的核周带状荧光染色增强,荧光阳性染色主要集中在分叶核周围,形成环状,带状荧光向细胞核内浸润,考虑 pANCA 阳性。AAV 患者经过治疗后,ANCA 滴度会随病情好转而降低。pANCA 阳性时,乙醇固定的人中性粒细胞荧光染色常强于甲醛固定的人中性粒细胞荧光染色 1~2 个滴度,患者经过治疗后甲醛固定的人中性粒细胞荧光染色非常弱,甚至阴性。临床上需要与不典型 pANCA 相鉴别。

综合以上情况,该标本可判断为 pANCA 阳性,与 ANCA 谱检测结果显示针对靶抗原 MPO 的抗体阳性和临床诊断 AAV 符合。

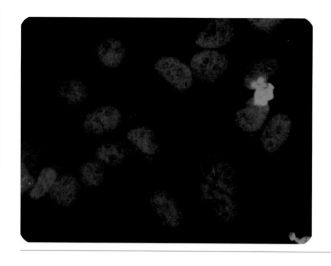

▶ 图 4-2-4
HEp-2 细胞和人中性粒细胞

▶ 图 4-2-5
甲醛固定的人中性粒细胞

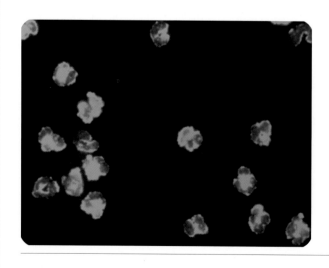

▶ 图 4-2-6
乙醇固定的人中性粒细胞

【IIF-ANCA 判读结果 】

ANCA 阳性,pANCA 型。

【ANCA 谱结果 】

靶抗原	定性结果	定量结果	单位	参考范围
MPO	阳性	63.32	RU/ml	≤ 20
PR3	阴性	2.00	RU/ml	≤ 20
LF	阴性	0.10	S/CO	≤ 1
HLE	阴性	0.03	S/CO	≤ 1
CG	阴性	0.01	S/CO	≤ 1
BPI	阴性	0.01	S/CO	≤ 1

【临床资料 】

女性患者,50 岁。临床诊断:发热;关节痛。

【IIF-ANCA 结果判读解析 】

HEp-2 细胞呈现 ANA 细胞核颗粒型弱荧光染色,在后续乙醇固定的人中性粒细胞上判断 ANCA 结果时,需要考虑 ANA 细胞核颗粒型荧光染色的干扰。中性粒细胞荧光染色阳性,表明存在 ANCA 或者 GS-ANA。

甲醛固定的人中性粒细胞荧光染色阴性,无法确定是否存在 ANCA。

乙醇固定的人中性粒细胞呈现典型的核周带状荧光染色增强,荧光阳性染色主要集中在分叶核周围,形成环状或不规则的块状、带状荧光向细胞核内浸润,考虑 pANCA 阳性。pANCA 阳性时,乙醇固定的人中性粒细胞荧光染色常强于甲醛固定的人中性粒细胞荧光染色 1~2 个滴度。部分患者 ANCA 浓度较低时,可能表现为乙醇固定的人中性粒细胞荧光染色阳性,甲醛固定的人中性粒细胞荧光染色阴性。该患者针对靶抗原 MPO 的抗体为弱阳性,可能是该标本甲醛固定的人中性粒细胞上荧光染色非常弱的原因。

综合以上情况,该标本可判断为 pANCA 阳性,与针对靶抗原 MPO 的抗体阳性结果符合。

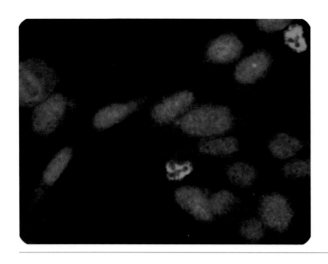

▶ 图 4-2-7
HEp-2 细胞和人中性粒细胞

▶ 图 4-2-8
甲醛固定的人中性粒细胞

▶ 图 4-2-9
乙醇固定的人中性粒细胞

【IIF-ANCA 判读结果】

ANCA 阳性,pANCA 型。

【ANCA 谱结果】

靶抗原	定性结果	定量结果	单位	参考范围
MPO	阳性	81.42	RU/ml	≤ 20
PR3	阴性	2.00	RU/ml	≤ 20
LF	阴性	0.15	S/CO	≤ 1
HLE	阴性	0.02	S/CO	≤ 1
CG	阴性	0.18	S/CO	≤ 1
BPI	阴性	0.07	S/CO	≤ 1

【临床资料】

女性患者,51 岁。临床诊断:ANCA 相关血管炎(AAV)。

【IIF-ANCA 结果判读解析】

HEp-2 细胞上呈现 ANA 细胞核颗粒型荧光染色,在后续乙醇固定的人中性粒细胞上判断 ANCA 结果时,需要考虑 ANA 细胞核颗粒型荧光染色的干扰。中性粒细胞荧光染色阳性,表明存在 ANCA 或者 GS-ANA。

甲醛固定的人中性粒细胞胞浆呈现均匀弥散分布的细颗粒状荧光,在分叶核间无增强的荧光染色。因此可以判断 ANCA 阳性,荧光强度较弱。

乙醇固定的人中性粒细胞呈现典型的核周带状荧光染色增强,荧光阳性染色主要集中在分叶核周围,形成环状或不规则的块状,可见带状荧光向细胞核内浸润,考虑 pANCA 阳性。pANCA 阳性时,乙醇固定的人中性粒细胞荧光染色常强于甲醛固定的人中性粒细胞荧光染色 1~2 个滴度。

综合以上情况,该标本可判断 pANCA 阳性,与针对靶抗原 MPO 的抗体阳性检测结果和 AAV 的临床诊断符合。

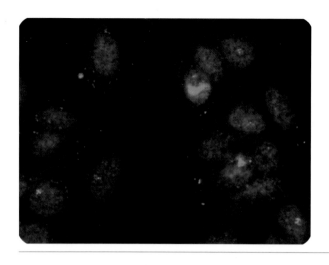

▶ 图 4-2-10
HEp-2 细胞和人中性粒细胞

▶ 图 4-2-11
甲醛固定的人中性粒细胞

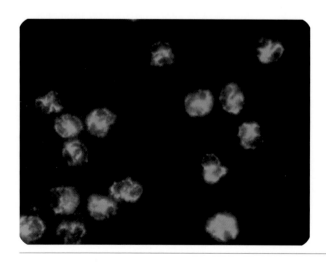

▶ 图 4-2-12
乙醇固定的人中性粒细胞

【IIF-ANCA 判读结果】

ANCA 阳性,pANCA 型。

【ANCA 谱结果】

靶抗原	定性结果	定量结果	单位	参考范围
MPO	阳性	41.98	RU/ml	≤ 20
PR3	阴性	2.00	RU/ml	≤ 20
LF	阴性	0.12	S/CO	≤ 1
HLE	阴性	0.01	S/CO	≤ 1
CG	阴性	0.01	S/CO	≤ 1
BPI	阴性	0.34	S/CO	≤ 1

【临床资料】

女性患者,32 岁。临床诊断:慢性肾功能衰竭。

【IIF-ANCA 结果判读解析】

HEp-2 细胞上为 ANA 细胞核颗粒型荧光染色,在后续乙醇固定的人中性粒细胞上判断 ANCA 结果时,需要考虑 ANA 细胞核颗粒型荧光染色的干扰。

甲醛固定的人中性粒细胞胞浆呈现均匀弥散分布的细颗粒状荧光,在分叶核间无增强的荧光染色。因此可以判断存在 ANCA,荧光强度较弱。

乙醇固定的人中性粒细胞呈现典型的核周带状荧光染色增强,荧光阳性染色主要集中在分叶核周围,形成环状或不规则的块状、带状荧光向细胞核内浸润,考虑 pANCA 阳性。pANCA 阳性时,乙醇固定的人中性粒细胞荧光染色常强于甲醛固定的人中性粒细胞荧光染色 1~2 个滴度。

综合以上情况,该标本可判断为 pANCA 阳性,与针对靶抗原 MPO 的抗体阳性结果符合。

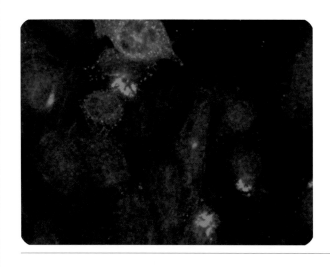

▶ 图 4-2-13
HEp-2 细胞和人中性粒细胞

▶ 图 4-2-14
甲醛固定的人中性粒细胞

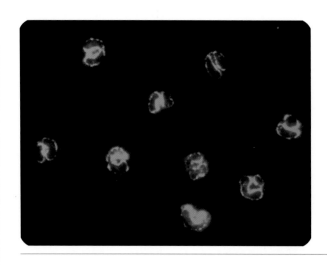

▶ 图 4-2-15
乙醇固定的人中性粒细胞

【IIF-ANCA 判读结果】

ANCA 阳性,pANCA 型。

【ANCA 谱结果】

靶抗原	定性结果	定量结果	单位	参考范围
MPO	阳性	54.89	RU/ml	≤ 20
PR3	阴性	2.00	RU/ml	≤ 20
LF	阴性	0.15	S/CO	≤ 1
HLE	阴性	0.07	S/CO	≤ 1
CG	阴性	0.04	S/CO	≤ 1
BPI	阴性	0.53	S/CO	≤ 1

【临床资料】

女性患者,63 岁。临床诊断:ANCA 相关血管炎(AAV)。

【IIF-ANCA 结果判读解析】

HEp-2 细胞上为 ANA 细胞核颗粒型和胞浆型弱荧光染色,所以在后续甲醛固定的人中性粒细胞和乙醇固定的人中性粒细胞上判断 ANCA 结果时,需要考虑 ANA 细胞核颗粒型和胞浆型荧光染色的干扰。中性粒细胞荧光染色阳性,表明存在 ANCA 或者 GS-ANA。

甲醛固定的人中性粒细胞胞浆呈现弥散分布的颗粒状荧光,胞浆中的荧光可清晰勾勒出细胞及细胞核的形态,分叶核间荧光染色增强,因此可以判断存在 ANCA,荧光强度较弱。

乙醇固定的人中性粒细胞荧光染色呈现典型的 pANCA 荧光染色,核周带状荧光染色增强,荧光阳性染色主要集中在分叶核周围,形成环状或不规则的块状、带状荧光向细胞核内浸润,考虑 pANCA 阳性。pANCA 阳性时,乙醇固定的人中性粒细胞荧光染色常强于甲醛固定的人中性粒细胞荧光染色 1~2 个滴度。

综合以上情况,该标本判断为 pANCA 阳性,与针对靶抗原 MPO 的抗体检测结果阳性和临床诊断 AAV 符合。

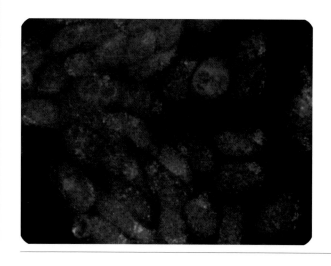

▶ 图 4-2-16
HEp-2 细胞和人中性粒细胞

▶ 图 4-2-17
甲醛固定的人中性粒细胞

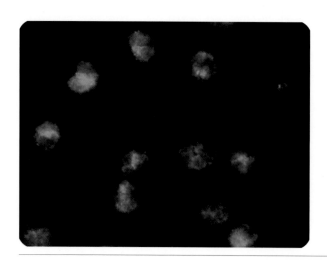

▶ 图 4-2-18
乙醇固定的人中性粒细胞

【 IIF-ANCA 判读结果 】

ANCA 阳性,pANCA 型。

【 ANCA 谱结果 】

靶抗原	定性结果	定量结果	单位	参考范围
MPO	阳性	111.64	RU/ml	≤ 20
PR3	阴性	2.00	RU/ml	≤ 20
LF	阴性	0.09	S/CO	≤ 1
HLE	阴性	0.05	S/CO	≤ 1
CG	阴性	0.03	S/CO	≤ 1
BPI	阴性	0.54	S/CO	≤ 1

【 临床资料 】

男性患者,62 岁。临床诊断:间质性肺炎。

【 IIF-ANCA 结果判读解析 】

HEp-2 细胞为 ANA 胞浆型弱荧光染色,所以在后续甲醛固定的人中性粒细胞上判断 ANCA 结果时,需要考虑 ANA 胞浆型荧光染色的干扰。

甲醛固定的人中性粒细胞胞浆呈现弥散的颗粒状荧光,胞浆中的荧光可清晰勾勒出细胞及细胞核的形态,因此可以判断存在 ANCA,荧光强度较弱。

乙醇固定的人中性粒细胞上荧光染色较为复杂。细胞核上可见整个细胞核的荧光染色,可考虑为 ANA 细胞核颗粒型荧光染色的干扰。核周可见带状荧光染色增强,考虑可能存在 pANCA。胞浆荧光染色阴性,因此不考虑 cANCA。pANCA 阳性时,乙醇固定的人中性粒细胞荧光染色常强于甲醛固定的人中性粒细胞荧光染色 1~2 个滴度。

综合以上情况,该标本可判断为 pANCA 阳性,与针对靶抗原 MPO 的抗体检测结果阳性及临床诊断间质性肺炎符合。

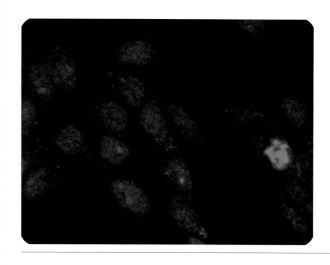

▶ 图 4-2-19
HEp-2 细胞和人中性粒细胞

▶ 图 4-2-20
甲醛固定的人中性粒细胞

▶ 图 4-2-21
乙醇固定的人中性粒细胞

【IIF-ANCA 判读结果】

ANCA 阳性,pANCA 型。

【ANCA 谱结果】

靶抗原	定性结果	定量结果	单位	参考范围
MPO	阳性	62.09	RU/ml	≤ 20
PR3	阴性	2.00	RU/ml	≤ 20
LF	阴性	0.31	S/CO	≤ 1
HLE	阴性	0.08	S/CO	≤ 1
CG	阴性	0.02	S/CO	≤ 1
BPI	阴性	0.15	S/CO	≤ 1

【临床资料】

女性患者,35 岁。临床诊断:ANCA 相关血管炎(AAV);硬脊膜炎。

【IIF-ANCA 结果判读解析】

HEp-2 细胞为 ANA 细胞核颗粒型和胞浆型弱荧光染色,所以在后续甲醛固定的人中性粒细胞和乙醇固定的人中性粒细胞上判断 ANCA 结果时,需要考虑 ANA 细胞核颗粒型和胞浆型荧光染色的干扰。中性粒细胞荧光染色阳性,表明存在 ANCA 或者 GS-ANA。

甲醛固定的人中性粒细胞呈荧光染色阴性,无法判断是否存在 ANCA。

乙醇固定的人中性粒细胞呈现典型的核周带状荧光染色加强,荧光阳性染色主要集中在分叶核周围,形成环状或不规则的块状、带状荧光向细胞核内浸润,考虑 pANCA 阳性。pANCA 阳性时,乙醇固定的人中性粒细胞荧光染色常强于甲醛固定的人中性粒细胞荧光染色 1~2 个滴度。ANCA 相关血管炎(AAV)患者经过治疗后 pANCA 滴度降低,有可能出现仅在乙醇固定的人中性粒细胞呈典型的 ANCA 核周型荧光染色,而在甲醛固定的人中性粒细胞荧光染色阴性的情况。如果乙醇固定的人中性粒细胞呈现的 ANCA 形态不典型时,需要与不典型 pANCA 阳性相鉴别。

综合以上情况,该标本判断为 pANCA 阳性,与针对靶抗原 MPO 的抗体检测结果阳性和临床诊断 AAV 符合。

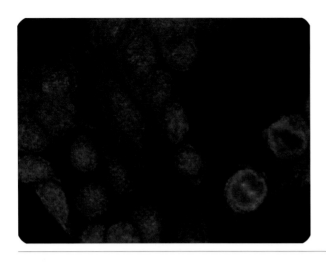

▶ 图 4-2-22
HEp-2 细胞和人中性粒细胞

▶ 图 4-2-23
甲醛固定的人中性粒细胞

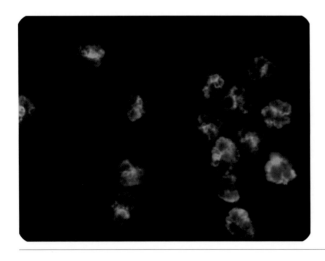

▶ 图 4-2-24
乙醇固定的人中性粒细胞

【IIF-ANCA 判读结果】

ANCA 阳性,pANCA 型。

【ANCA 谱结果】

靶抗原	定性结果	定量结果	单位	参考范围
MPO	阳性	68.95	RU/ml	≤ 20
PR3	阴性	2.00	RU/ml	≤ 20
LF	阴性	0.31	S/CO	≤ 1
HLE	阴性	0.19	S/CO	≤ 1
CG	阴性	0.00	S/CO	≤ 1
BPI	阴性	0.15	S/CO	≤ 1

【临床资料】

女性患者,38 岁。临床诊断:ANCA 相关血管炎(AAV)。

【IIF-ANCA 结果判读解析】

HEp-2 细胞为 ANA 细胞核颗粒型和胞浆型弱荧光染色,所以在后续甲醛固定的人中性粒细胞和乙醇固定的人中性粒细胞上判断 ANCA 结果时,需要考虑 ANA 细胞核颗粒型和胞浆型荧光染色的干扰。中性粒细胞荧光染色阴性,可以排除 GS-ANA 阳性干扰。

甲醛固定的人中性粒细胞荧光染色阴性,无法判断是否存在 ANCA。

乙醇固定的人中性粒细胞呈现典型的核周带状荧光染色加强,荧光阳性染色主要集中在分叶核周围,形成环状或不规则的块状、带状荧光向细胞核内浸润,考虑 pANCA 阳性。pANCA 阳性时,乙醇固定的人中性粒细胞荧光染色常强于甲醛固定的人中性粒细胞荧光染色 1~2 个滴度。ANCA 相关血管炎(AAV)患者经过治疗后 pANCA 滴度降低,有可能出现仅在乙醇固定的人中性粒细胞呈典型的 ANCA 核周型荧光染色,而在甲醛固定的人中性粒细胞荧光染色阴性的情况。

综合以上情况,该标本可判断为 pANCA 阳性,与针对靶抗原 MPO 的抗体检测结果阳性和临床诊断 AAV 相符。

第三节 抗 MPO 抗体阴性的 pANCA

抗 MPO 抗体阴性的 pANCA 各种常见临床情况见图 4-3-1~ 图 4-3-15。

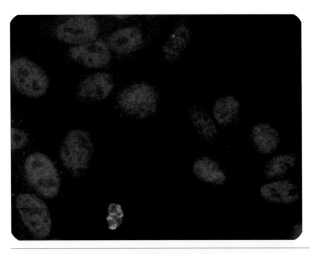

▶ 图 4-3-1
HEp-2 细胞和人中性粒细胞

▶ 图 4-3-2
甲醛固定的人中性粒细胞

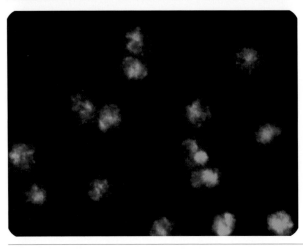

▶ 图 4-3-3
乙醇固定的人中性粒细胞

【IIF-ANCA 判读结果】

ANCA 阳性,pANCA 型。

【ANCA 谱结果】

靶抗原	定性结果	定量结果	单位	参考范围
MPO	阴性	18.33	RU/ml	≤ 20
PR3	阴性	2.00	RU/ml	≤ 20
LF	阴性	0.31	S/CO	≤ 1
HLE	阴性	0.07	S/CO	≤ 1
CG	阴性	0.11	S/CO	≤ 1
BPI	阴性	0.64	S/CO	≤ 1

【临床资料】

女性患者,21 岁。临床诊断:待查。

【IIF-ANCA 结果判读解析】

HEp-2 细胞上为 ANA 细胞核颗粒型荧光染色,在后续乙醇固定的人中性粒细胞上判断 ANCA 结果时,需要考虑 ANA 细胞核颗粒型荧光染色的干扰。

甲醛固定的人中性粒细胞胞浆呈现弥散、粗细不一的颗粒状荧光,胞浆中的荧光可清晰勾勒出细胞及细胞核的形态,分叶核间荧光染色增强,因此可以判断存在 ANCA,荧光强度较弱。

乙醇固定的人中性粒细胞荧光染色呈现典型的 pANCA 荧光染色,核周带状荧光染色加强,荧光阳性染色主要集中在分叶核周围,形成环状或不规则的块状、带状荧光向细胞核内浸润,考虑 pANCA 阳性。pANCA 阳性时,乙醇固定的人中性粒细胞荧光染色常强于甲醛固定的人中性粒细胞荧光染色 1~2 个滴度。

综合以上情况,该标本判断为 pANCA 阳性。患者体内 ANCA 浓度变化与患者的病情相关,随着病情的变化,IIF-ANCA 与 ANCA 靶抗原的变化程度不一致时,可出现 IIF-ANCA 阳性 ANCA 靶抗原阴性或者 IIF-ANCA 阴性 ANCA 靶抗原阳性不一致的情况。

► 图 4-3-4
HEp-2 细胞和人中性粒细胞

► 图 4-3-5
甲醛固定的人中性粒细胞

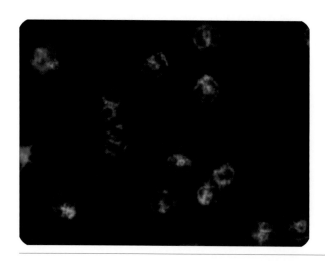

► 图 4-3-6
乙醇固定的人中性粒细胞

【IIF-ANCA 判读结果】

ANCA 阳性,pANCA 型。

【ANCA 谱结果】

靶抗原	定性结果	定量结果	单位	参考范围
MPO	阴性	2.00	RU/ml	≤ 0
PR3	阴性	2.00	RU/ml	≤ 20
LF	阴性	0.15	S/CO	≤ 1
HLE	阴性	0.03	S/CO	≤ 1
CG	阴性	0.01	S/CO	≤ 1
BPI	阴性	0.08	S/CO	≤ 1

【临床资料】

女性患者,65 岁。临床诊断:ANCA 相关血管炎(AAV)。

【IIF-ANCA 结果判读解析】

HEp-2 细胞荧光染色阴性。中性粒细胞荧光染色阴性,可以排除 GS-ANA 阳性干扰。甲醛固定的人中性粒细胞呈荧光染色阴性,无法判断是否存在 ANCA。

乙醇固定的人中性粒细胞荧光染色呈现核周带状荧光染色加强,荧光阳性染色主要集中在分叶核周围,形成环状或不规则的块状、带状荧光向细胞核内浸润,考虑 pANCA 阳性。pANCA 阳性时,乙醇固定的人中性粒细胞荧光染色常强于甲醛固定的人中性粒细胞荧光染色 1~2 个滴度,但部分患者经治疗后,可能表现为乙醇固定的人中性粒细胞荧光染色阳性,甲醛固定的人中性粒细胞荧光染色阴性,以及 pANCA 常见靶抗原 MPO 的抗体检测结果阴性。

综合以上情况,该标本判断为 pANCA 阳性,与临床诊断 AAV 符合。

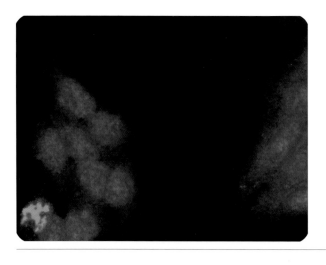

► 图 4-3-7
HEp-2 细胞和人中性粒细胞

► 图 4-3-8
甲醛固定的人中性粒细胞

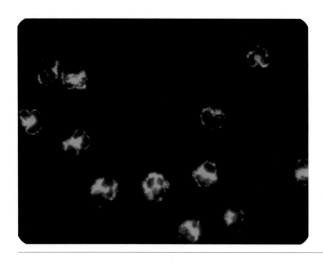

► 图 4-3-9
乙醇固定的人中性粒细胞

【IIF-ANCA 判读结果】

ANCA 阳性,pANCA 型。

【ANCA 谱结果】

靶抗原	定性结果	定量结果	单位	参考范围
MPO	阴性	2.00	RU/ml	≤ 20
PR3	阴性	2.00	RU/ml	≤ 20
LF	阴性	0.13	S/CO	≤ 1
HLE	阴性	0.14	S/CO	≤ 1
CG	阴性	0.03	S/CO	≤ 1
BPI	阴性	0.62	S/CO	≤ 1

【临床资料】

男性患者,86 岁。临床诊断:免疫性血管炎。

【IIF-ANCA 结果判读解析】

HEp-2 细胞可见胞浆型弱荧光染色,在后续甲醛固定的人中性粒细胞上判断 ANCA 结果时,需要考虑 ANA 胞浆型荧光染色的干扰。中性粒细胞荧光染色阳性,表明存在 ANCA 或者 GS-ANA。

甲醛固定的人中性粒细胞呈荧光染色阴性。

乙醇固定的人中性粒细胞荧光染色呈现核周带状荧光染色加强,荧光阳性染色主要集中在分叶核周围,形成环状或不规则的块状、带状荧光向细胞核内浸润,考虑 pANCA 阳性。pANCA 阳性时,乙醇固定的人中性粒细胞荧光染色常强于甲醛固定的人中性粒细胞荧光染色 1~2 个滴度,但部分患者经治疗后,可能表现为乙醇固定的人中性粒细胞荧光染色阳性,甲醛固定的人中性粒细胞荧光染色阴性,以及 pANCA 常见靶抗原 MPO 的抗体检测结果阴性。

综合以上情况,该标本可判断为 pANCA 阳性。

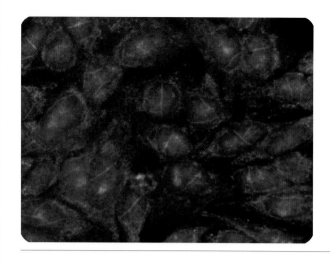

▶ 图 4-3-10
HEp-2 细胞和人中性粒细胞

▶ 图 4-3-11
甲醛固定的人中性粒细胞

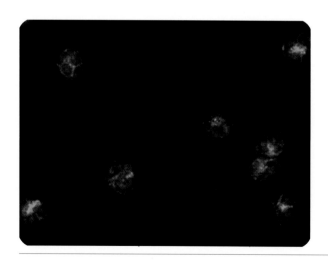

▶ 图 4-3-12
乙醇固定的人中性粒细胞

【IIF-ANCA 判读结果】

ANCA 阳性,pANCA 型。

【ANCA 谱结果】

靶抗原	定性结果	定量结果	单位	参考范围
MPO	阴性	2.06	RU/ml	≤ 20
PR3	阴性	10.28	RU/ml	≤ 20
LF	阴性	0.12	S/CO	≤ 1
HLE	阴性	0.03	S/CO	≤ 1
CG	阴性	0.02	S/CO	≤ 1
BPI	阴性	0.06	S/CO	≤ 1

【临床资料】

女性患者,60 岁。临床诊断:系统性血管炎。

【IIF-ANCA 结果判读解析】

HEp-2 细胞可见胞浆型弱荧光染色,在后续甲醛固定的人中性粒细胞上判断 ANCA 结果时,需要考虑 ANA 胞浆荧光染色的干扰。

甲醛固定的人中性粒细胞荧光染色阴性。

乙醇固定的人中性粒细胞呈现核周胞浆的丝带状荧光,荧光阳性染色主要集中在分叶核周围,形成环状或不规则的块状、带状荧光向细胞核内浸润或不浸润,考虑 pANCA 阳性。pANCA 阳性时,乙醇固定的人中性粒细胞荧光染色常强于甲醛固定的人中性粒细胞荧光染色。

综合以上情况,该标本可判断为 pANCA 阳性,与临床诊断系统性血管炎符合。

▶ 图 4-3-13
HEp-2 细胞和人中性粒细胞

▶ 图 4-3-14
甲醛固定的人中性粒细胞

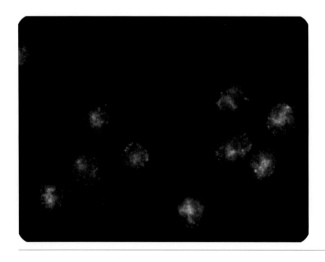

▶ 图 4-3-15
乙醇固定的人中性粒细胞

【IIF-ANCA 判读结果】

ANCA 阳性,pANCA。

【ANCA 谱结果】

靶抗原	定性结果	定量结果	单位	参考范围
MPO	阴性	11.57	RU/ml	≤ 20
PR3	阴性	2.86	RU/ml	≤ 20
LF	阴性	0.20	S/CO	≤ 1
HLE	阴性	0.02	S/CO	≤ 1
CG	阴性	0.05	S/CO	≤ 1
BPI	阴性	0.45	S/CO	≤ 1

【临床资料】

男性患者,69 岁。临床诊断:ANCA 相关血管炎(AAV);慢性肾功能不全;肺间质病变。

【IIF-ANCA 结果判读解析】

HEp-2 细胞胞浆中可见胞浆型荧光染色,在后续甲醛固定的人中性粒细胞上判断 ANCA 结果时,需要考虑 ANA 胞浆型荧光染色的干扰。

甲醛固定的人中性粒细胞荧光染色阴性。

乙醇固定的人中性粒细胞呈现典型的核周胞浆的带状荧光,荧光阳性染色主要集中在分叶核周围,形成环状或不规则的块状、带状荧光向细胞核内浸润或不浸润,考虑 pANCA 阳性。pANCA 阳性时,通常乙醇固定的人中性粒细胞荧光染色强度强于甲醛固定的人中性粒细胞荧光染色,但部分患者 ANCA 浓度较低时,可能表现为乙醇固定的人中性粒细胞荧光染色阳性,甲醛固定的人中性粒细胞荧光染色阴性。

综合以上情况,该标本可判断为 pANCA 阳性。

第四节 抗核抗体阳性的 pANCA

一、细胞核型抗核抗体阳性的 pANCA

细胞核型抗核抗体阳性的 pANCA 各种常见临床情况见图 4-4-1~ 图 4-4-69。

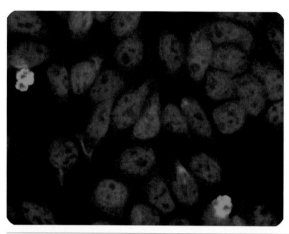

▶ 图 4-4-1
HEp-2 细胞和人中性粒细胞

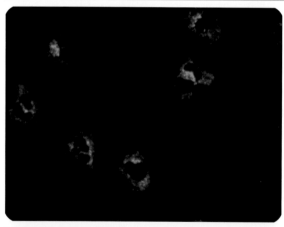

▶ 图 4-4-2
甲醛固定的人中性粒细胞

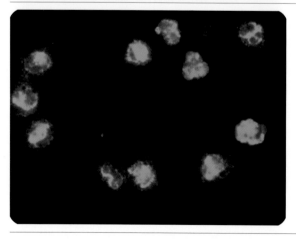

▶ 图 4-4-3
乙醇固定的人中性粒细胞

【IIF-ANCA 判读结果】

ANCA 阳性,pANCA 型。

【ANCA 谱结果】

靶抗原	定性结果	定量结果	单位	参考范围
MPO	阳性	70.56	RU/ml	≤ 20
PR3	阴性	2.00	RU/ml	≤ 20
LF	阴性	0.15	S/CO	≤ 1
HLE	阴性	0.00	S/CO	≤ 1
CG	阴性	0.01	S/CO	≤ 1
BPI	阴性	0.29	S/CO	≤ 1

【临床资料】

男性患者,57 岁。临床诊断:系统性血管炎;肺间质病变。

【IIF-ANCA 结果判读解析】

HEp-2 细胞呈现 ANA 细胞核颗粒型荧光染色,后续乙醇固定的人中性粒细胞判断 ANCA 结果应注意 ANA 细胞核颗粒型荧光染色的干扰。中性粒细胞荧光染色阳性,表明存在 ANCA 或者 GS-ANA。

甲醛固定的人中性粒细胞胞浆呈现弥散、粗细不一的颗粒状荧光,胞浆中的荧光可清晰勾勒出细胞及细胞核的形态,分叶核间荧光染色增强。因此可以判断 ANCA 阳性。

乙醇固定的人中性粒细胞荧光染色呈现典型的 pANCA 荧光染色,核周带状荧光染色增强,荧光阳性染色主要集中在分叶核周围,形成环状或不规则的块状、带状荧光向细胞核内浸润,可判断 pANCA 阳性。pANCA 阳性时,乙醇固定的人中性粒细胞荧光染色常强于甲醛固定的人中性粒细胞荧光染色 1~2 个滴度。

综合以上情况,该标本判断为 pANCA 阳性,既与针对靶抗原 MPO 的抗体阳性结果符合,也与临床诊断系统性血管炎符合。

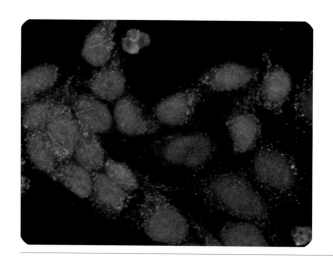

▶ 图 4-4-4
HEp-2 细胞和人中性粒细胞

▶ 图 4-4-5
甲醛固定的人中性粒细胞

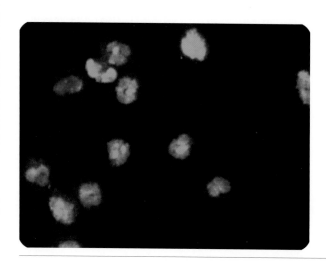

▶ 图 4-4-6
乙醇固定的人中性粒细胞

【IIF-ANCA 判读结果】

ANCA 阳性,pANCA 型。

【ANCA 谱结果】

靶抗原	定性结果	定量结果	单位	参考范围
MPO	阳性	46.25	RU/ml	≤ 20
PR3	阴性	2.00	RU/ml	≤ 20
LF	阴性	0.21	S/CO	≤ 1
HLE	阴性	0.04	S/CO	≤ 1
CG	阴性	0.02	S/CO	≤ 1
BPI	阴性	0.03	S/CO	≤ 1

【临床资料】

男性患者,78 岁。临床诊断:无。

【IIF-ANCA 结果判读解析】

HEp-2 细胞呈现 ANA 细胞核均质型弱荧光染色,同时胞浆中可见胞浆型弱荧光染色,在后续甲醛固定的人中性粒细胞和乙醇固定的人中性粒细胞上判断 ANCA 结果时,需要考虑 ANA 细胞核均质型和胞浆型荧光染色的干扰。中性粒细胞荧光染色阴性,可以排除 GS-ANA 干扰。

甲醛固定的人中性粒细胞有较弱的胞浆颗粒型弱荧光染色,不能确定是否存在 ANCA,而且需要考虑是否存在 ANA 胞浆型荧光染色的干扰。

乙醇固定的人中性粒细胞核上可见整个细胞核的均质型强荧光染色,可考虑为 ANA 细胞核均质型荧光染色在乙醇固定的人中性粒细胞上干扰。中性粒细胞核周可见带状荧光染色增强,荧光阳性染色主要集中在分叶核周围,形成环状或不规则的块状、带状荧光向细胞核内浸润,可判断 pANCA 阳性。

综合以上情况,该标本判断为 pANCA 阳性。该标本仅从 IIF-ANCA 判断是否存在 ANCA 有较高难度。ANCA 谱检测结果显示针对靶抗原 MPO 的抗体阳性,当乙醇固定的人中性粒细胞荧光染色存在较强的 ANA 干扰时,较弱的 pANCA 产生的荧光染色容易被掩盖而导致漏检。

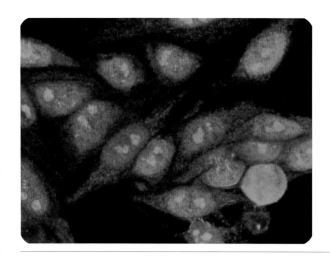

▶ 图 4-4-7
HEp-2 细胞和人中性粒细胞

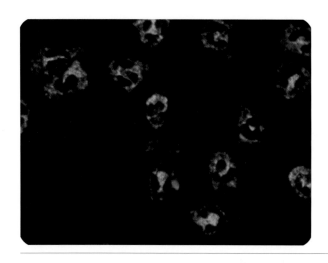

▶ 图 4-4-8
甲醛固定的人中性粒细胞

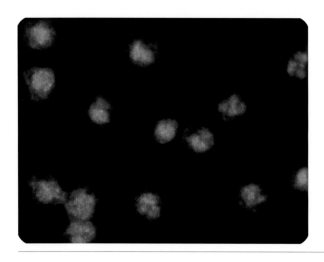

▶ 图 4-4-9
乙醇固定的人中性粒细胞

【IIF-ANCA 判读结果】

ANCA 阳性,pANCA 型。

【ANCA 谱结果】

靶抗原	定性结果	定量结果	单位	参考范围
MPO	阳性	38.88	RU/ml	≤ 20
PR3	阴性	2.00	RU/ml	≤ 20
LF	阴性	0.18	S/CO	≤ 1
HLE	阴性	0.04	S/CO	≤ 1
CG	阴性	0.03	S/CO	≤ 1
BPI	阴性	0.13	S/CO	≤ 1

【临床资料】

男性患者,80 岁。临床诊断:肺部阴影;肺部感染。

【IIF-ANCA 结果判读解析】

HEp-2 细胞呈现 ANA 细胞核颗粒核仁型强荧光染色,同时胞浆中可见胞浆型荧光染色,在后续甲醛固定的人中性粒细胞和乙醇固定的人中性粒细胞上判断 ANCA 结果时,需要考虑 ANA 细胞核颗粒核仁型和胞浆型荧光染色的干扰。中性粒细胞荧光染色阴性,可以排除 GS-ANA 干扰。

甲醛固定的人中性粒细胞胞浆呈现弥散、粗细不一的颗粒状荧光,胞浆中的荧光清晰勾勒出细胞及细胞核的形态,分叶核间荧光染色增强。因此可以判断存在 ANCA。虽然 ANA 胞浆型阳性,需要考虑是否存在 ANA 胞浆型荧光染色的干扰,但是 ANA 胞浆型干扰甲醛固定的人中性粒细胞荧光染色时表现为胞浆细纱状荧光染色。

乙醇固定的人中性粒细胞核上可见整个细胞核的颗粒核仁型荧光染色,可考虑为 ANA 细胞核荧光染色在乙醇固定的人中性粒细胞上干扰。部分中性粒细胞可见核周带状荧光染色增强,荧光阳性染色主要集中在分叶核周围,考虑 pANCA 阳性。

综合以上情况,考虑 pANCA 阳性。ANCA 谱检测结果显示针对靶抗原 MPO 的抗体弱阳性,当乙醇固定的人中性粒细胞荧光染色存在较强的 ANA 干扰时,较弱的 pANCA 产生的荧光染色容易被掩盖而导致漏检。

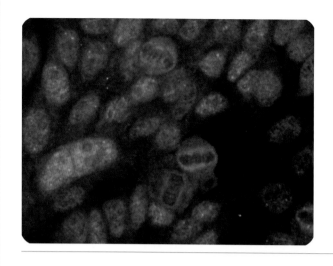

▶ 图 4-4-10
HEp-2 细胞和人中性粒细胞

▶ 图 4-4-11
甲醛固定的人中性粒细胞

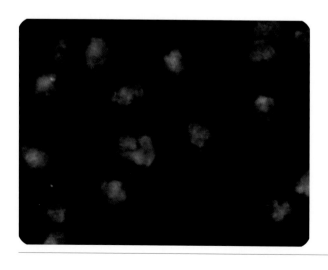

▶ 图 4-4-12
乙醇固定的人中性粒细胞

【IIF-ANCA 判读结果】

ANCA 阳性,pANCA 型。

【ANCA 谱结果】

靶抗原	定性结果	定量结果	单位	参考范围
MPO	阳性	20.13	RU/ml	≤ 20
PR3	阴性	2.00	RU/ml	≤ 20
LF	阴性	0.33	S/CO	≤ 1
HLE	阴性	0.02	S/CO	≤ 1
CG	阴性	0.01	S/CO	≤ 1
BPI	阴性	0.11	S/CO	≤ 1

【临床资料】

女性患者,62 岁。临床诊断:中枢性尿崩症。

【IIF-ANCA 结果判读解析】

HEp-2 细胞呈现 ANA 细胞核颗粒型荧光染色,在后续乙醇固定的人中性粒细胞上判断 ANCA 结果时,需要考虑 ANA 细胞核颗粒型荧光染色的干扰。中性粒细胞荧光染色阴性,可以排除 GS-ANA 干扰。

甲醛固定的人中性粒细胞胞浆荧光强度较弱,不能明确判断存在 ANCA。

乙醇固定的人中性粒细胞上荧光染色较为复杂。细胞核上可见整个细胞核的荧光染色,可考虑为 ANA 细胞核颗粒型在乙醇固定的人中性粒细胞上的干扰。部分细胞核周可见带状荧光染色增强,考虑可能存在 pANCA。

综合以上情况,该标本判断为 pANCA 阳性。ANCA 谱检测结果显示针对靶抗原 MPO 的抗体可疑弱阳性。

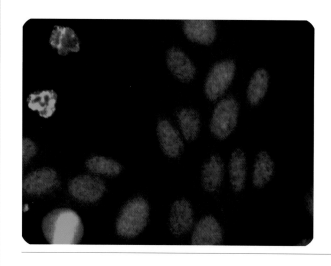

▶ 图 4-4-13
HEp-2 细胞和人中性粒细胞

▶ 图 4-4-14
甲醛固定的人中性粒细胞

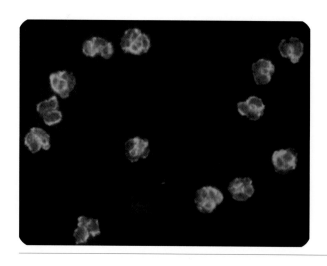

▶ 图 4-4-15
乙醇固定的人中性粒细胞

【IIF-ANCA 判读结果】

ANCA 阳性,pANCA 型。

【ANCA 谱结果】

靶抗原	定性结果	定量结果	单位	参考范围
MPO	阳性	61.77	RU/ml	≤ 20
PR3	阴性	2.00	RU/ml	≤ 20
LF	阴性	0.18	S/CO	≤ 1
HLE	阴性	0.14	S/CO	≤ 1
CG	阴性	0.03	S/CO	≤ 1
BPI	阴性	0.41	S/CO	≤ 1

【临床资料】

女性患者,27 岁。临床诊断:甲状腺功能亢进。

【IIF-ANCA 结果判读解析】

HEp-2 细胞呈现 ANA 细胞核均质型荧光染色,在后续乙醇固定的人中性粒细胞上判断 ANCA 结果时,需要考虑 ANA 细胞核均质型荧光染色的干扰。中性粒细胞荧光染色阳性,表明存在 ANCA 或者 GS-ANA。

甲醛固定的人中性粒细胞胞浆呈现均匀弥散分布的细颗粒状荧光,在分叶核间无增强的荧光染色。因此考虑判断存在 ANCA,荧光强度较弱。

乙醇固定的人中性粒细胞呈现典型的核周带状荧光染色增强,荧光阳性染色主要集中在分叶核周围,形成环状或不规则的块状、带状荧光向细胞核内浸润,考虑 pANCA 阳性。

综合以上情况,该标本可判断 pANCA 阳性。与针对靶抗原 MPO 的抗体阳性检测结果符合。甲状腺功能亢进患者的 ANCA 荧光表现与系统性血管炎患者有所不同。甲状腺功能亢进患者 pANCA 或者 cANCA 阳性的同时常常伴随 HEp-2 细胞上 ANA 核成分的阳性,而且甲状腺功能亢进的 ANCA 阳性患者常常有明确的抗 MPO 抗体或者抗 PR3 抗体阳性。肺部疾病或者肾脏疾病患者呈单独的 pANCA 阳性,抗 MPO 抗体或者抗 PR3 抗体不一定阳性。系统性血管炎患者常常是单纯的 pANCA 或者 cANCA 阳性,HEp-2 细胞上 ANA 核成分的阴性。

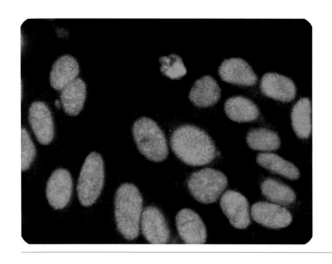

▶ 图 4-4-16
HEp-2 细胞和人中性粒细胞

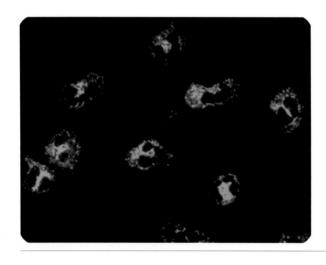

▶ 图 4-4-17
甲醛固定的人中性粒细胞

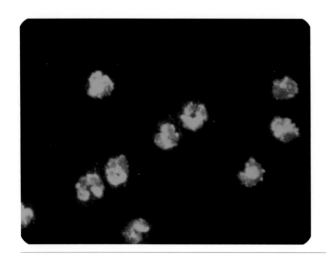

▶ 图 4-4-18
乙醇固定的人中性粒细胞

【IIF-ANCA 判读结果】

ANCA 阳性,pANCA 型。

【ANCA 谱结果】

靶抗原	定性结果	定量结果	单位	参考范围
MPO	阳性	137.67	RU/ml	≤ 20
PR3	阴性	2.00	RU/ml	≤ 20
LF	阴性	0.33	S/CO	≤ 1
HLE	阴性	0.00	S/CO	≤ 1
CG	阴性	0.01	S/CO	≤ 1
BPI	阴性	0.03	S/CO	≤ 1

【临床资料】

女性患者,65 岁。临床诊断:无。

【IIF-ANCA 结果判读解析】

HEp-2 细胞呈现 ANA 细胞核均质型荧光染色,在后续乙醇固定的人中性粒细胞上判断 ANCA 结果时,需要考虑 ANA 细胞核均质型荧光染色的干扰。中性粒细胞荧光染色阳性,表明存在 ANCA 或者 GS-ANA。

甲醛固定的人中性粒细胞胞浆呈现典型的 ANCA 胞浆颗粒型荧光染色,中性粒细胞胞浆呈现弥散、粗细不一的颗粒状荧光,胞浆中的荧光可清晰勾勒出细胞及细胞核的形态,分叶核间荧光染色增强。因此可以判断 ANCA 阳性。

乙醇固定的人中性粒细胞上整个细胞核有荧光染色,可考虑为 ANA 细胞核均质型荧光染色在乙醇固定的人中性粒细胞上的干扰。在此荧光染色背景上可见中性粒细胞呈现典型的核周带状荧光染色增强,荧光阳性染色主要集中在分叶核周围,形成环状或不规则的块状、带状荧光向细胞核内浸润,考虑 pANCA 阳性。pANCA 阳性时,乙醇固定的人中性粒细胞荧光染色常强于甲醛固定的人中性粒细胞荧光染色 1~2 个滴度。

综合以上情况,该标本可判断为 pANCA 阳性,与针对靶抗原 MPO 的抗体阳性结果相符。

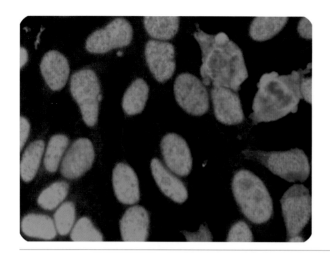

▶ 图 4-4-19
HEp-2 细胞和人中性粒细胞

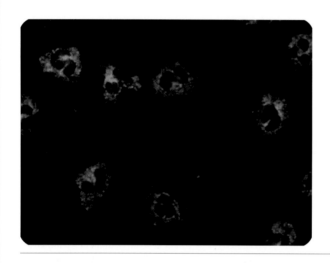

▶ 图 4-4-20
甲醛固定的人中性粒细胞

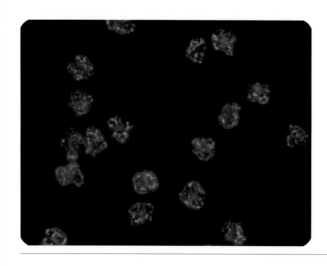

▶ 图 4-4-21
乙醇固定的人中性粒细胞

【IIF-ANCA 判读结果】

ANCA 阳性, pANCA 型。

【ANCA 谱结果】

靶抗原	定性结果	定量结果	单位	参考范围
MPO	阳性	67.97	RU/ml	≤ 20
PR3	阴性	13.52	RU/ml	≤ 20
LF	阴性	0.17	S/CO	≤ 1
HLE	阴性	0.35	S/CO	≤ 1
CG	阴性	0.06	S/CO	≤ 1
BPI	阴性	0.08	S/CO	≤ 1

【临床资料】

女性患者, 26 岁。临床诊断: 甲状腺功能亢进。

【IIF-ANCA 结果判读解析】

该标本在 HEp-2 细胞上为 ANA 细胞核颗粒型强荧光染色, 在后续乙醇固定的人中性粒细胞上判断 ANCA 结果时, 需要考虑 ANA 细胞核颗粒型荧光染色的干扰。中性粒细胞荧光染色阴性, 可以排除 GS-ANA 干扰。

甲醛固定的人中性粒细胞胞浆呈现弥散、粗细不一的颗粒状荧光, 分叶核间荧光染色增强, 因此可以判断存在 ANCA。

乙醇固定的人中性粒细胞上整个细胞核有荧光染色, 可考虑为 ANA 细胞核颗粒型荧光染色在乙醇固定的人中性粒细胞上的干扰。在此荧光染色背景上可见中性粒细胞呈现典型的核周带状荧光染色增强, 荧光阳性染色主要集中在分叶核周围, 形成环状、带状荧光向细胞核内浸润。考虑 pANCA 阳性。

综合以上情况, 该标本可判断 pANCA 阳性, 与针对靶抗原 MPO 的抗体阳性结果符合。

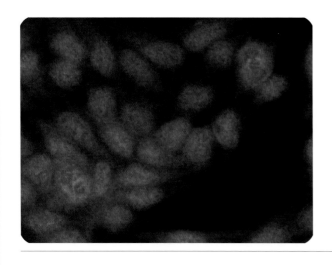

▶ 图 4-4-22
HEp-2 细胞和人中性粒细胞

▶ 图 4-4-23
甲醛固定的人中性粒细胞

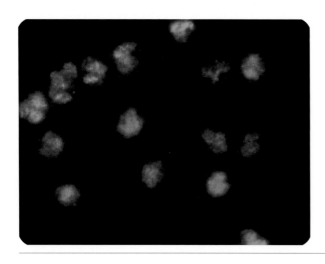

▶ 图 4-4-24
乙醇固定的人中性粒细胞

【IIF-ANCA 判读结果】

ANCA 阳性,pANCA 型。

【ANCA 谱结果】

靶抗原	定性结果	定量结果	单位	参考范围
MPO	阳性	64.10	RU/ml	≤ 20
PR3	阴性	2.00	RU/ml	≤ 20
LF	阴性	0.12	S/CO	≤ 1
HLE	阴性	0.01	S/CO	≤ 1
CG	阴性	0.00	S/CO	≤ 1
BPI	阴性	0.03	S/CO	≤ 1

【临床资料】

女性患者,55 岁。临床诊断:肺部感染;显微镜下多血管炎(MPA)。

【IIF-ANCA 结果判读解析】

HEp-2 细胞上为 ANA 细胞核颗粒型弱荧光染色,在后续乙醇固定的人中性粒细胞上判断 ANCA 结果时,需要考虑 ANA 细胞核颗粒型荧光染色的干扰。中性粒细胞荧光染色阴性,可以排除 GS-ANA 干扰。

甲醛固定的人中性粒细胞胞浆荧光染色阴性。

乙醇固定的人中性粒细胞荧光染色可见细胞核颗粒状荧光染色背景,考虑为 ANA 细胞核颗粒型荧光染色的干扰,在此荧光染色背景上可见核周块状荧光染色增强,荧光阳性染色主要集中在分叶核周围,向细胞核内浸润,考虑 pANCA 阳性。pANCA 阳性时,乙醇固定的人中性粒细胞荧光染色常强于甲醛固定的人中性粒细胞荧光染色 1~2 个滴度,该患者针对靶抗原 MPO 的抗体检测结果为弱阳性,因此可能是该标本甲醛固定的人中性粒细胞上荧光染色非常弱的原因。

综合以上情况,该标本可判断为 pANCA 阳性,与针对靶抗原 MPO 的抗体的阳性结果符合,也与临床诊断 MPA 符合。

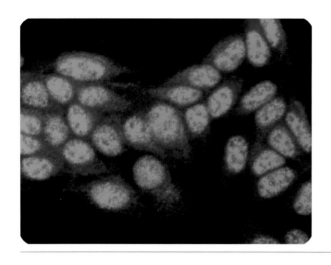

▶ 图 4-4-25
HEp-2 细胞和人中性粒细胞

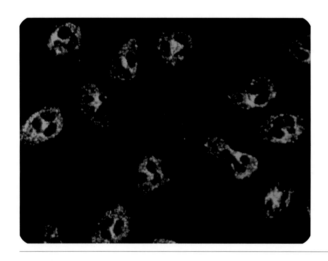

▶ 图 4-4-26
甲醛固定的人中性粒细胞

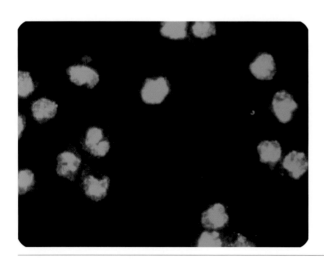

▶ 图 4-4-27
乙醇固定的人中性粒细胞

【IIF-ANCA 判读结果】

ANCA 阳性,pANCA 型。

【ANCA 谱结果】

靶抗原	定性结果	定量结果	单位	参考范围
MPO	阳性	200.00	RU/ml	≤ 20
PR3	阴性	2.00	RU/ml	≤ 20
LF	阴性	0.16	S/CO	≤ 1
HLE	阴性	0.00	S/CO	≤ 1
CG	阴性	0.01	S/CO	≤ 1
BPI	阴性	0.01	S/CO	≤ 1

【临床资料】

男性患者,88 岁。临床诊断:肺间质病变。

【IIF-ANCA 结果判读解析】

HEp-2 细胞上为 ANA 细胞核颗粒型荧光染色,在后续乙醇固定的人中性粒细胞上判断 ANCA 结果时,需要考虑 ANA 细胞核颗粒型荧光染色的干扰。中性粒细胞荧光染色阴性,可以排除 GS-ANA 干扰。

甲醛固定的人中性粒细胞胞浆呈现弥散、粗细不一的颗粒状荧光,胞浆中的荧光可清晰勾勒出细胞及细胞核的形态,分叶核间荧光染色增强,因此可以判断存在 ANCA。

乙醇固定的人中性粒细胞荧光染色呈现典型的 pANCA 荧光染色,核周带状荧光染色增强,荧光阳性染色主要集中在分叶核周围,形成环状或不规则的块状、带状荧光向细胞核内浸润,考虑 pANCA 阳性。pANCA 阳性时,乙醇固定的人中性粒细胞荧光染色常强于甲醛固定的人中性粒细胞荧光染色 1~2 个滴度。

综合以上情况,该标本可判断为 pANCA 阳性,与针对靶抗原 MPO 的抗体阳性结果符合。

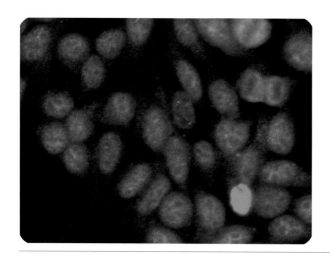

▶ 图 4-4-28
HEp-2 细胞和人中性粒细胞

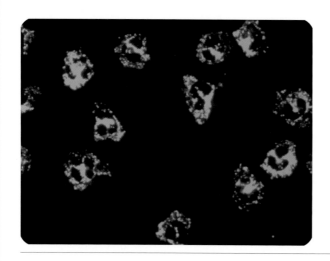

▶ 图 4-4-29
甲醛固定的人中性粒细胞

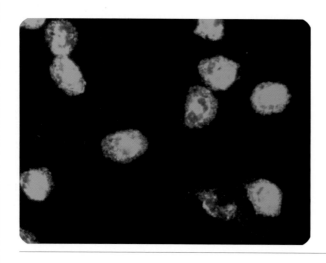

▶ 图 4-4-30
乙醇固定的人中性粒细胞

【IIF-ANCA 判读结果】

ANCA 阳性,pANCA 型。

【ANCA 谱结果】

靶抗原	定性结果	定量结果	单位	参考范围
MPO	阳性	200.00	RU/ml	≤ 20
PR3	阴性	2.00	RU/ml	≤ 20
LF	阴性	0.12	S/CO	≤ 1
HLE	阴性	0.21	S/CO	≤ 1
CG	阴性	0.00	S/CO	≤ 1
BPI	阴性	0.01	S/CO	≤ 1

【临床资料】

男性患者,61 岁。临床诊断:肺间质纤维化。

【IIF-ANCA 结果判读解析】

HEp-2 细胞上为 ANA 细胞核颗粒型弱阳性荧光染色,所以在后续乙醇固定的人中性粒细胞上判断 ANCA 结果时,需要考虑 ANA 细胞核颗粒型荧光染色的干扰。中性粒细胞荧光染色阳性,表明存在 ANCA 或者 GS-ANA。

甲醛固定的人中性粒细胞胞浆呈现弥散、粗细不一的颗粒状荧光,胞浆中的荧光可清晰勾勒出细胞及细胞核的形态,分叶核间荧光染色增强,因此可以判断存在 ANCA。

乙醇固定的人中性粒细胞可见整个细胞核的强荧光染色,可考虑为 ANA 细胞核颗粒型荧光染色的干扰。在此荧光染色背景上可见核周带状荧光染色增强,荧光阳性染色主要集中在分叶核周围,形成环状或不规则的块状、带状荧光向细胞核内浸润,考虑 pANCA 阳性。

综合以上情况,该标本判断为 pANCA 阳性,与针对靶抗原 MPO 的抗体阳性结果符合。

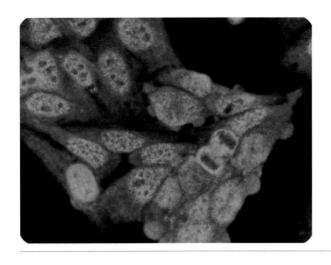

► 图 4-4-31
HEp-2 细胞和人中性粒细胞

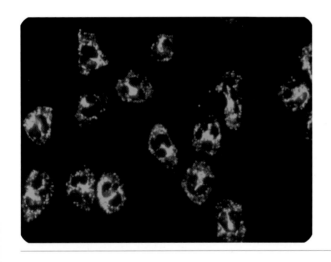

► 图 4-4-32
甲醛固定的人中性粒细胞

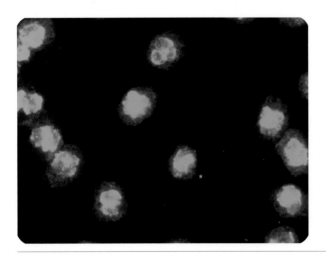

► 图 4-4-33
乙醇固定的人中性粒细胞

【IIF-ANCA 判读结果】

ANCA 阳性，pANCA 型。

【ANCA 谱结果】

靶抗原	定性结果	定量结果	单位	参考范围
MPO	阳性	179.05	RU/ml	≤ 20
PR3	阴性	2.57	RU/ml	≤ 20
LF	阴性	0.26	S/CO	≤ 1
HLE	阴性	0.48	S/CO	≤ 1
CG	阴性	0.08	S/CO	≤ 1
BPI	阴性	0.00	S/CO	≤ 1

【临床资料】

男性患者，48 岁。临床诊断：ANCA 相关血管炎（AAV）。

【IIF-ANCA 结果判读解析】

HEp-2 细胞为 ANA 细胞核颗粒型荧光染色，同时胞浆中可见胞浆型弱荧光染色，所以在后续甲醛固定的人中性粒细胞和乙醇固定的人中性粒细胞上判断 ANCA 结果时，需要考虑 ANA 细胞核颗粒型和胞浆型荧光染色的干扰。

甲醛固定的人中性粒细胞胞浆呈现弥散、粗细不一的颗粒状荧光，胞浆中的荧光可清晰勾勒出细胞及细胞核的形态，分叶核间荧光染色增强。因此可以判断存在 ANCA。

乙醇固定的中性粒细胞呈现核周带状荧光染色增强，荧光阳性染色主要集中在分叶核周围，形成环状或不规则的块状、带状荧光向细胞核内浸润，考虑 pANCA 阳性。胞浆中可见弱的胞浆颗粒型荧光染色，考虑为 ANA 胞浆型荧光染色的干扰。

综合以上情况，该标本判断为 pANCA 阳性，既符合针对靶抗原 MPO 的抗体阳性的结果，也与临床诊断 AAV 符合。

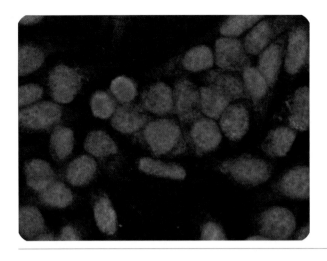

▶ 图 4-4-34
HEp-2 细胞和人中性粒细胞

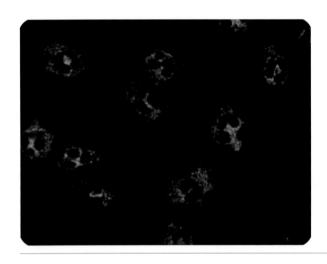

▶ 图 4-4-35
甲醛固定的人中性粒细胞

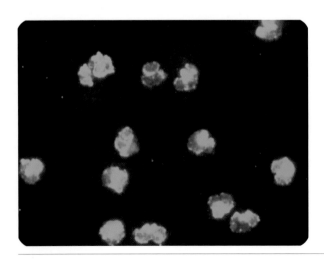

▶ 图 4-4-36
乙醇固定的人中性粒细胞

【IIF-ANCA 判读结果】

ANCA 阳性,pANCA 型。

【ANCA 谱结果】

靶抗原	定性结果	定量结果	单位	参考范围
MPO	阳性	97.46	RU/ml	≤ 20
PR3	阴性	10.95	RU/ml	≤ 20
LF	阴性	0.31	S/CO	≤ 1
HLE	阴性	0.04	S/CO	≤ 1
CG	阴性	0.00	S/CO	≤ 1
BPI	阴性	0.04	S/CO	≤ 1

【临床资料】

女性患者,64 岁。临床诊断:肺部阴影。

【IIF-ANCA 结果判读解析】

HEp-2 细胞上为 ANA 细胞核颗粒型弱阳性荧光染色,所以在后续乙醇固定的人中性粒细胞上判断 ANCA 结果时,需要考虑 ANA 细胞核颗粒型荧光染色的干扰。

甲醛固定的人中性粒细胞胞浆呈现弥散、粗细不一的颗粒状荧光,胞浆中的荧光可清晰勾勒出细胞及细胞核的形态,分叶核间荧光染色增强,因此可以判断存在 ANCA,但是荧光较弱。

乙醇固定的人中性粒细胞荧光染色呈现典型的 pANCA 荧光染色,核周带状荧光染色增强,荧光阳性染色主要集中在分叶核周围,形成环状或不规则的块状、带状荧光向细胞核内浸润,考虑 pANCA 阳性。pANCA 阳性时,乙醇固定的人中性粒细胞荧光染色常强于甲醛固定的人中性粒细胞荧光染色 1~2 个滴度。

综合以上情况,该标本可判断 pANCA 阳性,与针对靶抗原 MPO 的抗体阳性检测结果符合。

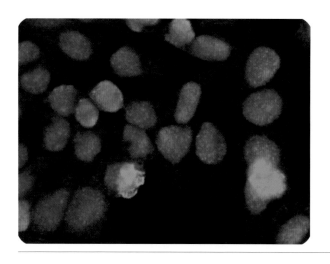

▶ 图 4-4-37
HEp-2 细胞和人中性粒细胞

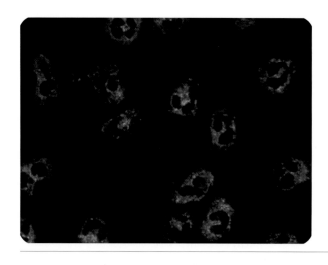

▶ 图 4-4-38
甲醛固定的人中性粒细胞

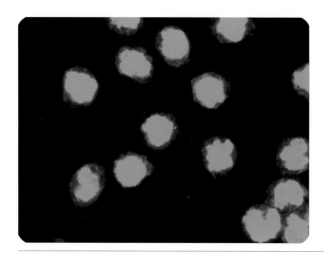

▶ 图 4-4-39
乙醇固定的人中性粒细胞

【IIF-ANCA 判读结果】

ANCA 阳性,pANCA 型。

【ANCA 谱结果】

靶抗原	定性结果	定量结果	单位	参考范围
MPO	阳性	100.56	RU/ml	≤ 20
PR3	阴性	4.19	RU/ml	≤ 20
LF	阳性	1.71	S/CO	≤ 1
HLE	阴性	0.02	S/CO	≤ 1
CG	阴性	0.01	S/CO	≤ 1
BPI	阴性	0.08	S/CO	≤ 1

【临床资料】

女性患者,49 岁。临床诊断:系统性红斑狼疮。

【IIF-ANCA 结果判读解析】

该标本 HEp-2 细胞上为 ANA 细胞核均质型荧光染色,在后续乙醇固定的人中性粒细胞上判断 ANCA 结果时,需要考虑 ANA 细胞核均质型荧光染色的干扰。

甲醛固定的人中性粒细胞胞浆呈现均匀弥散分布的细颗粒状荧光,在分叶核间无增强的荧光染色。因此可以判断存在 ANCA。

乙醇固定的人中性粒细胞上荧光染色较为复杂。细胞核上可见整个细胞核的强荧光染色,可考虑为 ANA 细胞核均质型荧光染色的干扰。核周可见带状荧光染色增强,考虑可能存在 pANCA。胞浆荧光染色阴性,因此不考虑 cANCA。pANCA 阳性时,乙醇固定的人中性粒细胞荧光染色常强于甲醛固定的人中性粒细胞荧光染色 1~2 个滴度。一般情况下,ANA 细胞核成分对应的荧光染色对乙醇固定的人中性粒细胞干扰较大,而对甲醛固定的人中性粒细胞干扰较小。

综合以上情况,该标本在甲醛固定的人中性粒细胞上可以判断存在 ANCA 的基础上,结合乙醇固定的人中性粒细胞上荧光染色情况,可判断为 pANCA 阳性。与针对靶抗原 MPO 的抗体阳性结果符合。

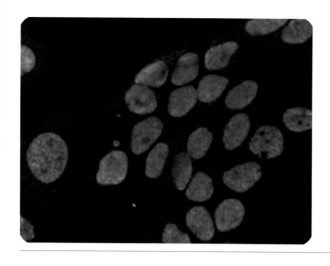

▶ 图 4-4-40
HEp-2 细胞和人中性粒细胞

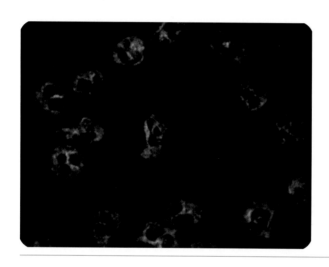

▶ 图 4-4-41
甲醛固定的人中性粒细胞

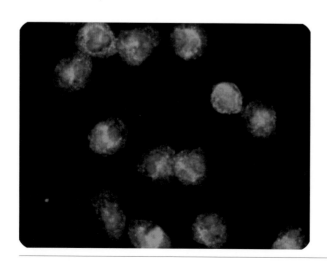

▶ 图 4-4-42
乙醇固定的人中性粒细胞

【IIF-ANCA 判读结果】

ANCA 阳性,pANCA 型。

【ANCA 谱结果】

靶抗原	定性结果	定量结果	单位	参考范围
MPO	阳性	78.78	RU/ml	≤ 20
PR3	阴性	2.00	RU/ml	≤ 20
LF	阴性	0.62	S/CO	≤ 1
HLE	阴性	0.11	S/CO	≤ 1
CG	阴性	0.02	S/CO	≤ 1
BPI	阴性	0.31	S/CO	≤ 1

【临床资料】

女性患者,40 岁。临床诊断:肺部阴影。

【IIF-ANCA 结果判读解析】

HEp-2 细胞上为 ANA 细胞核均质型荧光染色,在后续乙醇固定的人中性粒细胞上判断 ANCA 结果时,需要考虑 ANA 细胞核均质型荧光染色的干扰。

甲醛固定的人中性粒细胞胞浆呈现弥散、粗细不一的颗粒状荧光,胞浆中的荧光可清晰勾勒出细胞及细胞核的形态,分叶核间荧光染色增强,因此可以判断存在 ANCA。

乙醇固定的人中性粒细胞核上的荧光染色可考虑为 ANA 细胞核均质型荧光染色在乙醇固定的人中性粒细胞上的干扰。核周可见带状荧光染色增强,荧光阳性染色主要集中在分叶核周围,形成环状或不规则的块状、带状荧光向细胞核内浸润,考虑 pANCA 阳性。pANCA 阳性时,乙醇固定的人中性粒细胞荧光染色常强于甲醛固定的人中性粒细胞荧光染色 1~2 个滴度。

综合以上情况,该标本可判断为 pANCA 阳性,与针对靶抗原 MPO 的抗体阳性结果符合。

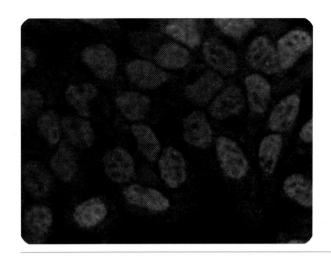

► 图 4-4-43
HEp-2 细胞和人中性粒细胞

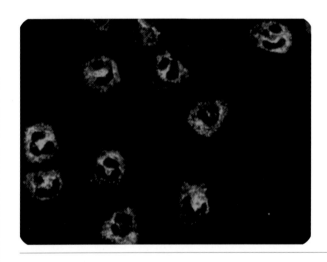

► 图 4-4-44
甲醛固定的人中性粒细胞

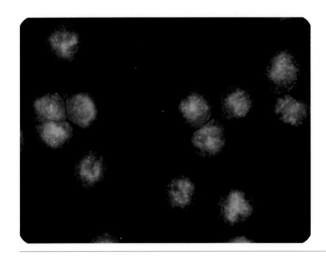

► 图 4-4-45
乙醇固定的人中性粒细胞

【IIF-ANCA 判读结果】

ANCA 阳性,pANCA 型。

【ANCA 谱结果】

靶抗原	定性结果	定量结果	单位	参考范围
MPO	阳性	110.51	RU/ml	≤ 20
PR3	阴性	2.00	RU/ml	≤ 20
LF	阴性	0.12	S/CO	≤ 1
HLE	阴性	0.12	S/CO	≤ 1
CG	阴性	0.11	S/CO	≤ 1
BPI	阴性	0.40	S/CO	≤ 1

【临床资料】

男性患者,80 岁。临床诊断:肺间质纤维化。

【IIF-ANCA 结果判读解析】

HEp-2 细胞上为 ANA 细胞核颗粒型弱荧光染色,在后续乙醇固定的人中性粒细胞上判断 ANCA 结果时,需要考虑 ANA 细胞核颗粒型荧光染色的干扰。

甲醛固定的人中性粒细胞胞浆呈现典型的 ANCA 胞浆颗粒型荧光染色,中性粒细胞胞浆呈现弥散、粗细不一的颗粒状荧光,胞浆中的荧光可清晰勾勒出细胞及细胞核的形态,分叶核间荧光染色增强。因此可以判断存在 ANCA。

乙醇固定的人中性粒细胞上整个细胞核有荧光染色,考虑为 ANA 细胞核颗粒型荧光染色在乙醇固定的人中性粒细胞上的干扰。在此荧光染色背景上可见中性粒细胞呈现核周带状荧光染色增强,荧光阳性染色主要集中在分叶核周围,形成不规则的块状,带状荧光向细胞核内浸润,考虑 pANCA 阳性。

综合以上情况,该标本可判断为 pANCA 阳性,与针对靶抗原 MPO 的抗体阳性结果符合。

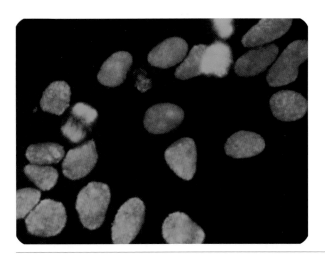

▶ 图 4-4-46
HEp-2 细胞和人中性粒细胞

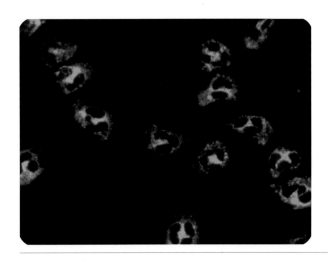

▶ 图 4-4-47
甲醛固定的人中性粒细胞

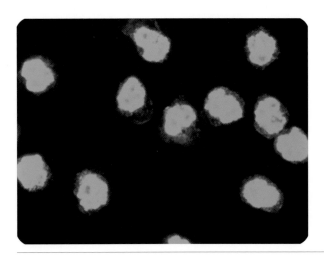

▶ 图 4-4-48
乙醇固定的人中性粒细胞

【IIF-ANCA 判读结果】

ANCA 阳性,pANCA 型。

【ANCA 谱结果】

靶抗原	定性结果	定量结果	单位	参考范围
MPO	阳性	44.78	RU/ml	≤ 20
PR3	阴性	2.00	RU/ml	≤ 20
LF	阴性	0.11	S/CO	≤ 1
HLE	阴性	0.80	S/CO	≤ 1
CG	阴性	0.05	S/CO	≤ 1
BPI	阴性	0.45	S/CO	≤ 1

【临床资料】

女性患者,39 岁。临床诊断:结缔组织病。

【IIF-ANCA 结果判读解析】

HEp-2 细胞上为 ANA 细胞核均质型荧光染色,在后续乙醇固定的人中性粒细胞上判断 ANCA 结果时,需要考虑 ANA 细胞核均质型荧光染色的干扰。

甲醛固定的人中性粒细胞胞浆呈现典型的 ANCA 胞浆颗粒型荧光染色,中性粒细胞胞浆呈现弥散、粗细不一的颗粒状荧光,胞浆中的荧光可清晰勾勒出细胞及细胞核的形态,分叶核间荧光染色增强。因此可以判断存在 ANCA。

乙醇固定的人中性粒细胞上整个细胞核有荧光染色,可考虑为 ANA 细胞核均质型荧光染色在乙醇固定的人中性粒细胞上的干扰。在此荧光染色背景上可见中性粒细胞呈现核周带状荧光染色增强,荧光阳性染色主要集中在分叶核周围,形成环状,带状荧光向细胞核内浸润,考虑 pANCA 阳性。pANCA 阳性时,乙醇固定的人中性粒细胞荧光染色常强于甲醛固定的人中性粒细胞荧光染色 1~2 个滴度。

综合以上情况,该标本可判断为 pANCA 阳性,与针对靶抗原 MPO 的抗体阳性结果相符。

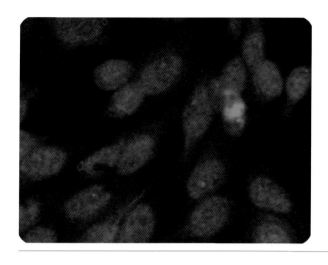

▶ 图 4-4-49
HEp-2 细胞和人中性粒细胞

▶ 图 4-4-50
甲醛固定的人中性粒细胞

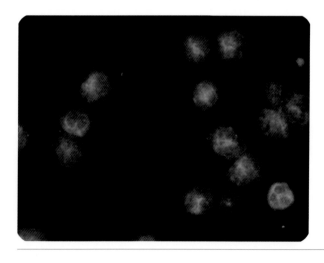

▶ 图 4-4-51
乙醇固定的人中性粒细胞

【IIF-ANCA 判读结果】

ANCA 阳性,pANCA 型。

【ANCA 谱结果】

靶抗原	定性结果	定量结果	单位	参考范围
MPO	阳性	34.66	RU/ml	≤ 20
PR3	阴性	2.00	RU/ml	≤ 20
LF	阴性	0.09	S/CO	≤ 1
HLE	阴性	0.07	S/CO	≤ 1
CG	阴性	0.18	S/CO	≤ 1
BPI	阴性	0.12	S/CO	≤ 1

【临床资料】

男性患者,66 岁。临床诊断:肺间质纤维化。

【IIF-ANCA 结果判读解析】

HEp-2 细胞上为 ANA 细胞核颗粒型荧光染色,在后续乙醇固定的人中性粒细胞上判断 ANCA 结果时,需要考虑 ANA 细胞核颗粒型荧光染色的干扰。

甲醛固定的人中性粒细胞荧光染色阴性。

乙醇固定的人中性粒细胞上荧光染色较为复杂。细胞核上可见整个细胞核的荧光染色,可考虑为 ANA 细胞核颗粒型荧光染色的干扰。核周可见带状荧光染色增强,考虑可能存在 pANCA。pANCA 阳性时,乙醇固定的人中性粒细胞荧光染色常强于甲醛固定的人中性粒细胞荧光染色 1~2 个滴度。部分患者 ANCA 浓度较低时,可能表现为乙醇固定的人中性粒细胞荧光染色阳性,甲醛固定的人中性粒细胞荧光染色阴性。该患者针对靶抗原 MPO 的抗体为弱阳性,因此可能是该标本乙醇固定的人中性粒细胞上荧光染色较弱的原因。

综合以上情况,该标本可判断为 pANCA 阳性。与针对靶抗原 MPO 的抗体阳性符合。

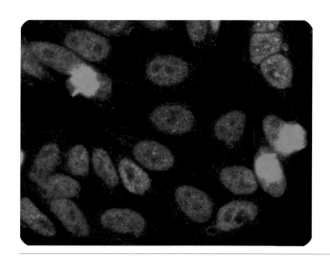

▶ 图 4-4-52
HEp-2 细胞和人中性粒细胞

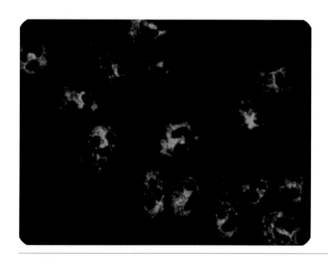

▶ 图 4-4-53
甲醛固定的人中性粒细胞

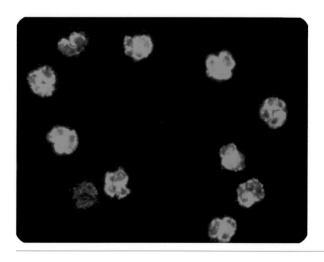

▶ 图 4-4-54
乙醇固定的人中性粒细胞

【IIF-ANCA 判读结果】

ANCA 阳性,pANCA 型。

【ANCA 谱结果】

靶抗原	定性结果	定量结果	单位	参考范围
MPO	阳性	22.40	RU/ml	≤ 20
PR3	阴性	2.15	RU/ml	≤ 20
LF	阴性	0.10	S/CO	≤ 1
HLE	阴性	0.38	S/CO	≤ 1
CG	阴性	0.01	S/CO	≤ 1
BPI	阴性	0.04	S/CO	≤ 1

【临床资料】

女性患者,59 岁。临床诊断:ANCA 相关血管炎(AAV)。

【IIF-ANCA 结果判读解析】

HEp-2 细胞为 ANA 细胞核颗粒型强荧光染色,所以在后续乙醇固定的人中性粒细胞上判断 ANCA 结果时,需要考虑 ANA 细胞核颗粒型荧光染色的干扰。中性粒细胞荧光染色阳性,表明存在 ANCA 或者 GS-ANA。

甲醛固定的人中性粒细胞胞浆呈现典型的 ANCA 胞浆颗粒型荧光染色,中性粒细胞胞浆呈现弥散、粗细不一的颗粒状荧光,胞浆中的荧光可清晰勾勒出细胞及细胞核的形态,分叶核间荧光染色增强。因此可以判断存在 ANCA。

乙醇固定的人中性粒细胞呈现典型的核周带状荧光染色增强,荧光阳性染色主要集中在分叶核周围,形成环状或不规则的块状、带状荧光向细胞核内浸润,考虑 pANCA 阳性。pANCA 阳性时,乙醇固定的人中性粒细胞荧光染色常强于甲醛固定的人中性粒细胞荧光染色 1~2 个滴度。

综合以上情况,该标本可判断为经典的 pANCA 阳性,与针对靶抗原 MPO 的抗体阳性结果符合,也与临床诊断 AAV 符合。

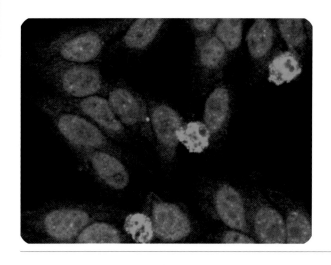

▶ 图 4-4-55
HEp-2 细胞和人中性粒细胞

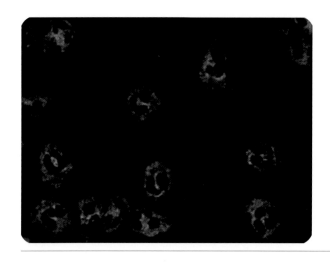

▶ 图 4-4-56
甲醛固定的人中性粒细胞

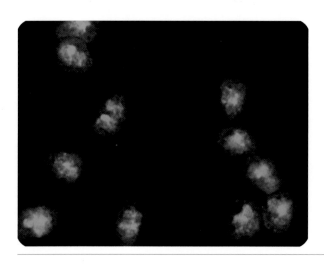

▶ 图 4-4-57
乙醇固定的人中性粒细胞

【IIF-ANCA 判读结果】

ANCA 阳性, pANCA 型。

【ANCA 谱结果】

靶抗原	定性结果	定量结果	单位	参考范围
MPO	阳性	100.65	RU/ml	≤ 20
PR3	阴性	2.00	RU/ml	≤ 20
LF	阴性	0.23	S/CO	≤ 1
HLE	阴性	0.10	S/CO	≤ 1
CG	阴性	0.05	S/CO	≤ 1
BPI	阳性	4.77	S/CO	≤ 1

【临床资料】

女性患者, 75 岁。临床诊断: 发热。

【IIF-ANCA 结果判读解析】

HEp-2 细胞为 ANA 细胞核颗粒型强荧光染色, 同时胞浆中可见胞浆型弱荧光染色, 所以在后续甲醛固定的人中性粒细胞和乙醇固定的人中性粒细胞上判断 ANCA 结果时, 需要考虑 ANA 细胞核颗粒型和胞浆型荧光染色的干扰。中性粒细胞荧光染色阳性, 表明存在 ANCA 或者 GS-ANA。

甲醛固定的人中性粒细胞胞浆呈现弥散、粗细不一的颗粒状荧光, 胞浆中的荧光可清晰勾勒出细胞及细胞核的形态, 分叶核间荧光染色增强。因此可以判断存在 ANCA。

乙醇固定的人中性粒细胞荧光染色呈现典型的 pANCA 荧光染色, 核周带状荧光染色增强, 荧光阳性染色主要集中在分叶核周围, 形成不规则的块状, 带状荧光向细胞核内浸润, 考虑 pANCA 阳性。pANCA 阳性时, 乙醇固定的人中性粒细胞荧光染色常强于甲醛固定的人中性粒细胞荧光染色 1~2 个滴度。

综合以上情况, 该标本可判断为 pANCA 阳性, 与针对靶抗原 MPO、BPI 的抗体阳性结果符合。

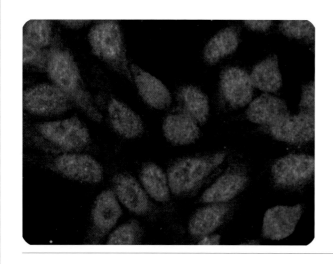

▶ 图 4-4-58
HEp-2 细胞和人中性粒细胞

▶ 图 4-4-59
甲醛固定的人中性粒细胞

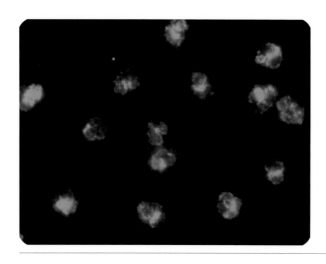

▶ 图 4-4-60
乙醇固定的人中性粒细胞

【IIF–ANCA 判读结果】

ANCA 阳性,pANCA 型。

【ANCA 谱结果】

靶抗原	定性结果	定量结果	单位	参考范围
MPO	阳性	26.70	RU/ml	≤ 20
PR3	阴性	2.00	RU/ml	≤ 20
LF	阴性	0.42	S/CO	≤ 1
HLE	阴性	0.10	S/CO	≤ 1
CG	阴性	0.05	S/CO	≤ 1
BPI	阴性	0.22	S/CO	≤ 1

【临床资料】

男性患者,69 岁。临床诊断:间质性肺炎;肺部感染。

【IIF–ANCA 结果判读解析】

HEp-2 细胞为 ANA 细胞核颗粒型荧光染色,所以在后续乙醇固定的人中性粒细胞上判断 ANCA 结果时,需要考虑 ANA 细胞核颗粒型荧光染色的干扰。

甲醛固定的人中性粒细胞胞浆呈现弥散、粗细不一的颗粒状荧光,胞浆中的荧光可清晰勾勒出细胞及细胞核的形态,分叶核间荧光染色增强。因此可以判断存在 ANCA。

乙醇固定的人中性粒细胞核周带状荧光染色增强,荧光阳性染色主要集中在分叶核周围,形成环状或不规则的块状、带状荧光向细胞核内浸润,考虑 pANCA 阳性。pANCA 阳性时,乙醇固定的人中性粒细胞荧光染色常强于甲醛固定的人中性粒细胞荧光染色 1~2 个滴度。

综合以上情况,该标本可判断为 pANCA 阳性,与针对靶抗原 MPO 的抗体阳性结果和临床诊断间质性肺炎符合。

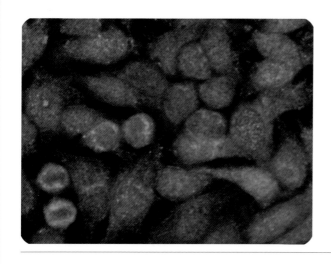

► 图 4-4-61
HEp-2 细胞和人中性粒细胞

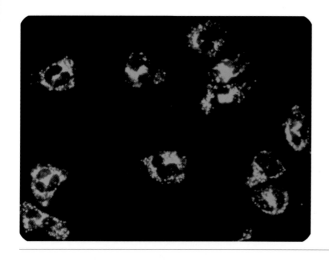

► 图 4-4-62
甲醛固定的人中性粒细胞

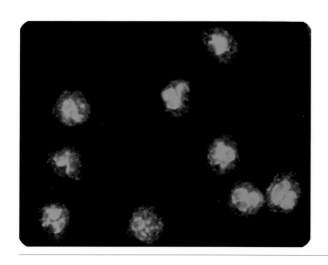

► 图 4-4-63
乙醇固定的人中性粒细胞

【IIF-ANCA 判读结果】

ANCA 阳性,pANCA 型。

【ANCA 谱结果】

靶抗原	定性结果	定量结果	单位	参考范围
MPO	阳性	183.81	RU/ml	≤ 20
PR3	阴性	2.00	RU/ml	≤ 20
LF	阴性	0.19	S/CO	≤ 1
HLE	阴性	0.14	S/CO	≤ 1
CG	阴性	0.01	S/CO	≤ 1
BPI	阴性	0.70	S/CO	≤ 1

【临床资料】

女性患者,47 岁。临床诊断:哮喘。

【IIF-ANCA 结果判读解析】

HEp-2 细胞为 ANA 细胞核颗粒型和胞浆型荧光染色,所以在后续甲醛固定的人中性粒细胞和乙醇固定的人中性粒细胞上判断 ANCA 结果时,需要考虑 ANA 细胞核颗粒型和胞浆型荧光染色的干扰。

甲醛固定的人中性粒细胞胞浆呈现典型的 ANCA 胞浆颗粒型荧光染色,中性粒细胞胞浆呈现弥散、粗细不一的颗粒状荧光,胞浆中的荧光可清晰勾勒出细胞及细胞核的形态,分叶核间荧光染色增强。因此可以判断存在 ANCA。

乙醇固定的人中性粒细胞呈现典型的核周带状荧光染色增强,荧光阳性染色主要集中在分叶核周围,形成环状或不规则的块状、带状荧光向细胞核内浸润,考虑 pANCA 阳性。

综合以上情况,该标本可判断为 pANCA 阳性,与针对靶抗原 MPO 的抗体阳性结果符合。

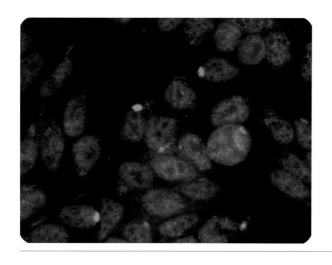

► 图 4-4-64
HEp-2 细胞和人中性粒细胞

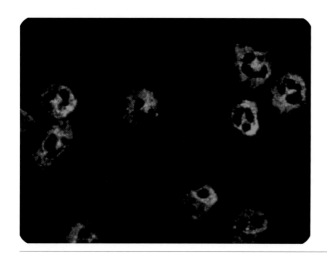

► 图 4-4-65
甲醛固定的人中性粒细胞

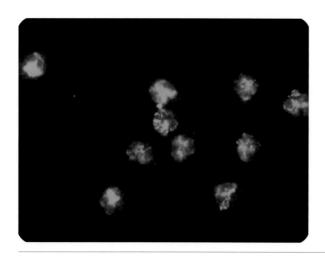

► 图 4-4-66
乙醇固定的人中性粒细胞

【IIF-ANCA 判读结果】

ANCA 阳性,pANCA 型。

【ANCA 谱结果】

靶抗原	定性结果	定量结果	单位	参考范围
MPO	阳性	200.00	RU/ml	≤ 20
PR3	阴性	2.00	RU/ml	≤ 20
LF	阴性	0.21	S/CO	≤ 1
HLE	阴性	0.21	S/CO	≤ 1
CG	阴性	0.12	S/CO	≤ 1
BPI	阴性	0.23	S/CO	≤ 1

【临床资料】

女性患者,15 岁。临床诊断:ANCA 相关血管炎(AAV)。

【IIF-ANCA 结果判读解析】

HEp-2 细胞上为 ANA 细胞核颗粒型荧光染色,在后续乙醇固定的人中性粒细胞上判断 ANCA 结果时,需要考虑 ANA 细胞核颗粒型强荧光染色的干扰。

甲醛固定的人中性粒细胞胞浆呈现弥散、粗细不一的颗粒状荧光,胞浆中的荧光可清晰勾勒出细胞及细胞核的形态,分叶核间荧光染色增强。因此可以判断存在 ANCA。

乙醇固定的人中性粒细胞呈现核周带状荧光染色增强,荧光阳性染色主要集中在分叶核周围,形成不规则的块状,带状荧光向细胞核内浸润,考虑 pANCA 阳性。

综合以上情况,该标本可判断为 pANCA 阳性,与针对靶抗原 MPO 的抗体阳性结果符合,也与临床诊断 AAV 符合。

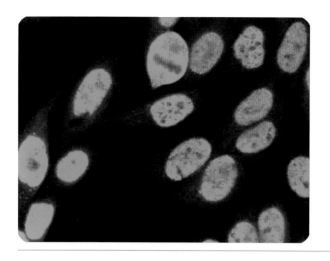

▶ 图 4-4-67
HEp-2 细胞和人中性粒细胞

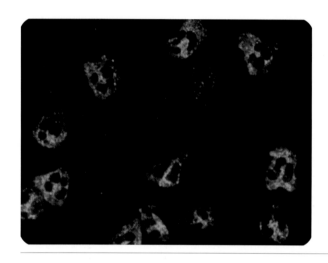

▶ 图 4-4-68
甲醛固定的人中性粒细胞

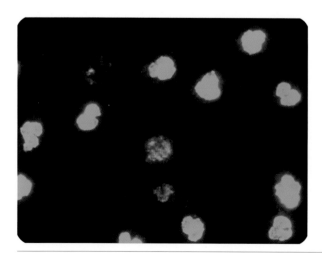

▶ 图 4-4-69
乙醇固定的人中性粒细胞

【IIF-ANCA 判读结果】

ANCA 阳性,pANCA 型。

【ANCA 谱结果】

靶抗原	定性结果	定量结果	单位	参考范围
MPO	阳性	95.91	RU/ml	≤ 20
PR3	阴性	2.00	RU/ml	≤ 20
LF	阴性	0.15	S/CO	≤ 1
HLE	阴性	0.04	S/CO	≤ 1
CG	阴性	0.02	S/CO	≤ 1
BPI	阴性	0.15	S/CO	≤ 1

【临床资料】

女性患者,60 岁。临床诊断:蛋白尿原因待查。

【IIF-ANCA 结果判读解析】

HEp-2 细胞呈现 ANA 细胞核斑点型强荧光染色,在后续乙醇固定的人中性粒细胞上判断 ANCA 结果时,需要考虑 ANA 细胞核斑点型强荧光染色的干扰。

甲醛固定的人中性粒细胞胞浆呈现弥散、粗细不一的颗粒状荧光,胞浆中的荧光清晰勾勒出细胞及细胞核的形态。因此可以判断 ANCA 阳性。

乙醇固定的人中性粒细胞上荧光染色较为复杂。细胞核上可见整个细胞核的强荧光染色,可考虑为 ANA 细胞核斑点型荧光染色在乙醇固定的人中性粒细胞上的干扰。核周可见平滑丝带状荧光染色加强,考虑可能存在 pANCA。胞浆荧光染色阴性,因此不考虑 cANCA。一般情况下,ANA 细胞核成分对应的荧光染色对乙醇固定的人中性粒细胞干扰较大,而对甲醛固定的人中性粒细胞干扰较小。

综合以上情况,该标本在甲醛固定的人中性粒细胞上可以判断 ANCA 阳性的基础上,结合乙醇固定的人中性粒细胞上荧光染色情况,可判断 pANCA 阳性。与针对靶抗原 MPO 的抗体阳性结果符合。

二、胞浆型抗核抗体阳性的 pANCA

胞浆型抗核抗体阳性的 pANCA 各种常见临床情况见图 4-4-70~ 图 4-4-84。

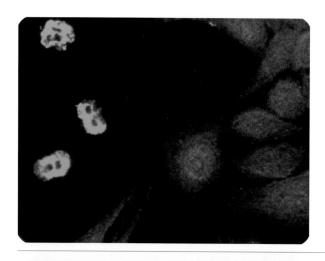

▶ 图 4-4-70
HEp-2 细胞和人中性粒细胞

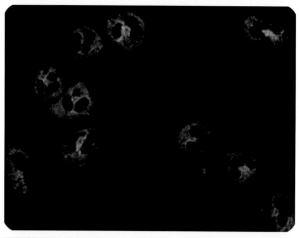

▶ 图 4-4-71
甲醛固定的人中性粒细胞

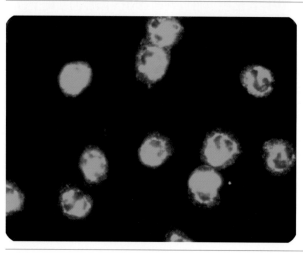

▶ 图 4-4-72
乙醇固定的人中性粒细胞

【IIF-ANCA 判读结果】

ANCA 阳性,pANCA 型。

【ANCA 谱结果】

靶抗原	定性结果	定量结果	单位	参考范围
MPO	阳性	110.89	RU/ml	≤ 20
PR3	阴性	9.75	RU/ml	≤ 20
LF	阴性	0.14	S/CO	≤ 1
HLE	阴性	0.56	S/CO	≤ 1
CG	阴性	0.03	S/CO	≤ 1
BPI	阴性	0.56	S/CO	≤ 1

【临床资料】

男性患者,63 岁。临床诊断:弥漫性实质性肺疾病。

【IIF-ANCA 结果判读解析】

HEp-2 细胞胞浆中可见胞浆型弱荧光染色,在后续甲醛固定的人中性粒细胞上判断 ANCA 结果时,需要考虑 ANA 胞浆型荧光染色的干扰。中性粒细胞荧光染色阳性,表明存在 ANCA 或者 GS-ANA。

甲醛固定的人中性粒细胞胞浆呈现典型的 ANCA 胞浆颗粒型荧光染色,中性粒细胞胞浆呈现弥散、粗细不一的颗粒状荧光,胞浆中的荧光可清晰勾勒出细胞及细胞核的形态,分叶核间荧光染色增强。因此可以判断存在 ANCA。

乙醇固定的人中性粒细胞呈现典型的 pANCA 荧光染色,核周带状荧光染色增强,荧光阳性染色主要集中在分叶核周围,形成环状,带状荧光向细胞核内浸润,考虑 pANCA 阳性。pANCA 阳性时,乙醇固定的人中性粒细胞荧光染色常强于甲醛固定的人中性粒细胞荧光染色 1~2 个滴度。

综合以上情况,该标本可判断为 pANCA 阳性,与针对靶抗原MPO的抗体阳性结果符合。

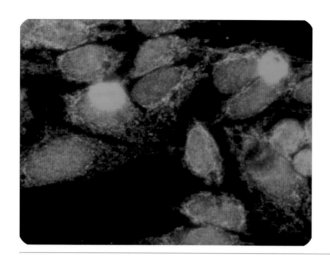

▶ 图 4-4-73
HEp-2 细胞和人中性粒细胞

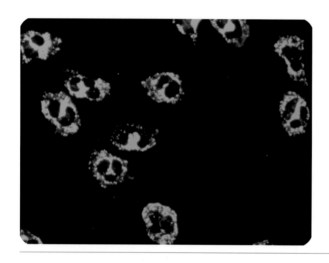

▶ 图 4-4-74
甲醛固定的人中性粒细胞

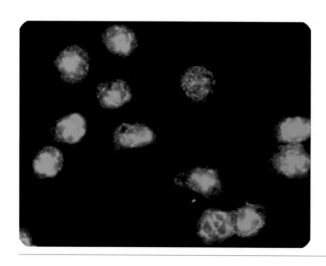

▶ 图 4-4-75
乙醇固定的人中性粒细胞

【IIF-ANCA 判读结果】

ANCA 阳性,pANCA 型。

【ANCA 谱结果】

靶抗原	定性结果	定量结果	单位	参考范围
MPO	阳性	163.60	RU/ml	≤ 20
PR3	阴性	17.95	RU/ml	≤ 20
LF	阴性	0.54	S/CO	≤ 1
HLE	阴性	0.52	S/CO	≤ 1
CG	阴性	0.17	S/CO	≤ 1
BPI	阴性	0.23	S/CO	≤ 1

【临床资料】

女性患者,52 岁。临床诊断:胸痛。

【IIF-ANCA 结果判读解析】

HEp-2 细胞为 ANA 细胞核均质型弱荧光染色和胞浆型强荧光染色,所以在后续甲醛固定的人中性粒细胞和乙醇固定的人中性粒细胞上判断 ANCA 结果时,需要考虑 ANA 细胞核均质型和胞浆型荧光染色的干扰。中性粒细胞荧光染色阳性,表明存在 ANCA 或者 GS-ANA。

甲醛固定的人中性粒细胞胞浆呈现典型的 ANCA 胞浆颗粒型荧光染色,中性粒细胞胞浆呈现弥散、粗细不一的颗粒状荧光,胞浆中的荧光可清晰勾勒出细胞及细胞核的形态,分叶核间荧光染色增强。因此可以判断存在 ANCA。

乙醇固定的人中性粒细胞胞浆型弱荧光染色考虑为 ANA 胞浆型荧光染色在乙醇固定的人中性粒细胞上的干扰。中性粒细胞核周带状荧光染色增强,荧光阳性染色主要集中在分叶核周围,形成环状或不规则的块状、带状荧光向细胞核内浸润,考虑 pANCA 阳性。

综合以上情况,该标本可判断为 pANCA 阳性,与针对靶抗原 MPO 的抗体阳性结果符合。

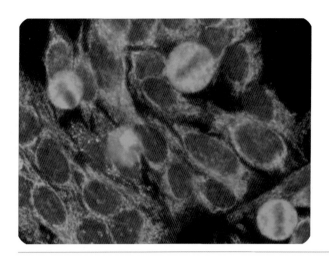

▶ 图 4-4-76
HEp-2 细胞和人中性粒细胞

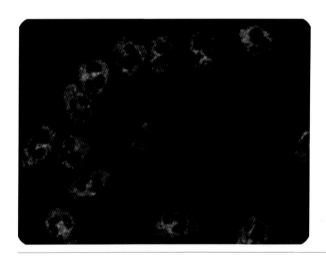

▶ 图 4-4-77
甲醛固定的人中性粒细胞

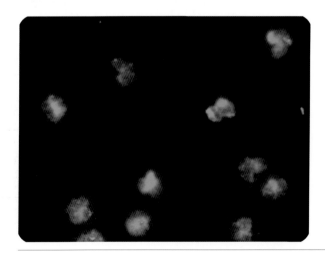

▶ 图 4-4-78
乙醇固定的人中性粒细胞

【IIF-ANCA 判读结果】

ANCA 阳性,pANCA 型。

【ANCA 谱结果】

靶抗原	定性结果	定量结果	单位	参考范围
MPO	阳性	101.15	RU/ml	≤ 20
PR3	阴性	2.00	RU/ml	≤ 20
LF	阴性	0.12	S/CO	≤ 1
HLE	阴性	0.07	S/CO	≤ 1
CG	阴性	0.03	S/CO	≤ 1
BPI	阴性	0.26	S/CO	≤ 1

【临床资料】

男性患者,79 岁。临床诊断:显微镜下多血管炎(MPA);原发性胆汁性肝硬化。

【IIF-ANCA 结果判读解析】

HEp-2 细胞胞浆中可见胞浆型荧光染色,在后续甲醛固定的人中性粒细胞上判断 ANCA 结果时,需要考虑 ANA 胞浆型荧光染色的干扰。

甲醛固定的人中性粒细胞有较弱的胞浆颗粒型弱荧光染色,不能确定是否存在 ANCA,而且需要考虑是否存在 ANA 胞浆型荧光染色的干扰。

乙醇固定的人中性粒细胞呈现典型的核周带状荧光染色增强,荧光阳性染色主要集中在分叶核周围,形成不规则的块状,带状荧光向细胞核内浸润,考虑 pANCA 阳性。pANCA 阳性时,乙醇固定的人中性粒细胞荧光染色常强于甲醛固定的人中性粒细胞荧光染色 1~2 个滴度。

综合以上情况,该标本可判断为 pANCA 阳性,符合针对靶抗原 MPO 的抗体检测结果阳性,也与临床诊断 MPA 符合。

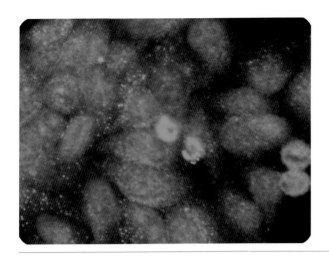

▶ 图 4-4-79
HEp-2 细胞和人中性粒细胞

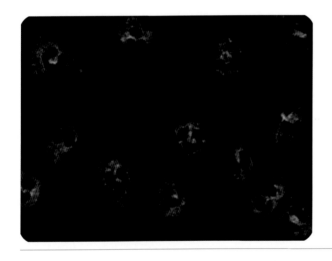

▶ 图 4-4-80
甲醛固定的人中性粒细胞

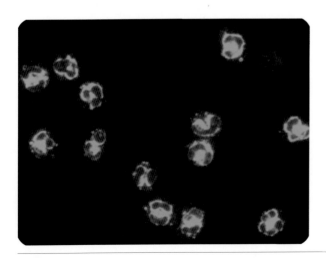

▶ 图 4-4-81
乙醇固定的人中性粒细胞

【IIF-ANCA 判读结果】

ANCA 阳性,pANCA 型。

【ANCA 谱结果】

靶抗原	定性结果	定量结果	单位	参考范围
MPO	阳性	38.23	RU/ml	≤ 20
PR3	阴性	2.00	RU/ml	≤ 20
LF	阴性	0.04	S/CO	≤ 1
HLE	阴性	0.30	S/CO	≤ 1
CG	阴性	0.02	S/CO	≤ 1
BPI	阴性	0.13	S/CO	≤ 1

【临床资料】

男性患者,67 岁。临床诊断:ANCA 相关血管炎(AAV)。

【IIF-ANCA 结果判读解析】

HEp-2 细胞胞浆中可见胞浆型荧光染色,在后续甲醛固定的人中性粒细胞上判断 ANCA 结果时,需要考虑 ANA 胞浆型荧光染色的干扰。中性粒细胞荧光染色阳性,表明存在 ANCA 或者 GS-ANA。

甲醛固定的人中性粒细胞荧光强度较弱,中性粒细胞胞浆呈现弥散、粗细不一的颗粒状荧光,胞浆中的荧光可清晰勾勒出细胞及细胞核的形态,分叶核间荧光染色增强,因此可以判断存在 ANCA。

乙醇固定的人中性粒细胞荧光染色呈现典型的 pANCA 荧光染色,核周带状荧光染色增强,荧光阳性染色主要集中在分叶核周围,形成环状或不规则的块状,可判断 pANCA 阳性。pANCA 阳性时,乙醇固定的人中性粒细胞荧光染色常强于甲醛固定的人中性粒细胞荧光染色 1~2 个滴度。

综合以上情况,该标本可判断为 pANCA 阳性,与针对靶抗原 MPO 的抗体阳性结果相符,也与临床诊断 AAV 符合。

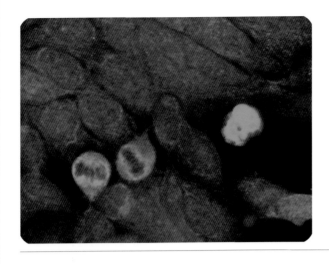

▶ 图 4-4-82
HEp-2 细胞和人中性粒细胞

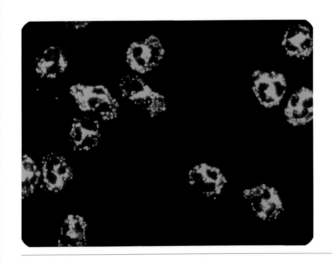

▶ 图 4-4-83
甲醛固定的人中性粒细胞

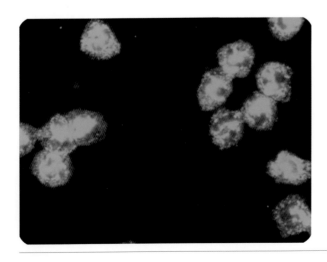

▶ 图 4-4-84
乙醇固定的人中性粒细胞

【IIF-ANCA 判读结果】

ANCA 阳性,pANCA 型。

【ANCA 谱结果】

靶抗原	定性结果	定量结果	单位	参考范围
MPO	阳性	200.00	RU/ml	≤ 20
PR3	阴性	2.00	RU/ml	≤ 20
LF	阴性	0.16	S/CO	≤ 1
HLE	阴性	0.20	S/CO	≤ 1
CG	阴性	0.03	S/CO	≤ 1
BPI	阳性	1.18	S/CO	≤ 1

【临床资料】

女性患者,47 岁。临床诊断:哮喘。

【IIF-ANCA 结果判读解析】

HEp-2 细胞胞浆中可见胞浆型弱荧光染色,在后续甲醛固定的人中性粒细胞上判断 ANCA 结果时,需要考虑 ANA 胞浆型荧光染色的干扰。中性粒细胞荧光染色阳性,表明存在 ANCA 或者 GS-ANA。

甲醛固定的人中性粒细胞胞浆中呈现弥散、粗细不一的颗粒状荧光,胞浆中的荧光可清晰勾勒出细胞及细胞核的形态,分叶核间荧光染色增强。因此可以判断存在 ANCA。

乙醇固定的人中性粒细胞上荧光染色较为复杂。中性粒细胞呈现典型的核周带状荧光染色增强,荧光阳性染色主要集中在分叶核周围,形成环状或不规则的块状、带状荧光向细胞核内浸润,考虑 pANCA 阳性。另外胞浆中可见颗粒型荧光染色,考虑 ANA 胞浆型荧光染色的干扰。

综合以上情况,该标本判断为 pANCA 阳性,与针对靶抗原 MPO 的抗体阳性符合。

三、抗 MPO 抗体阴性且抗核抗体阳性的 pANCA

抗MPO抗体阴性且抗核抗体阳性的pANCA各种常见临床情况见图4-4-85~图4-4-96。

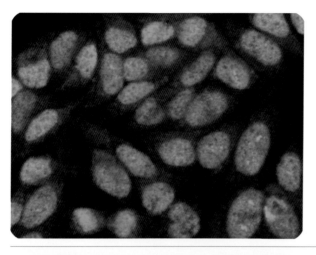

▶ 图 4-4-85
HEp-2 细胞和人中性粒细胞

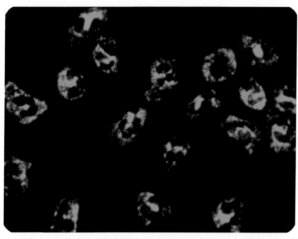

▶ 图 4-4-86
甲醛固定的人中性粒细胞

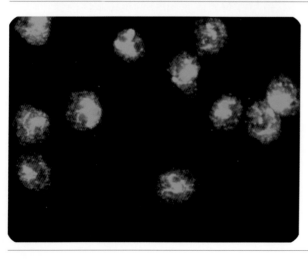

▶ 图 4-4-87
乙醇固定的人中性粒细胞

【IIF-ANCA 判读结果】

ANCA 阳性,pANCA 型。

【ANCA 谱结果】

靶抗原	定性结果	定量结果	单位	参考范围
MPO	阴性	10.92	RU/ml	≤ 20
PR3	阴性	2.00	RU/ml	≤ 20
LF	阴性	0.12	S/CO	≤ 1
HLE	阴性	0.01	S/CO	≤ 1
CG	阴性	0.04	S/CO	≤ 1
BPI	阴性	0.04	S/CO	≤ 1

【临床资料】

女性患者,15 岁。临床诊断:幼年特发性关节炎。

【IIF-ANCA 结果判读解析】

HEp-2 细胞上为 ANA 细胞核颗粒型荧光染色,在后续乙醇固定的人中性粒细胞上判断 ANCA 结果时,需要考虑 ANA 细胞核颗粒型荧光染色的干扰。

甲醛固定的人中性粒细胞胞浆呈现典型的 ANCA 胞浆颗粒型荧光染色,中性粒细胞胞浆呈现弥散、粗细不一的颗粒状荧光,胞浆中的荧光可清晰勾勒出细胞及细胞核的形态,分叶核间荧光染色增强。因此可以判断存在 ANCA。

乙醇固定的人中性粒细胞上荧光染色较为复杂。中性粒细胞呈现典型的核周带状荧光染色增强,荧光阳性染色主要集中在分叶核周围,形成环状,带状荧光向细胞核内浸润,考虑 pANCA 阳性。但除了核周线性荧光染色,胞浆中可见典型的 cANCA 胞浆颗粒型荧光染色,因此可以考虑 cANCA 阳性,但相对于 pANCA 荧光强度较弱。

综合以上情况,该标本主要考虑判断为 pANCA 阳性。

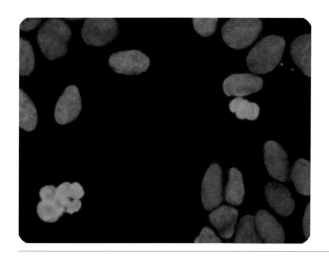

► 图 4-4-88
HEp-2 细胞和人中性粒细胞

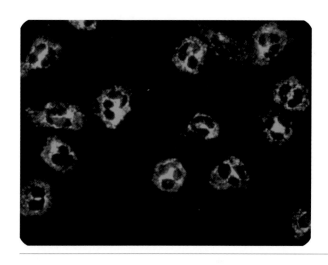

► 图 4-4-89
甲醛固定的人中性粒细胞

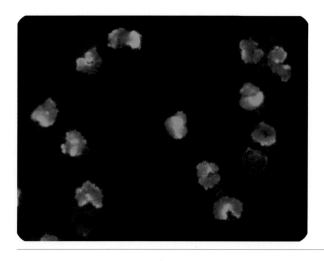

► 图 4-4-90
乙醇固定的人中性粒细胞

【IIF-ANCA 判读结果】

ANCA 阳性,pANCA 型。

【ANCA 谱结果】

靶抗原	定性结果	定量结果	单位	参考范围
MPO	阴性	3.07	RU/ml	≤ 20
PR3	阴性	2.00	RU/ml	≤ 20
LF	阳性	3.21	S/CO	≤ 1
HLE	阴性	0.27	S/CO	≤ 1
CG	阴性	0.15	S/CO	≤ 1
BPI	阳性	3.18	S/CO	≤ 1

【临床资料】

女性患者,58 岁。临床诊断:系统性红斑狼疮;干燥综合征。

【IIF-ANCA 结果判读解析】

HEp-2 细胞为 ANA 细胞核均质型荧光染色,所以在后续乙醇固定的人中性粒细胞上判断 ANCA 结果时,需要考虑 ANA 细胞核均质型荧光染色的干扰。

甲醛固定的人中性粒细胞胞浆呈现典型的 ANCA 胞浆颗粒型荧光染色,中性粒细胞胞浆呈现弥散、粗细不一的颗粒状荧光,胞浆中的荧光可清晰勾勒出细胞及细胞核的形态,分叶核间荧光染色增强。因此可以判断存在 ANCA。

乙醇固定的人中性粒细胞呈现核周带状荧光染色增强,荧光阳性染色主要集中在分叶核周围,形成不规则的块状,带状荧光向细胞核内浸润,考虑 pANCA 阳性。细胞核上的荧光染色可考虑为 ANA 细胞核均质型荧光染色在乙醇固定的人中性粒细胞上的干扰。

综合以上情况,该标本可判断为 pANCA 阳性。

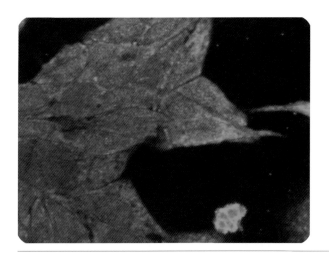

▶ 图 4-4-91
HEp-2 细胞和人中性粒细胞

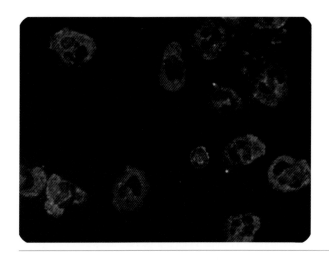

▶ 图 4-4-92
甲醛固定的人中性粒细胞

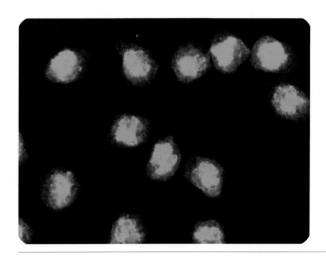

▶ 图 4-4-93
乙醇固定的人中性粒细胞

【IIF-ANCA 判读结果】

ANCA 阳性,pANCA 型。

【ANCA 谱结果】

靶抗原	定性结果	定量结果	单位	参考范围
MPO	阴性	2.27	RU/ml	≤ 20
PR3	阴性	2.19	RU/ml	≤ 20
LF	阴性	0.24	S/CO	≤ 1
HLE	阴性	0.08	S/CO	≤ 1
CG	阴性	0.07	S/CO	≤ 1
BPI	阴性	0.14	S/CO	≤ 1

【临床资料】

男性患者,53 岁。临床诊断:糖尿病。

【IIF-ANCA 结果判读解析】

HEp-2 细胞胞浆中可见胞浆型荧光染色,在后续甲醛固定的人中性粒细胞上判断 ANCA 结果时,需要考虑 ANA 胞浆型荧光染色的干扰。中性粒细胞荧光染色阳性,表明存在 ANCA 或者 GS-ANA。

甲醛固定的中性粒细胞胞浆中呈现淡染、均匀弥散分布的细颗粒状荧光,在分叶核间无增强的荧光染色。因此可以判断存在 ANCA,荧光强度较弱。而且需要考虑是否存在 ANA 胞浆型荧光染色的干扰。

乙醇固定的人中性粒细胞上荧光染色较为复杂。中性粒细胞呈现典型的核周带状荧光染色增强,荧光阳性染色主要集中在分叶核周围,形成环状,带状荧光向细胞核内浸润,考虑 pANCA 阳性。但除了核周线性荧光染色,同时可见胞浆中弱荧光染色,但并非典型的 ANCA 胞浆颗粒型荧光染色,考虑为 ANA 胞浆型荧光染色干扰。

综合以上情况,该标本主要考虑判断为 pANCA 阳性。

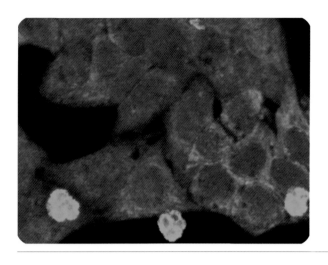

▶ 图 4-4-94
HEp-2 细胞和人中性粒细胞

▶ 图 4-4-95
甲醛固定的人中性粒细胞

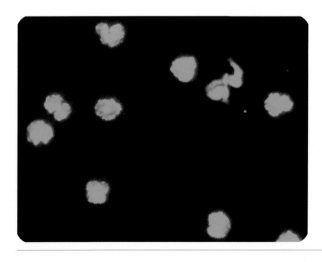

▶ 图 4-4-96
乙醇固定的人中性粒细胞

【IIF-ANCA 判读结果】

ANCA 阳性,pANCA 型。

【ANCA 谱结果】

靶抗原	定性结果	定量结果	单位	参考范围
MPO	阴性	2.00	RU/ml	≤ 20
PR3	阴性	2.00	RU/ml	≤ 20
LF	阴性	0.17	S/CO	≤ 1
HLE	阴性	0.02	S/CO	≤ 1
CG	阴性	0.03	S/CO	≤ 1
BPI	阴性	0.56	S/CO	≤ 1

【临床资料】

男性患者,49 岁。临床诊断:肺部阴影。

【IIF-ANCA 结果判读解析】

HEp-2 细胞胞浆中可见胞浆型荧光染色,在后续甲醛固定的人中性粒细胞上判断 ANCA 结果时,需要考虑 ANA 胞浆型荧光染色的干扰。中性粒细胞荧光染色阳性,表明存在 ANCA 或者 GS-ANA。

甲醛固定的人中性粒细胞上荧光染色阴性。

乙醇固定的人中性粒细胞呈现核周带状荧光染色增强,荧光阳性染色主要集中在分叶核周围,形成环状,带状荧光向细胞核内浸润,考虑 pANCA 阳性。

综合以上情况,该标本可判断为 pANCA 阳性。

第五节 抗 PR3 抗体阳性的 pANCA

抗 PR3 抗体阳性的 pANCA 见图 4-5-1~ 图 4-5-3。

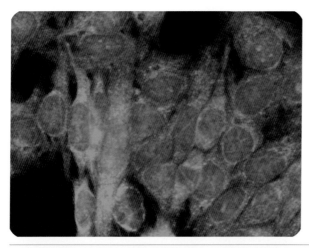

▶ 图 4-5-1
HEp-2 细胞和人中性粒细胞

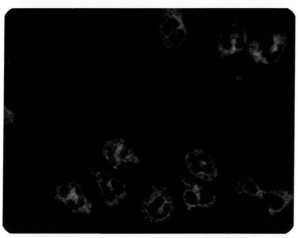

▶ 图 4-5-2
甲醛固定的人中性粒细胞

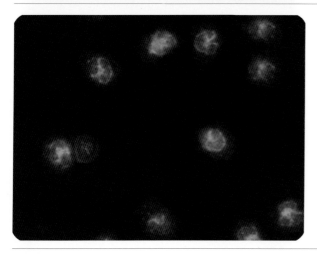

▶ 图 4-5-3
乙醇固定的人中性粒细胞

【IIF-ANCA 判读结果】

ANCA 阳性, pANCA 型。

【ANCA 谱结果】

靶抗原	定性结果	定量结果	单位	参考范围
MPO	阴性	19.08	RU/ml	≤ 20
PR3	阳性	73.89	RU/ml	≤ 20
LF	阴性	0.07	S/CO	≤ 1
HLE	阴性	0.07	S/CO	≤ 1
CG	阴性	0.04	S/CO	≤ 1
BPI	阴性	0.02	S/CO	≤ 1

【临床资料】

男性患者, 64 岁。临床诊断:甲状腺功能减退;低钾血症;高血压。

【IIF-ANCA 结果判读解析】

HEp-2 细胞胞浆中可见胞浆型荧光染色,在后续甲醛固定的人中性粒细胞上判断 ANCA 结果时,需要考虑 ANA 胞浆型荧光染色的干扰。

甲醛固定的人中性粒细胞胞浆呈现典型的 ANCA 胞浆颗粒型荧光染色,中性粒细胞胞浆呈现弥散、粗细不一的颗粒状荧光,胞浆中的荧光可清晰勾勒出细胞及细胞核的形态,分叶核间荧光染色增强。因此可以判断存在 ANCA。

乙醇固定的人中性粒细胞呈现典型的核周带状荧光染色增强,荧光阳性染色主要集中在分叶核周围,形成环状,带状荧光向细胞核内浸润,由此可以判断 pANCA 阳性。

临床上,部分患者可表现为荧光法 cANCA 阴性,而针对靶抗原 PR3 的抗体强阳性。也存在一定比例的患者表现为荧光法 pANCA 阳性,而针对靶抗原 MPO 的抗体阴性。该标本可能是以上两种情况的叠加,出现荧光法 pANCA 阳性,而针对靶抗原 PR3 的抗体阳性。

第六节 | 抗 MPO 抗体和 PR3 抗体阳性的 pANCA

抗 MPO 抗体和 PR3 抗体阳性 pANCA 见图 4-6-1~ 图 4-6-3。

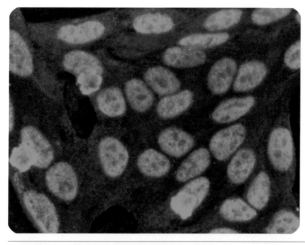

▶ 图 4-6-1
HEp-2 细胞和人中性粒细胞

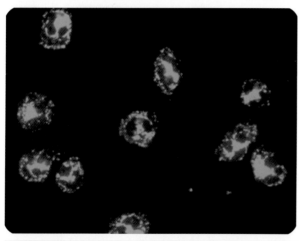

▶ 图 4-6-2
甲醛固定的人中性粒细胞

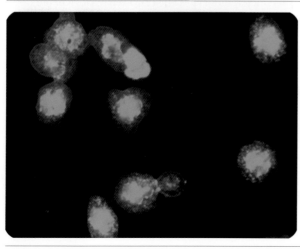

▶ 图 4-6-3
乙醇固定的人中性粒细胞

【IIF-ANCA 判读结果】

ANCA 阳性,pANCA 型。

【ANCA 谱结果】

靶抗原	定性结果	定量结果	单位	参考范围
MPO	阳性	58.79	RU/ml	≤ 20
PR3	阳性	200.00	RU/ml	≤ 20
LF	阴性	0.35	S/CO	≤ 1
HLE	阴性	0.38	S/CO	≤ 1
CG	阳性	1.05	S/CO	≤ 1
BPI	阴性	0.38	S/CO	≤ 1

【临床资料】

女性患者,72 岁。临床诊断:系统性硬化。

【IIF-ANCA 结果判读解析】

HEp-2 细胞呈现 ANA 细胞核均质型强荧光染色,同时胞浆中可见胞浆型弱荧光染色,在后续甲醛固定的人中性粒细胞和乙醇固定的人中性粒细胞上判断 ANCA 结果时,需要考虑 ANA 细胞核均质型和胞浆型荧光染色的干扰。

甲醛固定的人中性粒细胞胞浆呈现弥散、粗细不一的颗粒状荧光,胞浆中的荧光可清晰勾勒出细胞及细胞核的形态,分叶核间荧光染色增强。因此可以判断 ANCA 阳性。

乙醇固定的人中性粒细胞上荧光染色较为复杂。细胞核上可见整个细胞核的强荧光染色,可考虑为 ANA 均质型核成分在乙醇固定的人中性粒细胞上的干扰。核周可见带状荧光染色增强,考虑可能存在 pANCA。胞浆中可见弱的胞浆颗粒型荧光染色,但由于荧光强度较弱,而且不是典型的弥散、粗细不一的颗粒状荧光,因此不能确认是否存在 cANCA。

综合以上情况,该标本 pANCA 阳性,符合针对靶抗原 MPO 的抗体阳性结果,但仅从荧光法检测结果无法肯定是否存在 cANCA。临床上,存在 5% 的血管炎患者 IIF-ANCA 阴性,但针对靶抗原 PR3 的抗体强阳性。

第五章
胞浆型抗中性粒细胞胞浆抗体

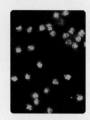

第一节 乙醇固定的人中性粒细胞阳性的 cANCA

乙醇固定的人中性粒细胞阳性的 cANCA 各种常见临床情况见图 5-1-1~ 图 5-1-27。

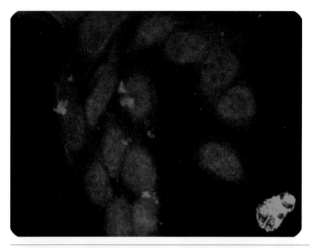

► 图 5-1-1
HEp-2 细胞和人中性粒细胞

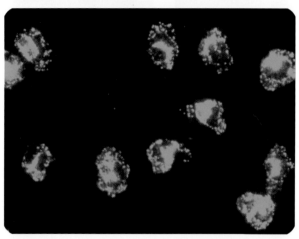

► 图 5-1-2
甲醛固定的人中性粒细胞

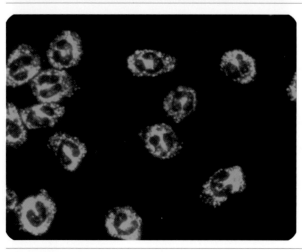

► 图 5-1-3
乙醇固定的人中性粒细胞

【IIF-ANCA 判读结果】

ANCA 阳性，cANCA 型。

【ANCA 谱结果】

靶抗原	定性结果	定量结果	单位	参考范围
MPO	阴性	6.97	RU/ml	≤ 20
PR3	阳性	200.00	RU/ml	≤ 20
LF	阴性	0.04	S/CO	≤ 1
HLE	阴性	0.01	S/CO	≤ 1
CG	阴性	0.04	S/CO	≤ 1
BPI	阴性	0.08	S/CO	≤ 1

【临床资料】

男性患者，49 岁。临床诊断：肉芽肿性多血管炎（GPA）。

【IIF-ANCA 结果判读解析】

HEp-2 细胞荧光染色阴性。中性粒细胞荧光染色阳性，表明存在 ANCA 或者 GS-ANA。

甲醛固定的人中性粒细胞胞浆呈现典型的 ANCA 胞浆颗粒型荧光染色，中性粒细胞胞浆呈现弥散、粗细不一的颗粒状荧光，胞浆中的荧光可清晰勾勒出细胞及细胞核的形态，分叶核间荧光呈现重染。因此可以判断 ANCA 阳性。

乙醇固定的人中性粒细胞呈现典型的 ANCA 胞浆颗粒型荧光染色，中性粒细胞胞浆呈现弥散、粗细不一的颗粒状荧光，胞浆中的荧光清晰勾勒出细胞及细胞核的形态，分叶核间荧光呈现重染。

综合以上情况，该标本判断为 cANCA 阳性，与针对靶抗原 PR3 的抗体阳性结果符合，也与临床诊断 GPA 相符合。

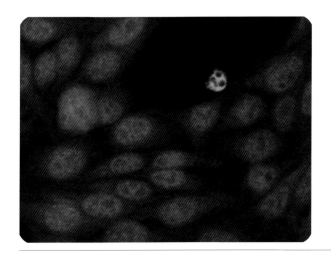

▶ 图 5-1-4
HEp-2 细胞和人中性粒细胞

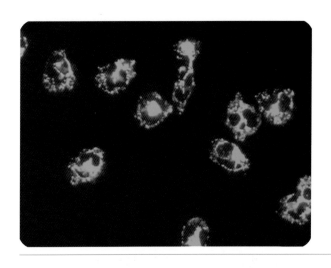

▶ 图 5-1-5
甲醛固定的人中性粒细胞

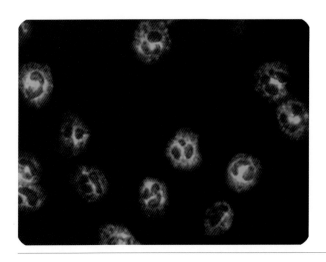

▶ 图 5-1-6
乙醇固定的人中性粒细胞

【IIF-ANCA 判读结果】

ANCA 阳性,cANCA 型。

【ANCA 谱结果】

靶抗原	定性结果	定量结果	单位	参考范围
MPO	阴性	12.65	RU/ml	≤ 20
PR3	阳性	200.00	RU/ml	≤ 20
LF	阴性	0.00	S/CO	≤ 1
HLE	阴性	0.01	S/CO	≤ 1
CG	阴性	0.00	S/CO	≤ 1
BPI	阴性	0.01	S/CO	≤ 1

【临床资料】

男性患者,57 岁。临床诊断:肺部阴影。

【IIF-ANCA 结果判读解析】

HEp-2 细胞呈现 ANA 细胞核斑点型弱荧光染色,在后续乙醇固定的人中性粒细胞上判断 ANCA 结果时,需要考虑 ANA 细胞核斑点型荧光染色的干扰。中性粒细胞荧光染色阳性,表明存在 ANCA 或者 GS-ANA。

甲醛固定的人中性粒细胞胞浆呈现典型的 ANCA 胞浆颗粒型荧光染色,中性粒细胞胞浆呈现弥散、粗细不一的颗粒状荧光,胞浆中的荧光可清晰勾勒出细胞及细胞核的形态,分叶核间荧光呈现重染。因此可以判断 ANCA 阳性。

乙醇固定的人中性粒细胞呈现典型的 ANCA 胞浆颗粒型荧光染色,中性粒细胞胞浆呈现弥散、粗细不一的颗粒状荧光,胞浆中的荧光可清晰勾勒出细胞及细胞核的形态,分叶核间荧光呈现重染。cANCA 阳性时,通常甲醛固定的人中性粒细胞基质上的荧光强度强于乙醇固定的人中性粒细胞荧光强度。

综合以上情况,该标本判断为 cANCA 阳性,与针对靶抗原 PR3 的抗体阳性结果符合。

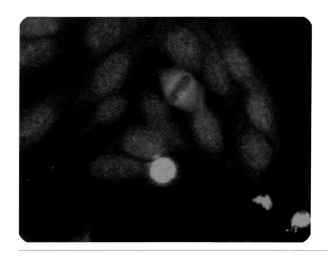

▶ 图 5-1-7
HEp-2 细胞和人中性粒细胞

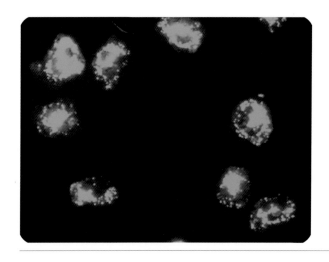

▶ 图 5-1-8
甲醛固定的人中性粒细胞

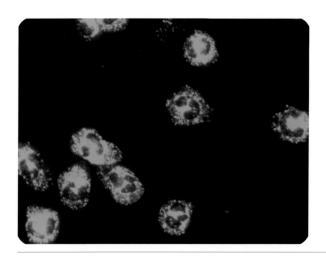

▶ 图 5-1-9
乙醇固定的人中性粒细胞

【IIF-ANCA 判读结果】
ANCA 阳性,cANCA 型。

【ANCA 谱结果】

靶抗原	定性结果	定量结果	单位	参考范围
MPO	阴性	2.00	RU/ml	≤ 20
PR3	阳性	200.00	RU/ml	≤ 20
LF	阴性	0.13	S/CO	≤ 1
HLE	阴性	0.13	S/CO	≤ 1
CG	阴性	0.00	S/CO	≤ 1
BPI	阴性	0.14	S/CO	≤ 1

【临床资料】
女性患者,17 岁。临床诊断:肉芽肿性多血管炎(GPA)。

【IIF-ANCA 结果判读解析】
HEp-2 细胞荧光染色阴性。中性粒细胞荧光染色阳性,表明存在 ANCA 或者 GS-ANA。

甲醛固定的人中性粒细胞胞浆呈现典型的 ANCA 胞浆颗粒型荧光染色,中性粒细胞胞浆呈现弥散、粗细不一的颗粒状荧光,胞浆中的荧光可清晰勾勒出细胞及细胞核的形态,分叶核间荧光呈现重染。因此可以判断 ANCA 阳性。

乙醇固定的人中性粒细胞呈现典型的 ANCA 胞浆颗粒型荧光染色,中性粒细胞胞浆呈现弥散、粗细不一的颗粒状荧光,胞浆中的荧光可清晰勾勒出细胞及细胞核的形态,分叶核间荧光呈现重染。

综合以上情况,该标本判断为 cANCA 阳性,与针对靶抗原 PR3 的抗体阳性结果符合,也与临床诊断 GPA 相符合。

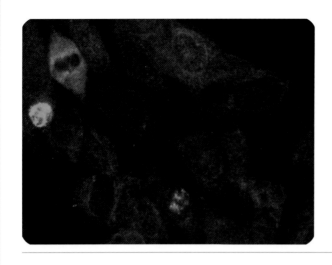

▶ 图 5-1-10
HEp-2 细胞和人中性粒细胞

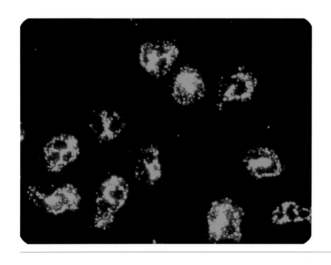

▶ 图 5-1-11
甲醛固定的人中性粒细胞

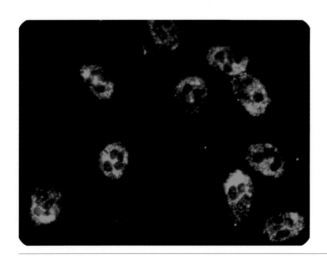

▶ 图 5-1-12
乙醇固定的人中性粒细胞

【IIF-ANCA 判读结果】

ANCA 阳性,cANCA 型。

【ANCA 谱结果】

靶抗原	定性结果	定量结果	单位	参考范围
MPO	阴性	2.00	RU/ml	≤ 20
PR3	阳性	200.00	RU/ml	≤ 20
LF	阴性	0.05	S/CO	≤ 1
HLE	阴性	0.00	S/CO	≤ 1
CG	阴性	0.00	S/CO	≤ 1
BPI	阴性	0.07	S/CO	≤ 1

【临床资料】

男性患者,39 岁。临床诊断:下肢疼痛。

【IIF-ANCA 结果判读解析】

HEp-2 细胞荧光染色阴性。中性粒细胞荧光染色阳性,表明存在 ANCA 或者 GS-ANA。甲醛固定的人中性粒细胞胞浆呈现典型的 ANCA 胞浆颗粒型荧光染色,中性粒细胞胞浆呈现弥散、粗细不一的颗粒状荧光,胞浆中的荧光可清晰勾勒出细胞及细胞核的形态,分叶核间荧光呈现重染。因此可以判断 ANCA 阳性。

乙醇固定的人中性粒细胞呈现典型的 ANCA 胞浆颗粒型荧光染色,中性粒细胞胞浆呈现弥散、粗细不一的颗粒状荧光,胞浆中的荧光可清晰勾勒出细胞及细胞核的形态,分叶核间荧光呈现重染。cANCA 阳性时,通常甲醛固定的人中性粒细胞基质上的荧光强度强于乙醇固定的人中性粒细胞荧光强度。

综合以上情况,该标本判断为 cANCA 阳性,与针对靶抗原 PR3 的抗体检测结果阳性符合。

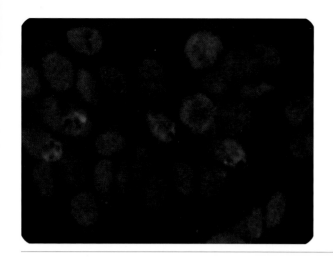

▶ 图 5-1-13
HEp-2 细胞和人中性粒细胞

▶ 图 5-1-14
甲醛固定的人中性粒细胞

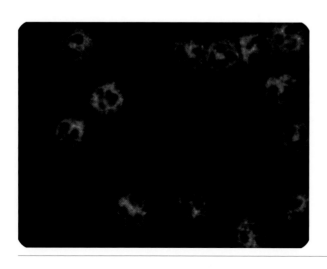

▶ 图 5-1-15
乙醇固定的人中性粒细胞

【IIF-ANCA 判读结果】

ANCA 阳性,cANCA 型。

【ANCA 谱结果】

靶抗原	定性结果	定量结果	单位	参考范围
MPO	阴性	9.51	RU/ml	≤ 20
PR3	阳性	90.40	RU/ml	≤ 20
LF	阴性	0.29	S/CO	≤ 1
HLE	阴性	0.10	S/CO	≤ 1
CG	阴性	0.03	S/CO	≤ 1
BPI	阴性	0.96	S/CO	≤ 1

【临床资料】

男性患者,25 岁。临床诊断:待查。

【IIF-ANCA 结果判读解析】

HEp-2 细胞荧光染色阴性。

甲醛固定的人中性粒细胞呈荧光染色阴性。

乙醇固定的人中性粒细胞呈现典型的 ANCA 胞浆颗粒型荧光染色,中性粒细胞胞浆呈现弥散、粗细不一的颗粒状荧光,胞浆中的荧光可清晰勾勒出细胞及细胞核的形态,分叶核间荧光呈现重染。一般情况下 cANCA 阳性时,通常甲醛固定的人中性粒细胞基质上的荧光强度强于乙醇固定的人中性粒细胞荧光强度。该标本荧光染色情况比较特殊,临床比较少见,表现为乙醇固定的人中性粒细胞荧光强度强于甲醛固定的人中性粒细胞基质上的荧光强度。这种情况下应与不典型 cANCA 相鉴别,不典型 cANCA 阳性时,人中性粒细胞胞浆呈现均匀弥散分布的细颗粒状荧光,分叶核间无增强的荧光染色。

综合以上情况,该标本可判断为 cANCA 阳性,与针对靶抗原 PR3 的抗体阳性相符合。

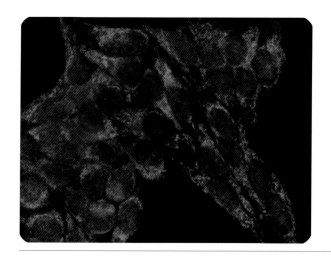

▶ 图 5-1-16
HEp-2 细胞和人中性粒细胞

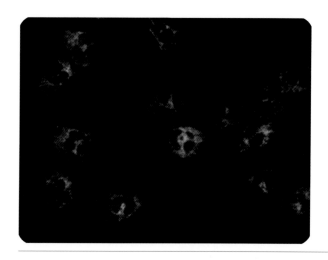

▶ 图 5-1-17
甲醛固定的人中性粒细胞

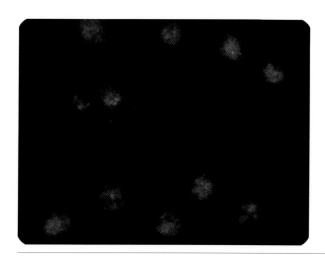

▶ 图 5-1-18
乙醇固定的人中性粒细胞

【IIF-ANCA 判读结果】

ANCA 阳性,cANCA 型。

【ANCA 谱结果】

靶抗原	定性结果	定量结果	单位	参考范围
MPO	阴性	2.00	RU/ml	≤ 20
PR3	阳性	24.00	RU/ml	≤ 20
LF	阴性	0.12	S/CO	≤ 1
HLE	阴性	0.08	S/CO	≤ 1
CG	阴性	0.01	S/CO	≤ 1
BPI	阴性	0.35	S/CO	≤ 1

【临床资料】

男性患者,69 岁。临床诊断:下肢疼痛。

【IIF-ANCA 结果判读解析】

HEp-2 细胞可见胞浆型弱荧光染色,在后续甲醛固定的人中性粒细胞上判断 ANCA 结果时,需要考虑 ANA 胞浆型荧光染色的干扰。

甲醛固定的人中性粒细胞胞浆呈现弥散、粗细不一的颗粒状荧光,胞浆中的荧光可清晰勾勒出细胞及细胞核的形态,分叶核间荧光呈现重染。因此可以判断存在 ANCA。

乙醇固定的人中性粒细胞核周未见荧光染色加强,不考虑存在 pANCA。胞浆荧光染色阴性,因此不考虑 cANCA。乙醇固定的人中性粒细胞荧光染色不支持存在 ANCA,与甲醛固定的人中性粒细胞呈典型的 ANCA 胞浆颗粒型弱荧光染色相矛盾。因此需要注意临床特殊情况:cANCA 阳性时,通常甲醛固定的人中性粒细胞基质上的荧光强度强于乙醇固定的人中性粒细胞荧光强度,但部分患者经治疗后,可能表现为甲醛固定的人中性粒细胞荧光染色阳性,乙醇固定的人中性粒细胞荧光染色阴性。

结合与针对靶抗原 PR3 的抗体阳性的检测结果,综合以上情况,该标本可判断为 cANCA 阳性。

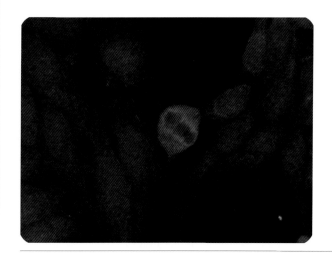

▶ 图 5-1-19
HEp-2 细胞和人中性粒细胞

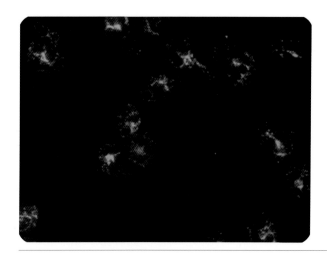

▶ 图 5-1-20
甲醛固定的人中性粒细胞

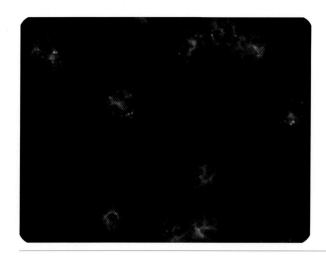

▶ 图 5-1-21
乙醇固定的人中性粒细胞

【IIF-ANCA 判读结果】

ANCA 阳性, cANCA 型。

【ANCA 谱结果】

靶抗原	定性结果	定量结果	单位	参考范围
MPO	阴性	2.00	RU/ml	≤ 20
PR3	阳性	181.72	RU/ml	≤ 20
LF	阴性	0.07	S/CO	≤ 1
HLE	阴性	0.09	S/CO	≤ 1
CG	阴性	0.04	S/CO	≤ 1
BPI	阴性	0.19	S/CO	≤ 1

【临床资料】

女性患者, 59 岁。临床诊断:肉芽肿性多血管炎(GPA)。

【IIF-ANCA 结果判读解析】

HEp-2 细胞荧光染色阴性。

甲醛固定的人中性粒细胞胞浆呈现典型的 ANCA 胞浆颗粒型荧光染色,中性粒细胞胞浆呈现弥散、粗细不一的颗粒状荧光,胞浆中的荧光可清晰勾勒出细胞及细胞核的形态,分叶核间荧光呈现重染。因此可以判断存在 ANCA。

乙醇固定的人中性粒细胞呈现典型的 ANCA 胞浆颗粒型荧光染色,中性粒细胞胞浆呈现弥散、粗细不一的颗粒状荧光,胞浆中的荧光可清晰勾勒出细胞及细胞核的形态,分叶核间荧光呈现重染。cANCA 阳性时,通常甲醛固定的人中性粒细胞基质上的荧光强度强于乙醇固定的人中性粒细胞荧光强度。

综合以上情况,该标本判断为 cANCA 阳性,与针对靶抗原 PR3 的抗体阳性结果符合,也与临床诊断 GPA 相符合。

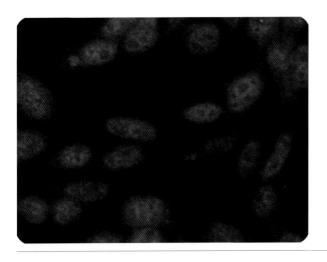

▶ 图 5-1-22
HEp-2 细胞和人中性粒细胞

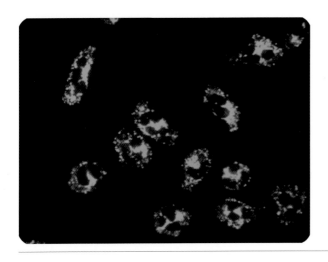

▶ 图 5-1-23
甲醛固定的人中性粒细胞

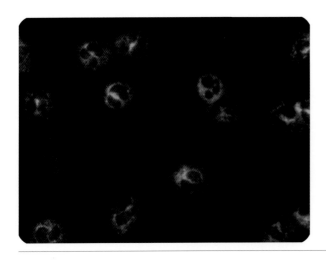

▶ 图 5-1-24
乙醇固定的人中性粒细胞

【IIF-ANCA 判读结果】

ANCA 阳性, cANCA 型。

【ANCA 谱结果】

靶抗原	定性结果	定量结果	单位	参考范围
MPO	阴性	2.00	RU/ml	≤ 20
PR3	阳性	93.44	RU/ml	≤ 20
LF	阴性	0.11	S/CO	≤ 1
HLE	阴性	0.04	S/CO	≤ 1
CG	阴性	0.04	S/CO	≤ 1
BPI	阴性	0.00	S/CO	≤ 1

【临床资料】

男性患者, 67 岁。临床诊断:无。

【IIF-ANCA 结果判读解析】

HEp-2 细胞荧光染色阴性。

甲醛固定的人中性粒细胞胞浆呈现弥散、粗细不一的颗粒状荧光,胞浆中的荧光可清晰勾勒出细胞及细胞核的形态,分叶核间荧光呈现重染。因此可以判断存在 ANCA。

乙醇固定的人中性粒细胞呈现典型的 ANCA 胞浆颗粒型荧光染色,中性粒细胞胞浆呈现弥散、粗细不一的颗粒状荧光,胞浆中的荧光可清晰勾勒出细胞及细胞核的形态,分叶核间荧光呈现重染。cANCA 阳性时,通常甲醛固定的人中性粒细胞基质上的荧光强度强于乙醇固定的人中性粒细胞荧光强度。

综合以上情况,该标本判断为 cANCA 阳性,与针对靶抗原 PR3 的抗体阳性结果符合。

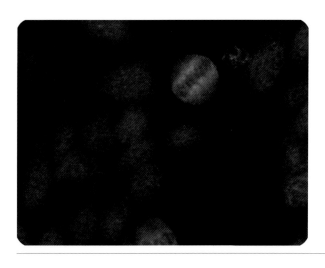

▶ 图 5-1-25
HEp-2 细胞和人中性粒细胞

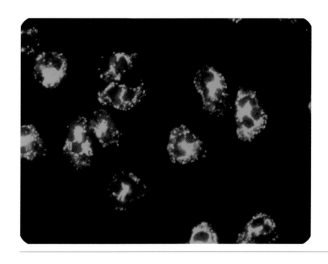

▶ 图 5-1-26
甲醛固定的人中性粒细胞

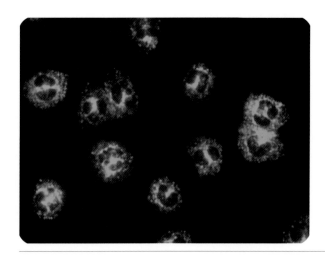

▶ 图 5-1-27
乙醇固定的人中性粒细胞

【IIF–ANCA 判读结果】

ANCA 阳性,cANCA 型。

【ANCA 谱结果】

靶抗原	定性结果	定量结果	单位	参考范围
MPO	阴性	2.00	RU/ml	≤ 20
PR3	阳性	200.00	RU/ml	≤ 20
LF	阴性	0.07	S/CO	≤ 1
HLE	阴性	0.02	S/CO	≤ 1
CG	阴性	0.00	S/CO	≤ 1
BPI	阴性	0.01	S/CO	≤ 1

【临床资料】

男性患者,57 岁。临床诊断:肺部阴影。

【IIF–ANCA 结果判读解析】

HEp–2 细胞荧光染色阴性。

甲醛固定的人中性粒细胞胞浆呈现典型的 ANCA 胞浆颗粒型荧光染色,中性粒细胞胞浆呈现弥散、粗细不一的颗粒状荧光,胞浆中的荧光可清晰勾勒出细胞及细胞核的形态,分叶核间荧光呈现重染。因此可以判断存在 ANCA。

乙醇固定的人中性粒细胞呈现典型的 ANCA 胞浆颗粒型荧光染色,中性粒细胞胞浆呈现弥散、粗细不一的颗粒状荧光,胞浆中的荧光可清晰勾勒出细胞及细胞核的形态,分叶核间荧光呈现重染。cANCA 阳性时,通常甲醛固定的人中性粒细胞基质上的荧光强度强于乙醇固定的人中性粒细胞荧光强度。

综合以上情况,该标本判断为 cANCA 阳性,与针对靶抗原 PR3 的抗体阳性结果符合。

第二节　乙醇固定的人中性粒细胞阴性的 cANCA

乙醇固定的人中性粒细胞阴性的 cANCA 各种常见临床情况见图 5-2-1~ 图 5-2-15。

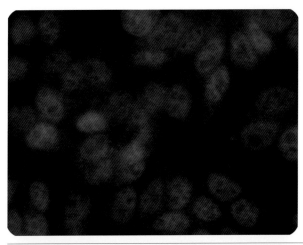

▶ 图 5-2-1
HEp-2 细胞和人中性粒细胞

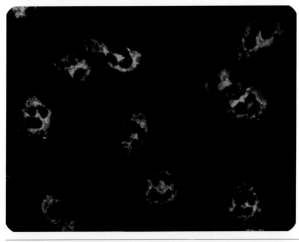

▶ 图 5-2-2
甲醛固定的人中性粒细胞

▶ 图 5-2-3
乙醇固定的人中性粒细胞

【IIF-ANCA 判读结果】

ANCA 阳性,cANCA 型。

【ANCA 谱结果】

靶抗原	定性结果	定量结果	单位	参考范围
MPO	阴性	2.00	RU/ml	≤ 20
PR3	阳性	36.20	RU/ml	≤ 20
LF	阴性	0.12	S/CO	≤ 1
HLE	阴性	0.14	S/CO	≤ 1
CG	阴性	0.05	S/CO	≤ 1
BPI	阴性	0.01	S/CO	≤ 1

【临床资料】

男性患者,52 岁。临床诊断:肉芽肿性多血管炎(GPA)。

【IIF-ANCA 结果判读解析】

HEp-2 细胞上为 ANA 细胞核斑点型弱荧光染色,在后续乙醇固定的人中性粒细胞上判断 ANCA 结果时,需要考虑 ANA 细胞核斑点型荧光染色的干扰。

甲醛固定的人中性粒细胞胞浆呈现典型的 ANCA 胞浆颗粒型荧光染色,中性粒细胞胞浆呈现弥散、粗细不一的颗粒状荧光,胞浆中的荧光可清晰勾勒出细胞及细胞核的形态,分叶核间荧光呈现重染。因此可以判断存在 ANCA。

乙醇固定的人中性粒细胞呈现胞浆颗粒型荧光染色,中性粒细胞胞浆呈现弥散、粗细不一的颗粒状荧光,分叶核间荧光呈现重染,但整体荧光染色较弱。

cANCA 阳性时,甲醛固定的人中性粒细胞荧光强度通常强于乙醇固定的人中性粒细胞荧光染色,因此当仅有甲醛固定的人中性粒细胞胞浆呈现典型的 ANCA 胞浆颗粒型荧光染色时,要注意不要遗漏 cANCA,特别是在经过治疗的血管炎患者。综合以上情况,该标本判断为 cANCA 阳性,与针对靶抗原 PR3 的抗体阳性结果符合,也与临床诊断 GPA 相符。

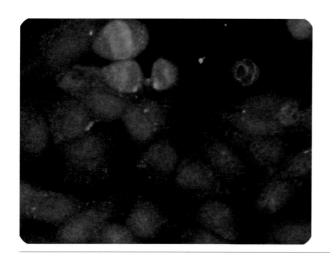

▶ 图 5-2-4
HEp-2 细胞和人中性粒细胞

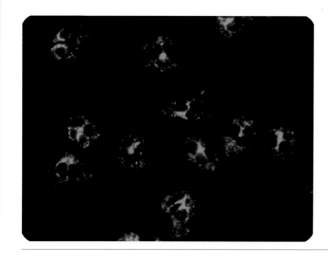

▶ 图 5-2-5
甲醛固定的人中性粒细胞

▶ 图 5-2-6
乙醇固定的人中性粒细胞

【IIF–ANCA 判读结果】

ANCA 阳性,cANCA 型。

【ANCA 谱结果】

靶抗原	定性结果	定量结果	单位	参考范围
MPO	阴性	2.00	RU/ml	≤ 20
PR3	阳性	200.00	RU/ml	≤ 20
LF	阴性	0.07	S/CO	≤ 1
HLE	阴性	0.01	S/CO	≤ 1
CG	阴性	0.01	S/CO	≤ 1
BPI	阴性	0.00	S/CO	≤ 1

【临床资料】

女性患者,59 岁。临床诊断:肉芽肿性多血管炎(GPA)。

【IIF–ANCA 结果判读解析】

HEp-2 细胞荧光染色阴性。

甲醛固定的人中性粒细胞胞浆呈现典型的 ANCA 胞浆颗粒型荧光染色,中性粒细胞胞浆呈现弥散、粗细不一的颗粒状荧光,胞浆中的荧光可清晰勾勒出细胞及细胞核的形态,分叶核间荧光呈现重染。因此可以判断存在 ANCA。

乙醇固定的人中性粒细胞呈现弱的胞浆颗粒型荧光染色。cANCA 阳性时,通常甲醛固定的人中性粒细胞基质上的荧光强度强于乙醇固定的人中性粒细胞荧光强度。因此当仅有甲醛固定的人中性粒细胞呈典型的 ANCA 胞浆颗粒型荧光染色时,要注意不要遗漏 cANCA。

综合以上情况,该标本判断为 cANCA 阳性,与针对靶抗原 PR3 的抗体阳性结果符合,也与临床诊断 GPA 相符合。

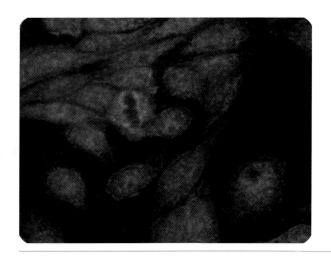

▶ 图 5-2-7
HEp-2 细胞和人中性粒细胞

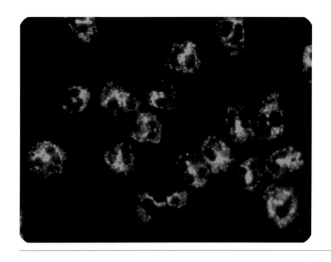

▶ 图 5-2-8
甲醛固定的人中性粒细胞

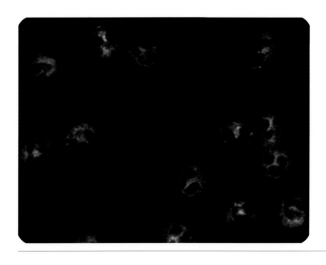

▶ 图 5-2-9
乙醇固定的人中性粒细胞

【IIF-ANCA 判读结果】

ANCA 阳性,cANCA 型。

【ANCA 谱结果】

靶抗原	定性结果	定量结果	单位	参考范围
MPO	阴性	2.00	RU/ml	≤ 20
PR3	阳性	21.24	RU/ml	≤ 20
LF	阴性	0.07	S/CO	≤ 1
HLE	阴性	0.09	S/CO	≤ 1
CG	阴性	0.07	S/CO	≤ 1
BPI	阴性	0.26	S/CO	≤ 1

【临床资料】

男性患者,22 岁。临床诊断:发热;肺部感染。

【IIF-ANCA 结果判读解析】

HEp-2 细胞为 ANA 细胞核斑点型和胞浆型荧光染色,所以在后续甲醛固定的人中性粒细胞和乙醇固定的人中性粒细胞上判断 ANCA 结果时,需要考虑 ANA 细胞核斑点型和胞浆型荧光染色的干扰。

甲醛固定的人中性粒细胞胞浆呈现典型的 ANCA 胞浆颗粒型荧光染色,中性粒细胞胞浆呈现弥散、粗细不一的颗粒状荧光,胞浆中的荧光可清晰勾勒出细胞及细胞核的形态,分叶核间荧光呈现重染。因此可以判断存在 ANCA。

乙醇固定的人中性粒细胞呈现弱的胞浆颗粒型荧光染色,中性粒细胞胞浆呈现弥散、粗细不一的颗粒状荧光,胞浆中的荧光可清晰勾勒出细胞及细胞核的形态,分叶核间荧光呈现重染。cANCA 阳性时,通常甲醛固定的人中性粒细胞基质上的荧光强度强于乙醇固定的人中性粒细胞荧光强度。

综合以上情况,该标本判断为 cANCA 阳性,与针对靶抗原 PR3 的抗体弱阳性结果符合。

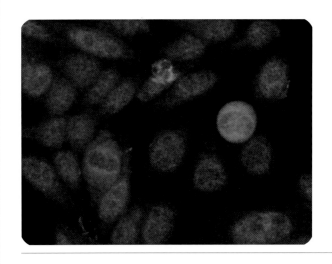

▶ 图 5-2-10
HEp-2 细胞和人中性粒细胞

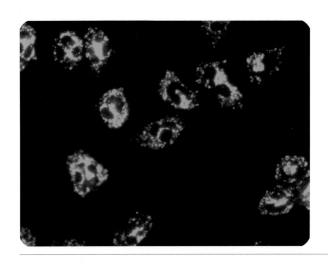

▶ 图 5-2-11
甲醛固定的人中性粒细胞

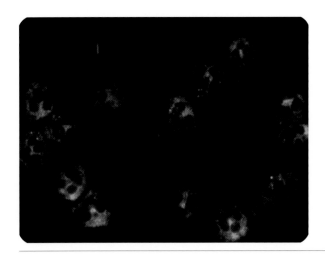

▶ 图 5-2-12
乙醇固定的人中性粒细胞

【IIF-ANCA 判读结果】

ANCA 阳性，cANCA 型。

【ANCA 谱结果】

靶抗原	定性结果	定量结果	单位	参考范围
MPO	阴性	3.78	RU/ml	≤ 20
PR3	阳性	200.00	RU/ml	≤ 20
LF	阴性	0.07	S/CO	≤ 1
HLE	阴性	0.08	S/CO	≤ 1
CG	阴性	0.02	S/CO	≤ 1
BPI	阴性	0.14	S/CO	≤ 1

【临床资料】

男性患者，60 岁。临床诊断：肉芽肿性多血管炎（GPA）。

【IIF-ANCA 结果判读解析】

HEp-2 细胞上为 ANA 细胞核斑点型核成分弱荧光染色，对后续甲醛固定的人中性粒细胞和乙醇固定的人中性粒细胞判断 ANCA 结果干扰较小。

甲醛固定的人中性粒细胞胞浆呈现典型的 ANCA 胞浆颗粒型荧光染色，中性粒细胞胞浆呈现弥散、粗细不一的颗粒状荧光，胞浆中的荧光可清晰勾勒出细胞及细胞核的形态，分叶核间荧光呈现重染。因此可以判断存在 ANCA。

乙醇固定的人中性粒细胞呈现弱的胞浆颗粒型荧光染色，中性粒细胞胞浆呈现弥散、粗细不一的颗粒状荧光，胞浆中的荧光可清晰勾勒出细胞及细胞核的形态，分叶核间荧光呈现重染。cANCA 阳性时，通常甲醛固定的人中性粒细胞基质上的荧光强度强于乙醇固定的人中性粒细胞荧光强度。

综合以上情况，该标本判断为 cANCA 阳性，与针对靶抗原 PR3 的抗体阳性结果符合，也与临床诊断 GPA 相符合。

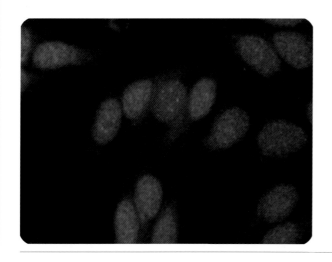

▶ 图 5-2-13
HEp-2 细胞和人中性粒细胞

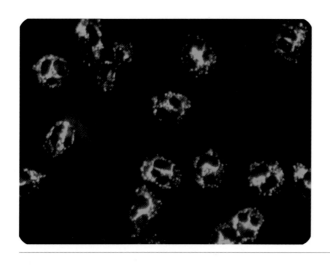

▶ 图 5-2-14
甲醛固定的人中性粒细胞

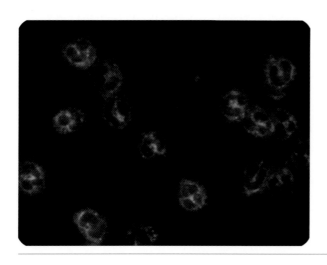

▶ 图 5-2-15
乙醇固定的人中性粒细胞

【IIF-ANCA 判读结果】

ANCA 阳性,cANCA 型。

【ANCA 谱结果】

靶抗原	定性结果	定量结果	单位	参考范围
MPO	阴性	2.00	RU/ml	≤ 20
PR3	阳性	200.00	RU/ml	≤ 20
LF	阴性	0.07	S/CO	≤ 1
HLE	阴性	0.06	S/CO	≤ 1
CG	阴性	0.00	S/CO	≤ 1
BPI	阴性	0.19	S/CO	≤ 1

【临床资料】

男性患者,49 岁。临床诊断:待查。

【IIF-ANCA 结果判读解析】

HEp-2 上为 ANA 细胞核斑点型弱荧光染色,在后续乙醇固定的人中性粒细胞上判断 ANCA 结果时,需要考虑 ANA 细胞核斑点型荧光染色的干扰。

甲醛固定的人中性粒细胞胞浆呈现典型的 ANCA 胞浆颗粒型荧光染色,中性粒细胞胞浆呈现弥散、粗细不一的颗粒状荧光,胞浆中的荧光可清晰勾勒出细胞及细胞核的形态,分叶核间荧光呈现重染。因此可以判断存在 ANCA。

乙醇固定的人中性粒细胞呈现弱的胞浆颗粒型荧光染色,中性粒细胞胞浆呈现弥散的、粗细不一的颗粒状荧光,胞浆中的荧光可清晰勾勒出细胞及细胞核的形态,分叶核间荧光呈现重染。cANCA 阳性时,通常甲醛固定的人中性粒细胞基质上的荧光强度强于乙醇固定的人中性粒细胞荧光强度。

综合以上情况,该标本判断为 cANCA 阳性,与该患者针对靶抗原 PR3 的抗体阳性结果相符。

第三节 抗 PR3 抗体阴性的 cANCA

抗 PR3 抗体阴性的 cANCA 各种常见临床情况见图 5-3-1~ 图 5-3-15。

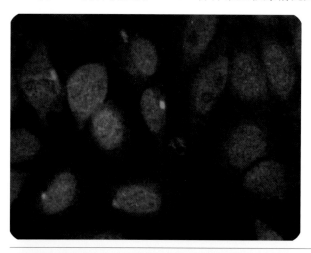

▶ 图 5-3-1
HEp-2 细胞和人中性粒细胞

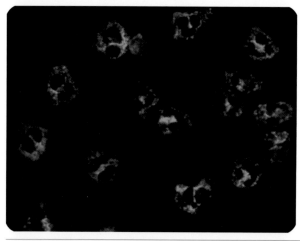

▶ 图 5-3-2
甲醛固定的人中性粒细胞

▶ 图 5-3-3
乙醇固定的人中性粒细胞

【IIF-ANCA 判读结果】

ANCA 阳性,cANCA 型。

【ANCA 谱结果】

靶抗原	定性结果	定量结果	单位	参考范围
MPO	阴性	2.00	RU/ml	≤ 20
PR3	阴性	2.00	RU/ml	≤ 20
LF	阴性	0.13	S/CO	≤ 1
HLE	阴性	0.08	S/CO	≤ 1
CG	阴性	0.02	S/CO	≤ 1
BPI	阴性	0.16	S/CO	≤ 1

【临床资料】

男性患者,58 岁。临床诊断:ANCA 相关血管炎(AAV)。

【IIF-ANCA 结果判读解析】

HEp-2 细胞上为 ANA 细胞核斑点型弱荧光染色,在后续乙醇固定的人中性粒细胞上判断 ANCA 结果时,需要考虑 ANA 细胞核斑点型荧光染色的干扰。

甲醛固定的人中性粒细胞胞浆呈现典型的 ANCA 胞浆颗粒型荧光染色,中性粒细胞胞浆呈现弥散、粗细不一的颗粒状荧光,胞浆中的荧光可清晰勾勒出细胞及细胞核的形态,分叶核间荧光呈现重染。因此可以判断存在 ANCA。

乙醇固定的人中性粒细胞呈荧光染色阴性。一般情况下,cANCA 在甲醛固定的人中性粒细胞荧光染色常强于乙醇固定的人中性粒细胞荧光染色。ANCA 相关血管炎(AAV)患者经过治疗后 cANCA 滴度降低,cANCA 常见靶抗原 PR3 的抗体阴性。从而出现仅在甲醛固定的人中性粒细胞呈典型的 ANCA 胞浆颗粒型荧光染色,而在乙醇固定的人中性粒细胞荧光染色阴性的情况。因此需要注意临床此特殊情况。

综合以上情况,该标本判断为 cANCA 阳性,与临床诊断 AAV 符合。

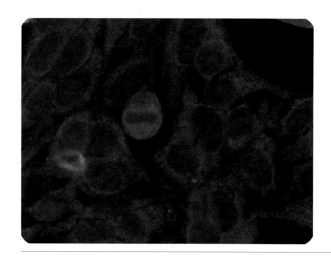

▶ 图 5-3-4
HEp-2 细胞和人中性粒细胞

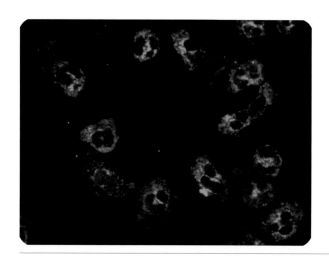

▶ 图 5-3-5
甲醛固定的人中性粒细胞

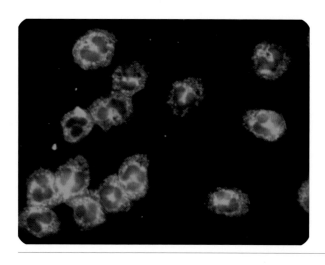

▶ 图 5-3-6
乙醇固定的人中性粒细胞

【IIF-ANCA 判读结果】

ANCA 阳性,cANCA 型。

【ANCA 谱结果】

靶抗原	定性结果	定量结果	单位	参考范围
MPO	阴性	8.08	RU/ml	≤ 20
PR3	阴性	6.71	RU/ml	≤ 20
LF	阴性	0.12	S/CO	≤ 1
HLE	阳性	1.00	S/CO	≤ 1
CG	阴性	0.09	S/CO	≤ 1
BPI	阳性	6.01	S/CO	≤ 1

【临床资料】

男性患者,67 岁。临床诊断:肺间质纤维化。

【IIF-ANCA 结果判读解析】

HEp-2 细胞可见胞浆型弱荧光染色,在后续甲醛固定的人中性粒细胞上判断 ANCA 结果时,需要考虑 ANA 胞浆型荧光染色的干扰。

甲醛固定的人中性粒细胞胞浆呈现弥散、粗细不一的颗粒状荧光,胞浆中的荧光可清晰勾勒出细胞及细胞核的形态,分叶核间荧光呈现重染。因此可以判断存在 ANCA。

乙醇固定的人中性粒细胞呈现典型的 ANCA 胞浆颗粒型荧光染色,中性粒细胞胞浆呈现弥散、粗细不一的颗粒状荧光,胞浆中的荧光可清晰勾勒出细胞及细胞核的形态,分叶核间荧光呈现重染。

综合以上情况,该标本判断为 cANCA 阳性,也与针对靶抗原 BPI 的抗体阳性结果可呈现 cANCA 荧光模型符合。

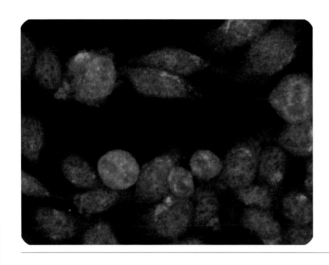

▶ 图 5-3-7
HEp-2 细胞和人中性粒细胞

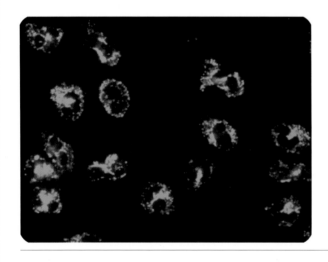

▶ 图 5-3-8
甲醛固定的人中性粒细胞

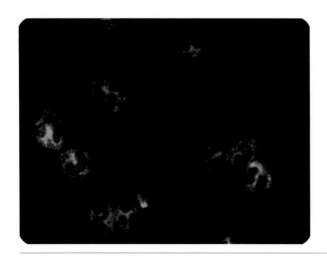

▶ 图 5-3-9
乙醇固定的人中性粒细胞

【IIF-ANCA 判读结果】

ANCA 阳性,cANCA 型。

【ANCA 谱结果】

靶抗原	定性结果	定量结果	单位	参考范围
MPO	阴性	2.00	RU/ml	≤ 20
PR3	阴性	16.43	RU/ml	≤ 20
LF	阴性	0.10	S/CO	≤ 1
HLE	阴性	0.10	S/CO	≤ 1
CG	阴性	0.02	S/CO	≤ 1
BPI	阴性	0.69	S/CO	≤ 1

【临床资料】

女性患者,31 岁。临床诊断:肉芽肿性多血管炎(GPA);肺部感染。

【IIF-ANCA 结果判读解析】

HEp-2 细胞上为 ANA 细胞核斑点型和胞浆型弱荧光染色,所以在后续甲醛固定的人中性粒细胞和乙醇固定的人中性粒细胞上判断 ANCA 结果时,需要考虑 ANA 细胞核斑点型和胞浆型荧光染色的干扰。

甲醛固定的人中性粒细胞胞浆呈现典型的 ANCA 胞浆颗粒型荧光染色,中性粒细胞胞浆呈现弥散、粗细不一的颗粒状荧光,胞浆中的荧光可清晰勾勒出细胞及细胞核的形态,分叶核间荧光呈现重染。因此可以判断存在 ANCA。

乙醇固定的人中性粒细胞呈现典型的 ANCA 胞浆颗粒型荧光染色,中性粒细胞胞浆呈现弥散、粗细不一的颗粒状荧光,胞浆中的荧光可清晰勾勒出细胞及细胞核的形态,分叶核间荧光呈现重染。cANCA 阳性时,通常甲醛固定的人中性粒细胞基质上的荧光强度强于乙醇固定的人中性粒细胞荧光强度。

综合以上情况,该标本判断为 cANCA 阳性,与临床诊断 GPA 相符合。

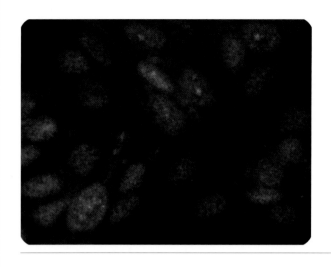

▶ 图 5-3-10
HEp-2 细胞和人中性粒细胞

▶ 图 5-3-11
甲醛固定的人中性粒细胞

▶ 图 5-3-12
乙醇固定的人中性粒细胞

【IIF-ANCA 判读结果】

ANCA 阳性,cANCA 型。

【ANCA 谱结果】

靶抗原	定性结果	定量结果	单位	参考范围
MPO	阴性	2.00	RU/ml	≤ 20
PR3	阴性	2.00	RU/ml	≤ 20
LF	阴性	0.04	S/CO	≤ 1
HLE	阴性	0.04	S/CO	≤ 1
CG	阴性	0.03	S/CO	≤ 1
BPI	阴性	0.01	S/CO	≤ 1

【临床资料】

男性患者,37 岁。临床诊断:肉芽肿性多血管炎(GPA)。

【IIF-ANCA 结果判读解析】

HEp-2 细胞荧光染色阴性。

甲醛固定的人中性粒细胞胞浆呈现典型的 ANCA 胞浆颗粒型荧光染色,中性粒细胞胞浆呈现弥散、粗细不一的颗粒状荧光,胞浆中的荧光可清晰勾勒出细胞及细胞核的形态,分叶核间荧光呈现重染。因此可以判断存在 ANCA。

乙醇固定的人中性粒细胞呈现弱的胞浆颗粒型荧光染色。cANCA 阳性时,通常甲醛固定的人中性粒细胞基质上的荧光强度强于乙醇固定的人中性粒细胞荧光强度。因此当仅有甲醛固定的人中性粒细胞呈典型的 ANCA 胞浆颗粒型荧光染色时,要注意不要遗漏cANCA,特别是在经过治疗的血管炎患者 ANCA 降低时可出现 PR3 抗体阴性和乙醇固定的人中性粒细胞阴性。

综合以上情况,该标本判断为 cANCA 阳性,与临床诊断 GPA 相符合。

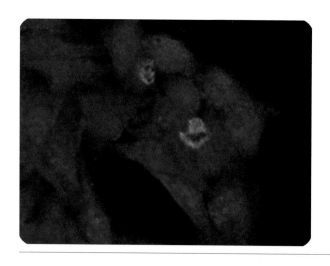

▶ 图 5-3-13
HEp-2 细胞和人中性粒细胞

▶ 图 5-3-14
甲醛固定的人中性粒细胞

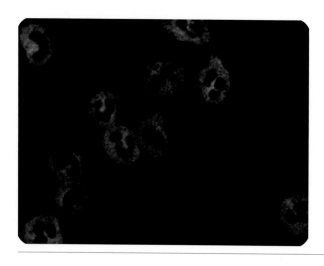

▶ 图 5-3-15
乙醇固定的人中性粒细胞

【IIF-ANCA 判读结果】

ANCA 阳性,cANCA 型。

【ANCA 谱结果】

靶抗原	定性结果	定量结果	单位	参考范围
MPO	阴性	3.76	RU/ml	≤20
PR3	阴性	2.00	RU/ml	≤20
LF	阴性	0.14	S/CO	≤1
HLE	阴性	0.07	S/CO	≤1
CG	阴性	0.02	S/CO	≤1
BPI	阴性	0.78	S/CO	≤1

【临床资料】

女性患者,52 岁。临床诊断:ANCA 相关血管炎(AAV)。

【IIF-ANCA 结果判读解析】

HEp-2 细胞可见胞浆型弱荧光染色,在后续甲醛固定的人中性粒细胞上判断 ANCA 结果时,需要考虑 ANA 胞浆型荧光染色的干扰。

甲醛固定的人中性粒细胞胞浆呈现典型的 ANCA 胞浆颗粒型荧光染色,中性粒细胞胞浆呈现弥散、粗细不一的颗粒状荧光,胞浆中的荧光可清晰勾勒出细胞及细胞核的形态,分叶核间荧光呈现重染。因此可以判断存在 ANCA。

乙醇固定的人中性粒细胞呈现胞浆颗粒型荧光染色,中性粒细胞胞浆呈现弥散、粗细不一的颗粒状荧光,分叶核间荧光呈现重染,但整体荧光染色较弱。

综合以上情况,该标本判断为 cANCA 阳性,与临床诊断 AAV 相符合。

第四节　抗核抗体阳性的 cANCA

一、细胞核型抗核抗体阳性的 cANCA

细胞核型抗核抗体阳性的 cANCA 各种常见临床情况见图 5-4-1~ 图 5-4-24。

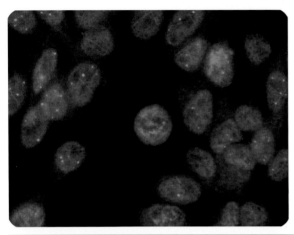

▶ 图 5-4-1
HEp-2 细胞和人中性粒细胞

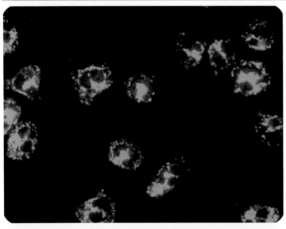

▶ 图 5-4-2
甲醛固定的人中性粒细胞

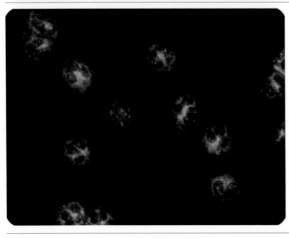

▶ 图 5-4-3
乙醇固定的人中性粒细胞

【IIF-ANCA 判读结果】

ANCA 阳性,cANCA 型。

【ANCA 谱结果】

靶抗原	定性结果	定量结果	单位	参考范围
MPO	阴性	2.00	RU/ml	≤ 20
PR3	阳性	200.00	RU/ml	≤ 20
LF	阴性	0.05	S/CO	≤ 1
HLE	阴性	0.01	S/CO	≤ 1
CG	阴性	0.01	S/CO	≤ 1
BPI	阴性	0.07	S/CO	≤ 1

【临床资料】

女性,78 岁。临床诊断:肉芽肿性多血管炎(GPA)。

【IIF-ANCA 结果判读解析】

HEp-2 细胞呈现 ANA 细胞核颗粒型弱阳性和细胞核斑点型荧光染色,在后续乙醇固定的人中性粒细胞上判断 ANCA 结果时,需要考虑 ANA 细胞核斑点型荧光染色的干扰。

甲醛固定的人中性粒细胞胞浆呈现典型的 ANCA 胞浆颗粒型荧光染色,中性粒细胞胞浆呈现弥散、粗细不一的颗粒状荧光,胞浆中的荧光可清晰勾勒出细胞及细胞核的形态,分叶核间荧光染色增强。因此可以判断 ANCA 阳性。

乙醇固定的人中性粒细胞呈现典型的 ANCA 胞浆颗粒型荧光染色,中性粒细胞胞浆呈现弥散、粗细不一的颗粒状荧光,胞浆中的荧光可清晰勾勒出细胞及细胞核的形态,分叶核间荧光染色增强。该标本在乙醇固定的人中性粒细胞上荧光强度较弱,cANCA 阳性时,通常甲醛固定的人中性粒细胞基质上的荧光强度强于乙醇固定的人中性粒细胞荧光强度。ANA 的细胞核斑点型荧光染色对乙醇固定的人中性粒细胞胞浆颗粒型荧光染色干扰较小,因此可以判断为 cANCA。

综合以上情况,该标本判断为 cANCA 阳性,与针对靶抗原 PR3 的抗体阳性结果符合,也与临床诊断 GPA 相符合。

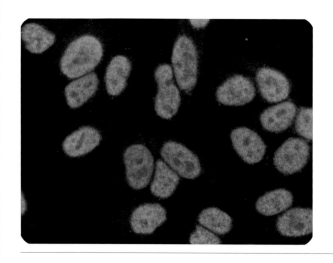

▶ 图 5-4-4
HEp-2 细胞和人中性粒细胞

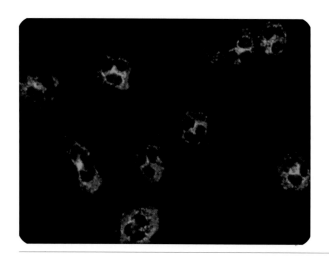

▶ 图 5-4-5
甲醛固定的人中性粒细胞

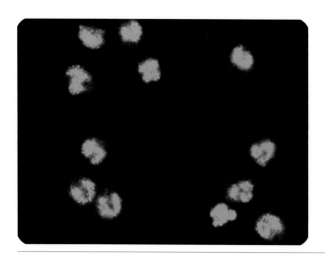

▶ 图 5-4-6
乙醇固定的人中性粒细胞

【IIF-ANCA 判读结果】

ANCA 阳性，cANCA 型。

【ANCA 谱结果】

靶抗原	定性结果	定量结果	单位	参考范围
MPO	阴性	8.59	RU/ml	≤ 20
PR3	阳性	200.00	RU/ml	≤ 20
LF	阴性	0.11	S/CO	≤ 1
HLE	阴性	0.41	S/CO	≤ 1
CG	阴性	0.02	S/CO	≤ 1
BPI	阴性	0.08	S/CO	≤ 1

【临床资料】

女性患者，38 岁。临床诊断：无。

【IIF-ANCA 结果判读解析】

HEp-2 细胞呈现 ANA 细胞核颗粒型强荧光染色，在后续乙醇固定的人中性粒细胞上判断 ANCA 结果时，需要考虑 ANA 细胞核颗粒型荧光染色的干扰。

甲醛固定的人中性粒细胞胞浆呈现弥散、粗细不一的颗粒状荧光，胞浆中的荧光可清晰勾勒出细胞及细胞核的形态，分叶核间荧光染色增强。因此可以判断 ANCA 阳性。

乙醇固定的人中性粒细胞核上可见整个细胞核的颗粒型强荧光染色，可考虑为 ANA 细胞核颗粒型在乙醇固定的人中性粒细胞上的干扰。核周未见荧光染色加强，不考虑存在 pANCA。胞浆荧光染色阴性，因此不考虑 cANCA。

乙醇固定的人中性粒细胞荧光染色不支持 ANCA 阳性，与甲醛固定的人中性粒细胞呈典型的 ANCA 胞浆颗粒型弱荧光染色相矛盾。因此需要注意临床特殊情况：cANCA 阳性时，甲醛固定的人中性粒细胞基质上的荧光染色常强于乙醇固定的人中性粒细胞荧光染色 1~2 个滴度。因此，部分患者经治疗后，可能表现为甲醛固定的人中性粒细胞荧光染色阳性，乙醇固定的人中性粒细胞荧光染色阴性。因此该标本考虑 cANCA 阳性，与针对靶抗原 PR3 的抗体阳性结果符合。当乙醇固定的人中性粒细胞荧光染色存在较强的 ANA 干扰时，胞浆颗粒型的 cANCA 通常容易被忽视。

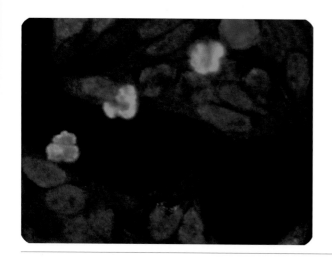

▶ 图 5-4-7
HEp-2 细胞和人中性粒细胞

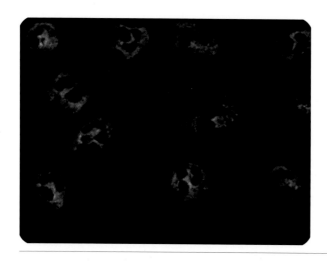

▶ 图 5-4-8
甲醛固定的人中性粒细胞

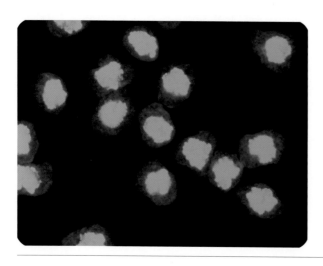

▶ 图 5-4-9
乙醇固定的人中性粒细胞

【IIF-ANCA 判读结果】

ANCA 阳性,cANCA 型。

【ANCA 谱结果】

靶抗原	定性结果	定量结果	单位	参考范围
MPO	阴性	8.59	RU/ml	≤ 20
PR3	阳性	49.41	RU/ml	≤ 20
LF	阴性	0.41	S/CO	≤ 1
HLE	阴性	0.32	S/CO	≤ 1
CG	阴性	0.01	S/CO	≤ 1
BPI	阴性	0.05	S/CO	≤ 1

【临床资料】

男性患者,67 岁。临床诊断:结缔组织病(connective tissue disease,CTD)。

【IIF-ANCA 结果判读解析】

HEp-2 细胞呈现 ANA 细胞核颗粒型荧光染色,同时胞浆中可见胞浆型弱荧光染色,在后续甲醛固定的人中性粒细胞和乙醇固定的人中性粒细胞上判断 ANCA 结果时,需要考虑 ANA 细胞核颗粒型荧光染色和胞浆型荧光染色的干扰。

甲醛固定的人中性粒细胞胞浆呈现弥散、粗细不一的颗粒状荧光,胞浆中的荧光可清晰勾勒出细胞及细胞核的形态。因此可以判断 ANCA 阳性,同时需要考虑是否存在 ANA 胞浆型荧光染色的干扰。

乙醇固定的人中性粒细胞核上可见整个细胞核的强荧光染色,可考虑为 ANA 细胞核颗粒型荧光染色在乙醇固定的人中性粒细胞上的干扰。胞浆弱荧光染色,可考虑为 ANA 胞浆型弱荧光染色的干扰。

cANCA 阳性时,甲醛固定的人中性粒细胞基质上的荧光染色常强于乙醇固定的人中性粒细胞荧光染色 1~2 个滴度。因此,部分患者经治疗后,可能表现为甲醛固定的人中性粒细胞荧光染色阳性,乙醇固定的人中性粒细胞荧光染色阴性。因此该标本考虑 cANCA 阳性,与针对靶抗原 PR3 的抗体阳性的结果符合。当乙醇固定的人中性粒细胞荧光染色存在较强的 ANA 干扰时,胞浆颗粒型的 cANCA 通常容易被忽视。

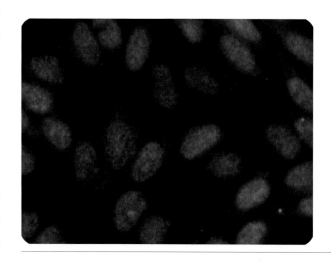

▶ 图 5-4-10
HEp-2 细胞和人中性粒细胞

▶ 图 5-4-11
甲醛固定的人中性粒细胞

▶ 图 5-4-12
乙醇固定的人中性粒细胞

【IIF-ANCA 判读结果】

ANCA 阳性,cANCA 型。

【ANCA 谱结果】

靶抗原	定性结果	定量结果	单位	参考范围
MPO	阴性	2.00	RU/ml	≤ 20
PR3	阳性	84.81	RU/ml	≤ 20
LF	阴性	0.06	S/CO	≤ 1
HLE	阴性	0.02	S/CO	≤ 1
CG	阴性	0.00	S/CO	≤ 1
BPI	阴性	0.03	S/CO	≤ 1

【临床资料】

男性患者,68 岁。临床诊断:肉芽肿性多血管炎(GPA)。

【IIF-ANCA 结果判读解析】

HEp-2 上呈现 ANA 细胞核颗粒型弱荧光染色,在后续乙醇固定的人中性粒细胞上判断 ANCA 结果时,需要考虑 ANA 细胞核颗粒型荧光染色的干扰。

甲醛固定的人中性粒细胞胞浆呈现弥散、粗细不一的颗粒状荧光,胞浆中的荧光可清晰勾勒出细胞及细胞核的形态。因此可以判断 ANCA 阳性,荧光强度较弱。

乙醇固定的人中性粒细胞呈现非常弱的胞浆颗粒型荧光染色,考虑阴性。

cANCA 在甲醛固定的人中性粒细胞上荧光染色经常强于乙醇固定的人中性粒细胞荧光染色,因此当仅有甲醛固定的人中性粒细胞呈典型的 ANCA 胞浆颗粒型弱荧光染色时要注意不要遗漏 cANCA,特别是在经过治疗后的血管炎患者。综合以上情况,该标本判断为 cANCA 阳性,与针对靶抗原 PR3 的抗体阳性的结果符合,也与临床诊断 GPA 相符。

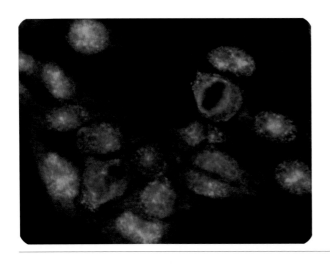

▶ 图 5-4-13
HEp-2 细胞和人中性粒细胞

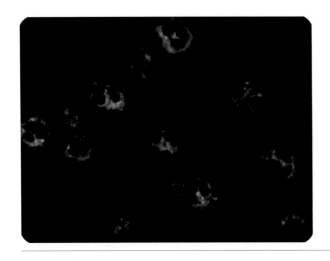

▶ 图 5-4-14
甲醛固定的人中性粒细胞

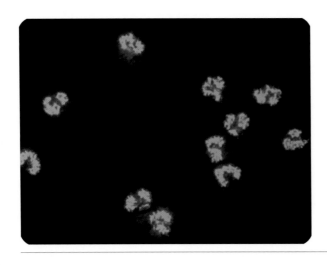

▶ 图 5-4-15
乙醇固定的人中性粒细胞

【IIF-ANCA 判读结果】

ANCA 阳性,cANCA 型。

【ANCA 谱结果】

靶抗原	定性结果	定量结果	单位	参考范围
MPO	阴性	2.00	RU/ml	≤ 20
PR3	阳性	200.00	RU/ml	≤ 20
LF	阴性	0.11	S/CO	≤ 1
HLE	阴性	0.04	S/CO	≤ 1
CG	阴性	0.05	S/CO	≤ 1
BPI	阴性	0.34	S/CO	≤ 1

【临床资料】

女性患者,25 岁。临床诊断:结缔组织病(CTD)。

【IIF-ANCA 结果判读解析】

HEp-2 细胞上为 ANA 细胞核颗粒型和核仁型荧光染色,在后续乙醇固定的人中性粒细胞上判断 ANCA 结果时,需要考虑 ANA 细胞核颗粒型和核仁型荧光染色的干扰。

甲醛固定的人中性粒细胞胞浆呈现弥散、粗细不一的颗粒状荧光,胞浆中的荧光可清晰勾勒出细胞及细胞核的形态,分叶核间荧光染色增强。因此可以判断存在 ANCA。

乙醇固定的人中性粒细胞核上可见整个细胞核的颗粒型强荧光染色,可考虑为 ANA 细胞核颗粒型在乙醇固定的人中性粒细胞上的干扰。核周未见荧光染色加强,不考虑存在 pANCA。胞浆荧光染色阴性,因此不考虑 cANCA。乙醇固定的人中性粒细胞荧光染色不支持存在 ANCA,与甲醛固定的人中性粒细胞呈典型的 ANCA 胞浆颗粒型弱荧光染色相矛盾。因此需要注意临床特殊情况:cANCA 阳性时,通常甲醛固定的人中性粒细胞基质上的荧光强度强于乙醇固定的人中性粒细胞荧光强度,但部分患者经治疗后,可能表现为甲醛固定的人中性粒细胞荧光染色阳性,乙醇固定的人中性粒细胞荧光染色阴性。

结合针对靶抗原 PR3 的抗体阳性的结果,该标本可判断为 cANCA 阳性。

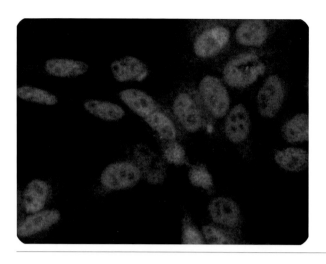

▶ 图 5-4-16
HEp-2 细胞和人中性粒细胞

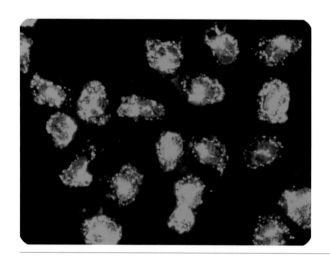

▶ 图 5-4-17
甲醛固定的人中性粒细胞

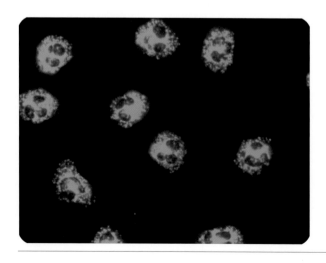

▶ 图 5-4-18
乙醇固定的人中性粒细胞

【IIF-ANCA 判读结果】

ANCA 阳性,cANCA 型。

【ANCA 谱结果】

靶抗原	定性结果	定量结果	单位	参考范围
MPO	阴性	2.00	RU/ml	≤ 20
PR3	阳性	200.00	RU/ml	≤ 20
LF	阴性	0.09	S/CO	≤ 1
HLE	阴性	0.05	S/CO	≤ 1
CG	阴性	0.24	S/CO	≤ 1
BPI	阴性	0.61	S/CO	≤ 1

【临床资料】

男性患者,73 岁。临床诊断:ANCA 相关血管炎(AAV);结缔组织病肺间质纤维化;呼吸道感染。

【IIF-ANCA 结果判读解析】

HEp-2 细胞上为 ANA 细胞核颗粒型弱荧光染色,在后续乙醇固定的人中性粒细胞上判断 ANCA 结果时,需要考虑 ANA 细胞核颗粒型荧光染色的干扰。中性粒细胞荧光染色阳性,表明存在 ANCA 或者 GS-ANA。

甲醛固定的人中性粒细胞胞浆呈现典型的 ANCA 胞浆颗粒型荧光染色,中性粒细胞胞浆呈现弥散、粗细不一的颗粒状荧光,胞浆中的荧光可清晰勾勒出细胞及细胞核的形态,分叶核间荧光染色增强。因此可以判断存在 ANCA。

乙醇固定的人中性粒细胞呈现典型的 ANCA 胞浆颗粒型荧光染色,中性粒细胞胞浆呈现弥散、粗细不一的颗粒状荧光,胞浆中的荧光可清晰勾勒出细胞及细胞核的形态,分叶核间荧光染色增强。

综合以上情况,该标本判断为 cANCA 阳性,与针对靶抗原 PR3 的抗体阳性结果符合,也与 AAV 和肺部疾病的临床诊断相符合。

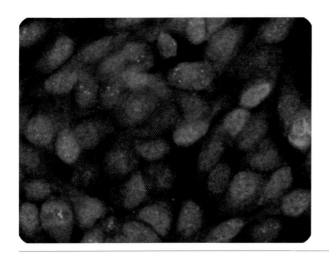

▶ 图 5-4-19
HEp-2 细胞和人中性粒细胞

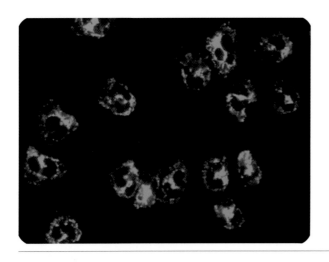

▶ 图 5-4-20
甲醛固定的人中性粒细胞

▶ 图 5-4-21
乙醇固定的人中性粒细胞

【IIF-ANCA 判读结果】

ANCA 阳性，cANCA 型。

【ANCA 谱结果】

靶抗原	定性结果	定量结果	单位	参考范围
MPO	阴性	2.00	RU/ml	≤ 20
PR3	阳性	200.00	RU/ml	≤ 20
LF	阴性	0.07	S/CO	≤ 1
HLE	阴性	0.02	S/CO	≤ 1
CG	阴性	0.01	S/CO	≤ 1
BPI	阴性	0.18	S/CO	≤ 1

【临床资料】

女性患者，65 岁。临床诊断：肉芽肿性多血管炎（GPA）。

【IIF-ANCA 结果判读解析】

HEp-2 细胞上为 ANA 细胞核颗粒型荧光染色，在后续乙醇固定的人中性粒细胞上判断 ANCA 结果时，需要考虑 ANA 细胞核颗粒型荧光染色的干扰。

甲醛固定的人中性粒细胞胞浆呈现典型的 ANCA 胞浆颗粒型荧光染色，中性粒细胞胞浆呈现弥散、粗细不一的颗粒状荧光，胞浆中的荧光可清晰勾勒出细胞及细胞核的形态，分叶核间荧光染色增强。因此可以判断存在 ANCA。

乙醇固定的人中性粒细胞呈现典型的 ANCA 胞浆颗粒型荧光染色，中性粒细胞胞浆呈现弥散、粗细不一的颗粒状荧光，胞浆中的荧光可清晰勾勒出细胞及细胞核的形态，分叶核间荧光染色增强。cANCA 阳性时，通常甲醛固定的人中性粒细胞基质上的荧光强度强于乙醇固定的人中性粒细胞荧光强度。

综合以上情况，该标本判断为 cANCA 阳性，与针对靶抗原 PR3 的抗体阳性结果符合，也与临床诊断 GPA 相符合。

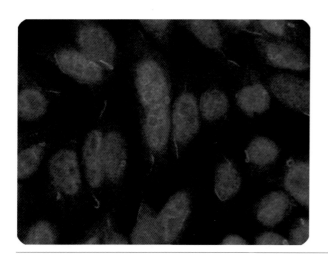

▶ 图 5-4-22
HEp-2 细胞和人中性粒细胞

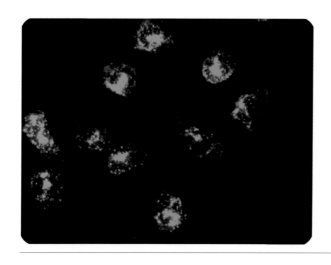

▶ 图 5-4-23
甲醛固定的人中性粒细胞

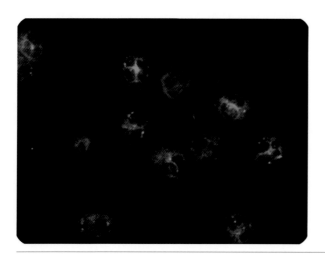

▶ 图 5-4-24
乙醇固定的人中性粒细胞

【IIF-ANCA 判读结果】

ANCA 阳性,cANCA 型。

【ANCA 谱结果】

靶抗原	定性结果	定量结果	单位	参考范围
MPO	阴性	2.00	RU/ml	≤ 20
PR3	阳性	200.00	RU/ml	≤ 20
LF	阴性	0.08	S/CO	≤ 1
HLE	阴性	0.00	S/CO	≤ 1
CG	阴性	0.08	S/CO	≤ 1
BPI	阴性	0.06	S/CO	≤ 1

【临床资料】

男性患者,43 岁。临床诊断:系统性血管炎。

【IIF-ANCA 结果判读解析】

HEp-2 细胞为 ANA 细胞核颗粒型荧光染色,所以在后续乙醇固定的人中性粒细胞上判断 ANCA 结果时,需要考虑 ANA 细胞核颗粒型荧光染色的干扰。

甲醛固定的人中性粒细胞胞浆呈现典型的 ANCA 胞浆颗粒型荧光染色,中性粒细胞胞浆呈现弥散、粗细不一的颗粒状荧光,胞浆中的荧光可清晰勾勒出细胞及细胞核的形态,分叶核间荧光染色增强。因此可以判断存在 ANCA。

乙醇固定的人中性粒细胞呈现典型的 ANCA 胞浆颗粒型荧光染色,中性粒细胞胞浆呈现弥散、粗细不一的颗粒状荧光,胞浆中的荧光可清晰勾勒出细胞及细胞核的形态,分叶核间荧光染色增强。cANCA 阳性时,通常甲醛固定的人中性粒细胞基质上的荧光强度强于乙醇固定的人中性粒细胞荧光强度。

综合以上情况,该标本判断为 cANCA 阳性,与针对靶抗原 PR3 的抗体阳性结果符合,也与临床诊断系统性血管炎相符。

二、胞浆型抗核抗体阳性的 cANCA

胞浆型抗核抗体阳性的 cANCA 各种常见临床情况见图 5-4-25~ 图 5-4-30。

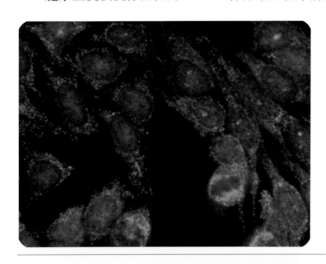

▶ 图 5-4-25
HEp-2 细胞和人中性粒细胞

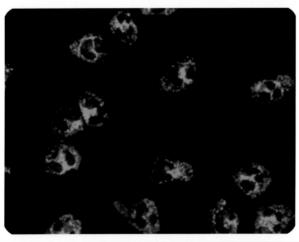

▶ 图 5-4-26
甲醛固定的人中性粒细胞

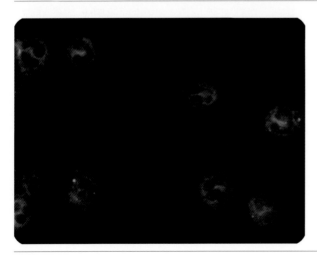

▶ 图 5-4-27
乙醇固定的人中性粒细胞

【IIF-ANCA 判读结果】

ANCA 阳性，cANCA 型。

【ANCA 谱结果】

靶抗原	定性结果	定量结果	单位	参考范围
MPO	阴性	2.00	RU/ml	≤ 20
PR3	阳性	200.00	RU/ml	≤ 20
LF	阴性	0.05	S/CO	≤ 1
HLE	阴性	0.01	S/CO	≤ 1
CG	阴性	0.00	S/CO	≤ 1
BPI	阴性	0.03	S/CO	≤ 1

【临床资料】

男性患者，79 岁。临床诊断：ANCA 相关血管炎（AAV）。

【IIF-ANCA 结果判读解析】

HEp-2 细胞上呈现 ANA 胞浆型弱荧光染色，在后续甲醛固定的人中性粒细胞上判断 ANCA 结果时，需要考虑 ANA 胞浆型荧光染色的干扰。

甲醛固定的人中性粒细胞胞浆呈现典型的 ANCA 胞浆颗粒型荧光染色，中性粒细胞胞浆呈现弥散、粗细不一的颗粒状荧光，胞浆中的荧光可清晰勾勒出细胞及细胞核的形态，分叶核间荧光染色增强。因此可以判断 ANCA 阳性。

乙醇固定的人中性粒细胞呈现典型的 ANCA 胞浆颗粒型荧光染色，中性粒细胞胞浆呈现弥散的粗细不一的颗粒状荧光，胞浆中的荧光可清晰勾勒出细胞及细胞核的形态，分叶核间荧光染色增强。但整体荧光染色较弱，符合 cANCA 在甲醛固定的人中性粒细胞荧光染色经常强于乙醇固定的人中性粒细胞荧光染色。

综合以上情况，该标本判断为 cANCA 阳性，与针对靶抗原 PR3 的抗体阳性结果相符，也与临床诊断 AAV 符合。

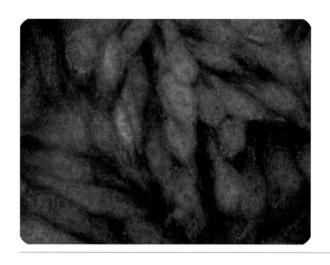

▶ 图 5-4-28
HEp-2 细胞和人中性粒细胞

▶ 图 5-4-29
甲醛固定的人中性粒细胞

▶ 图 5-4-30
乙醇固定的人中性粒细胞

【IIF-ANCA 判读结果】

ANCA 阳性,cANCA 型。

【ANCA 谱结果】

靶抗原	定性结果	定量结果	单位	参考范围
MPO	阴性	2.00	RU/ml	≤ 20
PR3	阳性	191.37	RU/ml	≤ 20
LF	阴性	0.12	S/CO	≤ 1
HLE	阴性	0.03	S/CO	≤ 1
CG	阴性	0.00	S/CO	≤ 1
BPI	阴性	0.14	S/CO	≤ 1

【临床资料】

女性患者,49 岁。临床诊断:不明原因发热。

【IIF-ANCA 结果判读解析】

HEp-2 细胞胞浆可见胞浆型弱荧光染色,在后续甲醛固定的人中性粒细胞上判断 ANCA 结果时,需要考虑 ANA 胞浆型荧光染色的干扰。

甲醛固定的人中性粒细胞胞浆呈现典型的 ANCA 胞浆颗粒型荧光染色,中性粒细胞胞浆呈现弥散、粗细不一的颗粒状荧光,胞浆中的荧光可清晰勾勒出细胞及细胞核的形态,分叶核间荧光染色增强。因此可以判断 ANCA 阳性。

乙醇固定的人中性粒细胞呈现非常弱的胞浆颗粒型荧光染色,不能确定是否 ANCA 阳性。

cANCA 在甲醛固定的人中性粒细胞上荧光强度通常强于乙醇固定的人中性粒细胞荧光强度,因此当仅有甲醛固定的人中性粒细胞呈典型的 ANCA 胞浆颗粒型弱荧光染色时要注意避免遗漏 cANCA。综合以上情况,该标本判断为 cANCA 阳性,与针对靶抗原 PR3 的抗体阳性结果符合。

三、抗 PR3 抗体阴性且抗核抗体阳性的 cANCA

抗 PR3 抗体阴性且抗核抗体阳性的 cANCA 各种常见临床情况见图 5-4-31~ 图 5-4-36。

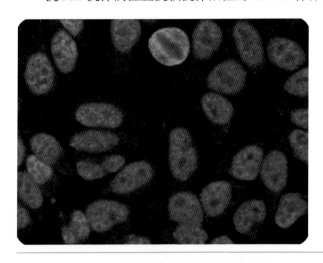

▶ 图 5-4-31
HEp-2 细胞和人中性粒细胞

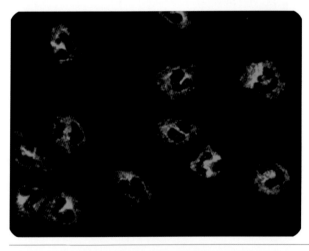

▶ 图 5-4-32
甲醛固定的人中性粒细胞

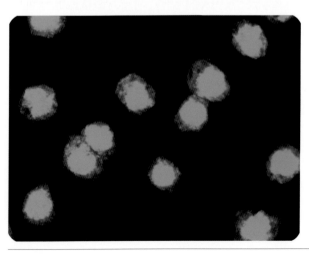

▶ 图 5-4-33
乙醇固定的人中性粒细胞

【IIF-ANCA 判读结果】

ANCA 阳性,cANCA 型。

【ANCA 谱结果】

靶抗原	定性结果	定量结果	单位	参考范围
MPO	阴性	14.97	RU/ml	≤ 20
PR3	阴性	6.57	RU/ml	≤ 20
LF	阴性	0.16	S/CO	≤ 1
HLE	阴性	0.08	S/CO	≤ 1
CG	阴性	0.05	S/CO	≤ 1
BPI	阴性	0.01	S/CO	≤ 1

【临床资料】

女性患者,41 岁。临床诊断:间质性肺炎;结缔组织病。

【IIF-ANCA 结果判读解析】

HEp-2 细胞上为 ANA 细胞核颗粒型强荧光染色,在后续乙醇固定的人中性粒细胞上判断 ANCA 结果时,需要考虑 ANA 细胞核颗粒型强荧光染色的干扰。中性粒细胞荧光染色阴性,可以排除 GS-ANA 干扰。

甲醛固定的人中性粒细胞胞浆呈现弥散、粗细不一的颗粒状荧光,胞浆中的荧光可清晰勾勒出细胞及细胞核的形态,分叶核间荧光染色增强。因此可以判断存在 ANCA。

乙醇固定的人中性粒细胞上荧光染色较为复杂。细胞核上可见整个细胞核的强荧光染色,可考虑为 ANA 细胞核颗粒型的干扰。在此荧光染色背景上可见中性粒细胞胞浆呈现弥散、粗细不一的颗粒状弱荧光染色,考虑可能 cANCA 阳性。

结缔组织病患者常存在较强的 ANA,当疾病累及到肺、肾、循环系统、皮肤、甲状腺等血流丰富的器官时可引起 ANCA 阳性,但由于存在较强 ANA 的干扰,导致 IIF-ANCA 判读困难容易漏掉。一般情况下,ANA 细胞核成分对应的荧光染色对乙醇固定的人中性粒细胞干扰较大,而对甲醛固定的人中性粒细胞干扰较小。因此,甲醛上典型的 ANCA 表现表明存在 ANCA。cANCA 阳性时,通常甲醛固定的人中性粒细胞基质上的荧光强度强于乙醇固定的人中性粒细胞荧光强度。综合以上情况,该标本可判断为 cANCA。

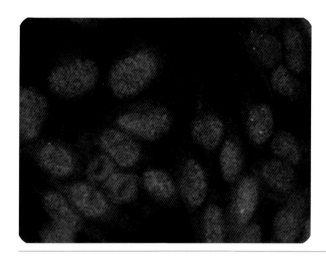

▶ 图 5-4-34
HEp-2 细胞和人中性粒细胞

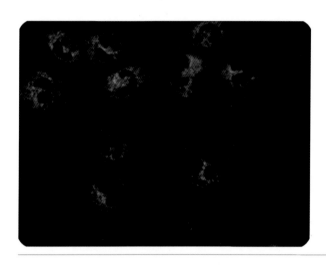

▶ 图 5-4-35
甲醛固定的人中性粒细胞

▶ 图 5-4-36
乙醇固定的人中性粒细胞

【IIF-ANCA 判读结果】

ANCA 阳性,cANCA 型。

【ANCA 谱结果】

靶抗原	定性结果	定量结果	单位	参考范围
MPO	阴性	2.00	RU/ml	≤ 20
PR3	阴性	14.76	RU/ml	≤ 20
LF	阴性	0.10	S/CO	≤ 1
HLE	阴性	0.01	S/CO	≤ 1
CG	阴性	0.00	S/CO	≤ 1
BPI	阳性	1.13	S/CO	≤ 1

【临床资料】

女性患者,58 岁。临床诊断:肉芽肿性多血管炎(GPA)。

【IIF-ANCA 结果判读解析】

HEp-2 细胞呈现 ANA 细胞核斑点型弱荧光染色,在后续乙醇固定的人中性粒细胞上判断 ANCA 结果时,需要考虑 ANA 细胞核斑点型荧光染色的干扰。

甲醛固定的人中性粒细胞胞浆呈现均匀弥散分布的细颗粒状荧光,分叶核间荧光染色增强。因此可以判断存在 ANCA,荧光强度较弱。

乙醇固定的人中性粒细胞荧光染色阴性。由于 cANCA 在甲醛固定的人中性粒细胞上荧光染色经常强于乙醇固定的人中性粒细胞荧光染色,肉芽肿性多血管炎(GPA)患者经过治疗后 cANCA 滴度降低,有可能出现仅在甲醛固定的人中性粒细胞呈典型的 ANCA 胞浆颗粒型弱荧光染色,而在乙醇固定的人中性粒细胞荧光染色阴性的情况。

综合以上情况,考虑 cANCA 阳性。ANCA 谱检测结果显示针对靶抗原 BPI 的抗体弱阳性。

第五节 cANCA 合并不典型 pANCA 阳性

cANCA 合并不典型 pANCA 阳性的情况见图 5-5-1~ 图 5-5-3。

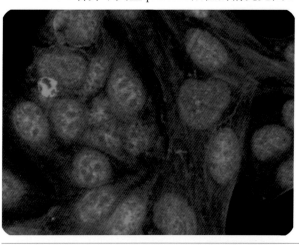

▶ 图 5-5-1
HEp-2 细胞和人中性粒细胞

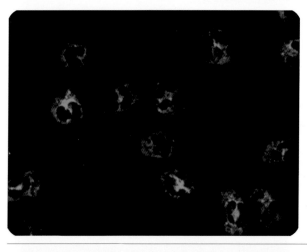

▶ 图 5-5-2
甲醛固定的人中性粒细胞

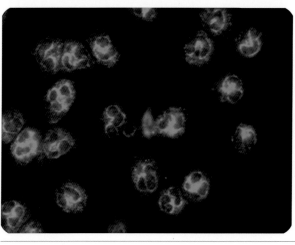

▶ 图 5-5-3
乙醇固定的人中性粒细胞

【IIF-ANCA 判读结果】

ANCA 阳性,cANCA 型和不典型 pANCA 型。

【ANCA 谱结果】

靶抗原	定性结果	定量结果	单位	参考范围
MPO	阴性	2.00	RU/ml	≤ 20
PR3	阳性	200.00	RU/ml	≤ 20
LF	阳性	1.67	S/CO	≤ 1
HLE	阴性	0.02	S/CO	≤ 1
CG	阴性	0.01	S/CO	≤ 1
BPI	阴性	0.03	S/CO	≤ 1

【临床资料】

女性患者,44 岁。临床诊断:慢性腹泻。

【IIF-ANCA 结果判读解析】

HEp-2 细胞为 ANA 细胞核颗粒型荧光染色,同时胞浆中可见胞浆型弱荧光染色,所以在后续甲醛固定的人中性粒细胞和乙醇固定的人中性粒细胞上判断 ANCA 结果时,需要考虑 ANA 细胞核颗粒型和胞浆型荧光染色的干扰。

甲醛固定的人中性粒细胞胞浆呈现弥散、粗细不一的颗粒状荧光,胞浆中的荧光可清晰勾勒出细胞及细胞核的形态,分叶核间荧光染色增强。因此可以判断存在 ANCA。

乙醇固定的人中性粒细胞上荧光染色较为复杂。核周可见平滑丝带状荧光染色加强,无带状荧光向细胞核内浸润,荧光阳性均匀分布于核周,无不规则的块状,考虑不典型 pANCA 阳性。荧光检测结果与 ANCA 谱检测结果显示的针对靶抗原 LF 的抗体阳性一致。胞浆中可见弱的胞浆颗粒型荧光染色,但由于荧光强度较弱,不能确认是否存在 cANCA。ANCA 谱检测结果显示针对靶抗原 PR3 的抗体阳性,结合上述乙醇固定的人中性粒细胞胞浆的荧光染色,因此判断为 cANCA 阳性。

综合以上情况,该标本可判断为 cANCA 阳性和不典型 pANCA 阳性。

第六节 | 抗 MPO 抗体阳性的 cANCA

抗 MPO 抗体阳性的 cANCA 各种常见临床情况见图 5-6-1~ 图 5-6-9。

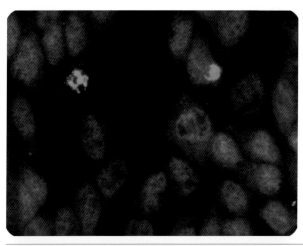

▶ 图 5-6-1
HEp-2 细胞和人中性粒细胞

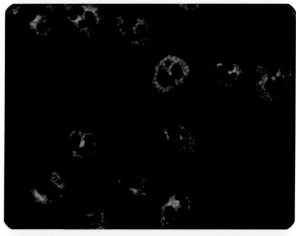

▶ 图 5-6-2
甲醛固定的人中性粒细胞

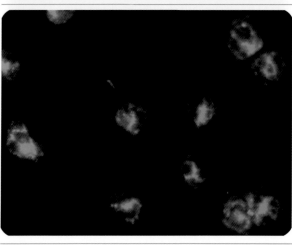

▶ 图 5-6-3
乙醇固定的人中性粒细胞

【IIF-ANCA 判读结果】

ANCA 阳性, cANCA 型。

【ANCA 谱结果】

靶抗原	定性结果	定量结果	单位	参考范围
MPO	阳性	64.48	RU/ml	≤ 20
PR3	阴性	2.00	RU/ml	≤ 20
LF	阴性	0.50	S/CO	≤ 1
HLE	阴性	0.15	S/CO	≤ 1
CG	阴性	0.07	S/CO	≤ 1
BPI	阴性	0.14	S/CO	≤ 1

【临床资料】

女性患者, 18 岁。临床诊断: 间质性肺炎。

【IIF-ANCA 结果判读解析】

HEp-2 细胞上为 ANA 细胞核斑点型弱荧光染色, 在后续乙醇固定的人中性粒细胞上判断 ANCA 结果时, 需要考虑 ANA 细胞核斑点型荧光染色的干扰。中性粒细胞荧光染色阳性, 表明存在 ANCA 或者 GS-ANA。

甲醛固定的人中性粒细胞胞浆呈现典型的 ANCA 胞浆颗粒型荧光染色, 中性粒细胞胞浆呈现弥散、粗细不一的颗粒状荧光, 胞浆中的荧光可清晰勾勒出细胞及细胞核的形态, 分叶核间荧光呈现重染。因此可以判断存在 ANCA。

乙醇固定的人中性粒细胞呈现典型的 ANCA 胞浆颗粒型荧光染色, 中性粒细胞胞浆呈现弥散、粗细不一的颗粒状荧光, 胞浆中的荧光可勾勒出细胞及细胞核的形态, 分叶核间荧光呈现重染。

综合以上情况, 该标本判断为 cANCA 阳性。虽然该患者针对靶抗原 MPO 的抗体检测结果阳性, 但在临床实践中存在此种情况。

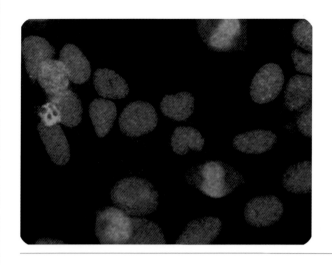

► 图 5-6-4
HEp-2 细胞和人中性粒细胞

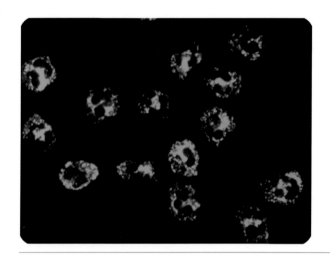

► 图 5-6-5
甲醛固定的人中性粒细胞

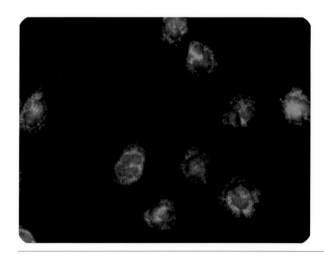

► 图 5-6-6
乙醇固定的人中性粒细胞

【IIF-ANCA 判读结果】

ANCA 阳性,cANCA 型。

【ANCA 谱结果】

靶抗原	定性结果	定量结果	单位	参考范围
MPO	阳性	55.90	RU/ml	≤ 20
PR3	阴性	2.00	RU/ml	≤ 20
LF	阴性	0.13	S/CO	≤ 1
HLE	阴性	0.08	S/CO	≤ 1
CG	阴性	0.02	S/CO	≤ 1
BPI	阴性	0.18	S/CO	≤ 1

【临床资料】

男性患者,61 岁。临床诊断:ANCA 相关血管炎(AAV);间质性肺炎。

【IIF-ANCA 结果判读解析】

HEp-2 细胞上为 ANA 细胞核均质型弱荧光染色,在后续乙醇固定的人中性粒细胞上判断 ANCA 结果时,需要考虑 ANA 细胞核均质型荧光染色的干扰。中性粒细胞荧光染色阳性,表明存在 ANCA 或者 GS-ANA。

甲醛固定的人中性粒细胞胞浆呈现典型的 ANCA 胞浆颗粒型荧光染色,中性粒细胞胞浆呈现弥散、粗细不一的颗粒状荧光,胞浆中的荧光可清晰勾勒出细胞及细胞核的形态,分叶核间荧光呈现重染。因此可以判断存在 ANCA。

乙醇固定的人中性粒细胞呈现典型的 ANCA 胞浆颗粒型荧光染色,中性粒细胞胞浆呈现弥散、粗细不一的颗粒状荧光,胞浆中的荧光可清晰勾勒出细胞及细胞核的形态,分叶核间荧光呈现重染。cANCA 阳性时,通常甲醛固定的人中性粒细胞基质上的荧光强度强于乙醇固定的人中性粒细胞荧光强度。

综合以上情况,该标本判断为 cANCA 阳性。虽然 ANCA 谱检测结果显示针对靶抗原 MPO 的抗体阳性,但此情况存在于临床实践中,与临床诊断 AAV 相符合。

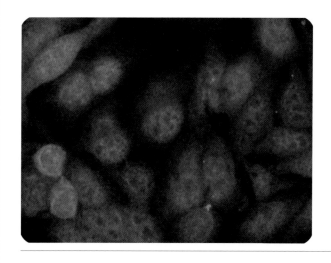

▶ 图 5-6-7
HEp-2 细胞和人中性粒细胞

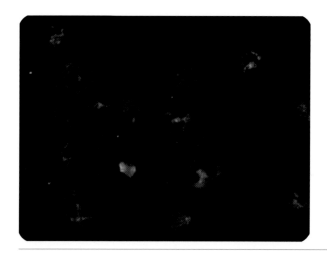

▶ 图 5-6-8
甲醛固定的人中性粒细胞

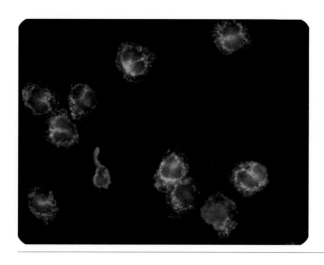

▶ 图 5-6-9
乙醇固定的人中性粒细胞

【IIF-ANCA 判读结果】

ANCA 阳性,cANCA 型。

【ANCA 谱结果】

靶抗原	定性结果	定量结果	单位	参考范围
MPO	阳性	28.34	RU/ml	≤ 20
PR3	阴性	2.00	RU/ml	≤ 20
LF	阴性	0.15	S/CO	≤ 1
HLE	阴性	0.10	S/CO	≤ 1
CG	阴性	0.04	S/CO	≤ 1
BPI	阴性	0.38	S/CO	≤ 1

【临床资料】

男性患者,60 岁。临床诊断:间质性肺炎。

【IIF-ANCA 结果判读解析】

HEp-2 细胞为 ANA 细胞核斑点型和胞浆型弱荧光染色,所以在后续甲醛固定的人中性粒细胞和乙醇固定的人中性粒细胞上判断 ANCA 结果时,需要考虑 ANA 细胞核斑点型和胞浆型荧光染色的干扰。

甲醛固定的人中性粒细胞胞浆呈现弥散的颗粒状荧光,胞浆中的荧光可清晰勾勒出细胞及细胞核的形态,分叶核间荧光呈现重染,因此可以判断存在 ANCA,荧光强度较弱。

乙醇固定的人中性粒细胞呈现典型的 ANCA 胞浆颗粒型荧光染色,中性粒细胞胞浆呈现弥散、粗细不一的颗粒状荧光,胞浆中的荧光可清晰勾勒出细胞及细胞核的形态,分叶核间荧光呈现重染。

综合以上情况,该标本判断为 cANCA 阳性,虽然针对靶抗原 MPO 的抗体检测弱阳性,但在临床实践中仍存在此情况。

第六章
不典型核周型抗中性粒细胞胞浆抗体

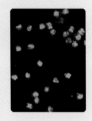

第一节 抗核抗体阴性的不典型 pANCA

抗核抗体阴性的不典型 pANCA 各种常见临床情况见图 6-1-1~ 图 6-1-48。

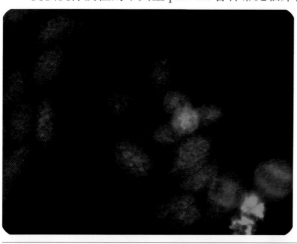

▶ 图 6-1-1
HEp-2 细胞和人中性粒细胞

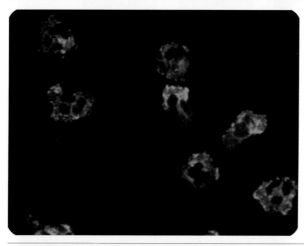

▶ 图 6-1-2
甲醛固定的人中性粒细胞

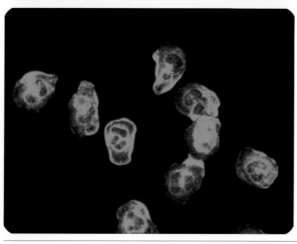

▶ 图 6-1-3
乙醇固定的人中性粒细胞

【IIF-ANCA 判读结果】

ANCA 阳性,不典型 pANCA 型。

【ANCA 谱结果】

靶抗原	定性结果	定量结果	单位	参考范围
MPO	阴性	2.00	RU/ml	≤ 20
PR3	阴性	13.62	RU/ml	≤ 20
LF	阴性	0.25	S/CO	≤ 1
HLE	阴性	0.09	S/CO	≤ 1
CG	阴性	0.08	S/CO	≤ 1
BPI	阴性	0.20	S/CO	≤ 1

【临床资料】

女性患者,35 岁。临床诊断:溃疡性结肠炎。

【IIF-ANCA 结果判读解析】

HEp-2 细胞上为 ANA 细胞核斑点型弱荧光染色,在后续乙醇固定的人中性粒细胞上判断 ANCA 结果时,需要考虑 ANA 细胞核斑点型荧光染色的干扰。中性粒细胞荧光染色阳性,表明存在 ANCA 或者 GS-ANA。

甲醛固定的人中性粒细胞胞浆呈现均匀弥散分布的细颗粒状荧光,在分叶核间无增强的荧光染色。因此可以判断存在 ANCA。

乙醇固定的人中性粒细胞呈现核周胞浆的平滑丝带状荧光,无带状荧光向细胞核内浸润,荧光阳性均匀分布于核周,无不规则的块状。

综合以上情况,该标本可判断为不典型 pANCA 阳性,与临床诊断溃疡性结肠炎符合。此患者的 ANCA 谱 6 种常见靶抗原对应的抗体检测结果均为阴性。

► 图 6-1-4
HEp-2 细胞和人中性粒细胞

► 图 6-1-5
甲醛固定的人中性粒细胞

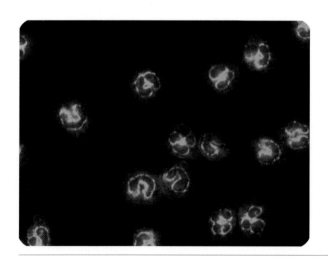

► 图 6-1-6
乙醇固定的人中性粒细胞

【IIF-ANCA 判读结果】

ANCA 阳性,不典型 pANCA 型。

【ANCA 谱结果】

靶抗原	定性结果	定量结果	单位	参考范围
MPO	阴性	2.00	RU/ml	≤ 20
PR3	阴性	2.00	RU/ml	≤ 20
LF	阴性	0.10	S/CO	≤ 1
HLE	阴性	0.01	S/CO	≤ 1
CG	阴性	0.00	S/CO	≤ 1
BPI	阴性	0.03	S/CO	≤ 1

【临床资料】

男性患者,49 岁。临床诊断:结缔组织病(CTD)。

【IIF-ANCA 结果判读解析】

HEp-2 细胞上呈现 ANA 胞浆型弱荧光染色,在后续甲醛固定的人中性粒细胞上判断 ANCA 结果时,需要考虑 ANA 胞浆型荧光染色的干扰。

甲醛固定的人中性粒细胞上荧光染色阴性。

乙醇固定的人中性粒细胞呈现核周胞浆的平滑丝带状荧光,无带状荧光向细胞核内浸润,荧光阳性均匀分布于核周,无不规则的块状。pANCA 阳性时,乙醇固定的人中性粒细胞荧光染色常强于甲醛固定的人中性粒细胞荧光染色。

综合以上情况,该标本可判断为不典型 pANCA 阳性。

► 图 6-1-7
HEp-2 细胞和人中性粒细胞

► 图 6-1-8
甲醛固定的人中性粒细胞

► 图 6-1-9
乙醇固定的人中性粒细胞

【IIF-ANCA 判读结果】

ANCA 阳性,不典型 pANCA 型。

【ANCA 谱结果】

靶抗原	定性结果	定量结果	单位	参考范围
MPO	阴性	2.00	RU/ml	≤ 20
PR3	阴性	2.00	RU/ml	≤ 20
LF	阴性	0.07	S/CO	≤ 1
HLE	阴性	0.03	S/CO	≤ 1
CG	阴性	0.01	S/CO	≤ 1
BPI	阳性	1.45	S/CO	≤ 1

【临床资料】

男性患者,60 岁。临床诊断:呼吸道感染。

【IIF-ANCA 结果判读解析】

HEp-2 细胞核可见胞浆型弱荧光染色,在后续甲醛固定的人中性粒细胞上判断 ANCA 结果时,需要考虑 ANA 胞浆型荧光染色的干扰。

甲醛固定的人中性粒细胞荧光染色阴性。

乙醇固定的人中性粒细胞呈现核周胞浆的平滑丝带状荧光,无带状荧光向细胞核内浸润,荧光阳性均匀分布于核周,无不规则的块状。pANCA 阳性时,乙醇固定的人中性粒细胞荧光染色常强于甲醛固定的人中性粒细胞荧光染色。

综合以上情况,该标本可判断为不典型 pANCA 阳性,与针对靶抗原 BPI 的抗体阳性检测结果相符。

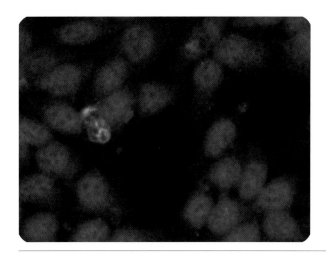

▶ 图 6-1-10
HEp-2 细胞和人中性粒细胞

▶ 图 6-1-11
甲醛固定的人中性粒细胞

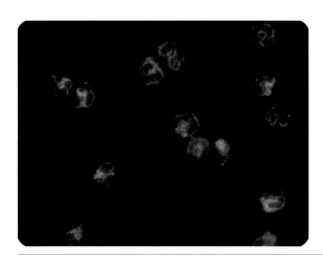

▶ 图 6-1-12
乙醇固定的人中性粒细胞

【IIF-ANCA 判读结果】

ANCA 阳性,不典型 pANCA 型。

【ANCA 谱结果】

靶抗原	定性结果	定量结果	单位	参考范围
MPO	阴性	5.14	RU/ml	≤ 20
PR3	阴性	2.00	RU/ml	≤ 20
LF	阴性	0.33	S/CO	≤ 1
HLE	阴性	0.35	S/CO	≤ 1
CG	阴性	0.02	S/CO	≤ 1
BPI	阴性	0.06	S/CO	≤ 1

【临床资料】

女性患者,35 岁。临床诊断:甲状腺功能亢进。

【IIF-ANCA 结果判读解析】

HEp-2 细胞为 ANA 细胞核斑点型弱荧光染色,对后续甲醛固定的人中性粒细胞和乙醇固定的人中性粒细胞判断 ANCA 结果干扰较小。

甲醛固定的人中性粒细胞胞浆呈现弥散、粗细不一的颗粒状荧光,胞浆中的荧光可清晰勾勒出细胞及细胞核的形态,分叶核间荧光呈现重染,因此可以判断存在 ANCA,荧光强度较弱。

乙醇固定的人中性粒细胞荧光染色呈现典型的 pANCA 荧光染色,核周胞浆的平滑丝带状荧光,荧光阳性染色主要集中在分叶核周围,无不规则的块状,无带状荧光向细胞核内浸润。pANCA 阳性时,通常乙醇固定的人中性粒细胞荧光染色常强于甲醛固定的人中性粒细胞荧光染色。

综合以上情况,该标本判断为 pANCA 阳性。

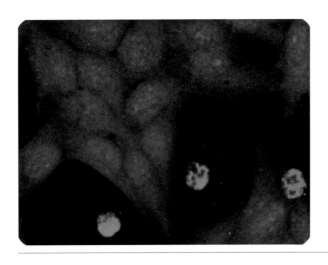

▶ 图 6-1-13
HEp-2 细胞和人中性粒细胞

▶ 图 6-1-14
甲醛固定的人中性粒细胞

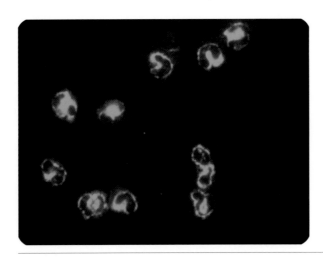

▶ 图 6-1-15
乙醇固定的人中性粒细胞

【IIF-ANCA 判读结果】

ANCA 阳性,不典型 pANCA 型。

【ANCA 谱结果】

靶抗原	定性结果	定量结果	单位	参考范围
MPO	阴性	2.60	RU/ml	≤ 20
PR3	阴性	2.00	RU/ml	≤ 20
LF	阴性	0.11	S/CO	≤ 1
HLE	阴性	0.88	S/CO	≤ 1
CG	阴性	0.06	S/CO	≤ 1
BPI	阴性	0.46	S/CO	≤ 1

【临床资料】

女性患者,58 岁。临床诊断:肺大疱;结缔组织病。

【IIF-ANCA 结果判读解析】

HEp-2 细胞上为 ANA 细胞核斑点型弱荧光染色,同时胞浆中可见胞浆型弱荧光染色,所以在后续甲醛固定的人中性粒细胞和乙醇固定的人中性粒细胞上判断 ANCA 结果时,需要考虑 ANA 细胞核斑点型和胞浆型荧光染色的干扰。中性粒细胞荧光染色阳性,表明存在 ANCA 或者 GS-ANA。

甲醛固定的人中性粒细胞胞浆呈现均匀弥散分布的细颗粒状荧光,在分叶核间无增强的荧光染色,荧光强度较弱,可以考虑 ANCA 阳性。

乙醇固定的人中性粒细胞呈现典型的核周胞浆的平滑丝带状荧光,荧光阳性染色主要集中在分叶核周围,形成环状,无带状荧光向细胞核内浸润。一般情况下,pANCA 在乙醇固定的人中性粒细胞荧光染色常强于甲醛固定的人中性粒细胞荧光染色。

综合以上情况,该标本可判断为不典型 pANCA 阳性。

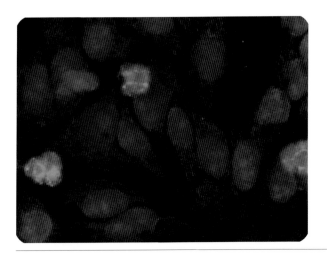

▶ 图 6-1-16
HEp-2 细胞和人中性粒细胞

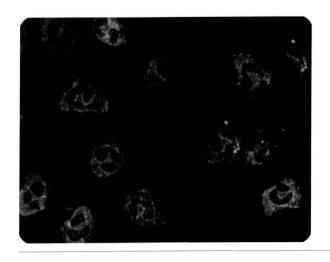

▶ 图 6-1-17
甲醛固定的人中性粒细胞

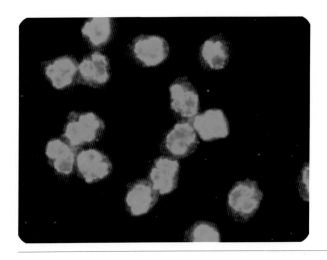

▶ 图 6-1-18
乙醇固定的人中性粒细胞

【IIF-ANCA 判读结果】

ANCA 阳性,不典型 pANCA 型。

【ANCA 谱结果】

靶抗原	定性结果	定量结果	单位	参考范围
MPO	阴性	2.00	RU/ml	≤ 20
PR3	阴性	2.00	RU/ml	≤ 20
LF	阳性	1.32	S/CO	≤ 1
HLE	阴性	0.04	S/CO	≤ 1
CG	阴性	0.03	S/CO	≤ 1
BPI	阴性	0.13	S/CO	≤ 1

【临床资料】

女性患者,65 岁。临床诊断:无。

【IIF-ANCA 结果判读解析】

HEp-2 细胞上为 ANA 细胞核均质型弱荧光染色,在后续乙醇固定的人中性粒细胞上判断 ANCA 结果时,需要考虑 ANA 细胞核均质型荧光染色的干扰。中性粒细胞荧光染色阳性,表明存在 ANCA 或者 GS-ANA。

甲醛固定的人中性粒细胞胞浆呈现弥散、粗细不一的颗粒状荧光,胞浆中的荧光可清晰勾勒出细胞及细胞核的形态,无分叶核间荧光染色增强。因此可以判断存在 ANCA,荧光强度较弱。

乙醇固定的人中性粒细胞整个细胞核均匀的荧光染色可考虑为细胞核均质型荧光染色的干扰。核周可见带状荧光染色增强,荧光阳性染色主要集中在分叶核周围,形成环状,无带状荧光向细胞核内浸润,考虑不典型 pANCA 阳性。

综合以上情况,该标本可判断不典型 pANCA 阳性,与针对靶抗原 LF 的抗体阳性结果符合。

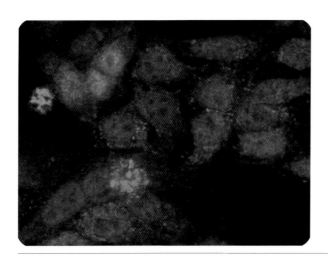

► 图 6-1-19
　HEp-2 细胞和人中性粒细胞

► 图 6-1-20
　甲醛固定的人中性粒细胞

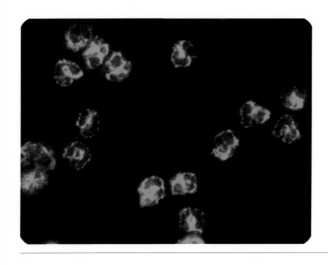

► 图 6-1-21
　乙醇固定的人中性粒细胞

【IIF-ANCA 判读结果】

ANCA 阳性,不典型 pANCA 型。

【ANCA 谱结果】

靶抗原	定性结果	定量结果	单位	参考范围
MPO	阴性	2.06	RU/ml	≤ 20
PR3	阴性	2.00	RU/ml	≤ 20
LF	阳性	1.04	S/CO	≤ 1
HLE	阴性	0.44	S/CO	≤ 1
CG	阴性	0.10	S/CO	≤ 1
BPI	阴性	0.97	S/CO	≤ 1

【临床资料】

女性患者,35 岁。临床诊断:皮疹。

【IIF-ANCA 结果判读解析】

HEp-2 细胞上为 ANA 细胞核斑点型弱荧光染色,在后续乙醇固定的人中性粒细胞上判断 ANCA 结果时,需要考虑 ANA 细胞核斑点型荧光染色的干扰。中性粒细胞荧光染色阳性,表明存在 ANCA 或者 GS-ANA。

甲醛固定的人中性粒细胞上荧光染色阴性。

乙醇固定的人中性粒细胞呈现核周胞浆的平滑丝带状荧光,无带状荧光向细胞核内浸润,荧光阳性染色均匀分布于核周,无不规则的块状。

综合以上情况,该标本可判断为不典型 pANCA 阳性,与针对靶抗原 LF 的抗体阳性结果符合。

► 图 6-1-22
HEp-2 细胞和人中性粒细胞

► 图 6-1-23
甲醛固定的人中性粒细胞

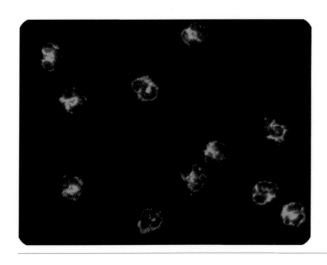

► 图 6-1-24
乙醇固定的人中性粒细胞

【IIF-ANCA 判读结果】

ANCA 阳性,不典型 pANCA 型。

【ANCA 谱结果】

靶抗原	定性结果	定量结果	单位	参考范围
MPO	阴性	2.95	RU/ml	≤ 20
PR3	阴性	2.00	RU/ml	≤ 20
LF	阴性	0.13	S/CO	≤ 1
HLE	阴性	0.09	S/CO	≤ 1
CG	阴性	0.05	S/CO	≤ 1
BPI	阴性	0.20	S/CO	≤ 1

【临床资料】

男性患者,71 岁。临床诊断:鼻炎;哮喘。

【IIF-ANCA 结果判读解析】

HEp-2 细胞上为 ANA 细胞核斑点型弱荧光染色,在后续乙醇固定的人中性粒细胞上判断 ANCA 结果时,需要考虑 ANA 细胞核斑点型荧光染色的干扰。

甲醛固定的人中性粒细胞上荧光染色阴性。

乙醇固定的人中性粒细胞呈现核周胞浆的平滑丝带状荧光,无带状荧光向细胞核内浸润,荧光阳性染色均匀分布于核周,无不规则的块状。

综合以上情况,该标本可判断为不典型 pANCA 阳性。

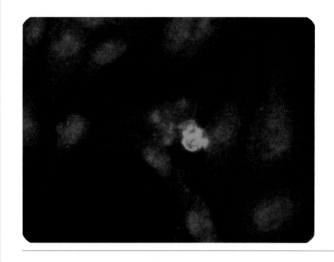

▶ 图 6-1-25
HEp-2 细胞和人中性粒细胞

▶ 图 6-1-26
甲醛固定的人中性粒细胞

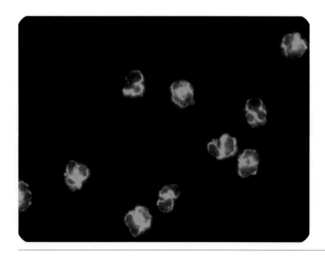

▶ 图 6-1-27
乙醇固定的人中性粒细胞

【IIF-ANCA 判读结果】

ANCA 阳性,不典型 pANCA 型。

【ANCA 谱结果】

靶抗原	定性结果	定量结果	单位	参考范围
MPO	阴性	2.00	RU/ml	≤ 20
PR3	阴性	2.00	RU/ml	≤ 20
LF	阴性	0.28	S/CO	≤ 1
HLE	阴性	0.05	S/CO	≤ 1
CG	阴性	0.00	S/CO	≤ 1
BPI	阴性	0.12	S/CO	≤ 1

【临床资料】

女性患者,55 岁。临床诊断:无。

【IIF-ANCA 结果判读解析】

HEp-2 细胞上为 ANA 细胞核斑点型弱荧光染色,在后续乙醇固定的人中性粒细胞上判断 ANCA 结果时,需要考虑 ANA 细胞核斑点型荧光染色的干扰。中性粒细胞荧光染色阳性,表明存在 ANCA 或者 GS-ANA。

甲醛固定的人中性粒细胞呈荧光染色阴性。

乙醇固定的人中性粒细胞呈现典型的核周胞浆的平滑丝带状荧光,无带状荧光向细胞核内浸润,荧光阳性染色均匀分布于核周,无不规则的块状。

综合以上情况,该标本可判断为不典型 pANCA 阳性。

▶ 图 6-1-28
HEp-2 细胞和人中性粒细胞

▶ 图 6-1-29
甲醛固定的人中性粒细胞

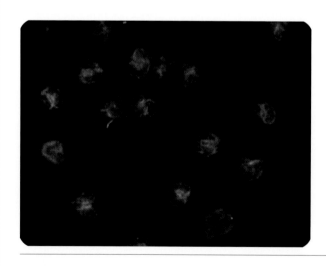

▶ 图 6-1-30
乙醇固定的人中性粒细胞

【IIF-ANCA 判读结果】

ANCA 阳性,不典型 pANCA 型。

【ANCA 谱结果】

靶抗原	定性结果	定量结果	单位	参考范围
MPO	阴性	2.00	RU/ml	≤ 20
PR3	阴性	2.00	RU/ml	≤ 20
LF	阴性	0.11	S/CO	≤ 1
HLE	阴性	0.07	S/CO	≤ 1
CG	阴性	0.00	S/CO	≤ 1
BPI	阴性	0.11	S/CO	≤ 1

【临床资料】

女性患者,38 岁。临床诊断:无。

【IIF-ANCA 结果判读解析】

HEp-2 细胞上为 ANA 细胞核斑点型弱荧光染色,在后续乙醇固定的人中性粒细胞上判断 ANCA 结果时,需要考虑 ANA 细胞核斑点型荧光染色的干扰。

甲醛固定的人中性粒细胞胞浆呈现荧光染色阴性。

乙醇固定的人中性粒细胞呈现核周胞浆的平滑丝带状荧光,无带状荧光向细胞核内浸润,荧光阳性染色均匀分布于核周,无不规则的块状。

综合以上情况,该标本可判断为不典型 pANCA 阳性。

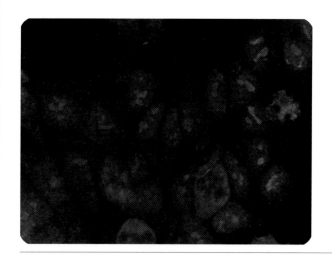

▶ 图 6-1-31
HEp-2 细胞和人中性粒细胞

▶ 图 6-1-32
甲醛固定的人中性粒细胞

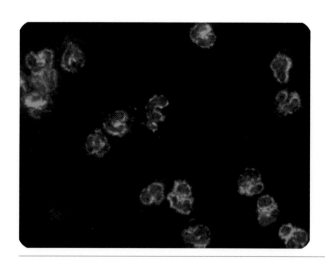

▶ 图 6-1-33
乙醇固定的人中性粒细胞

【IIF-ANCA 判读结果】

ANCA 阳性,不典型 pANCA 型。

【ANCA 谱结果】

靶抗原	定性结果	定量结果	单位	参考范围
MPO	阴性	2.77	RU/ml	≤ 20
PR3	阴性	2.00	RU/ml	≤ 20
LF	阴性	0.11	S/CO	≤ 1
HLE	阴性	0.02	S/CO	≤ 1
CG	阴性	0.02	S/CO	≤ 1
BPI	阴性	0.02	S/CO	≤ 1

【临床资料】

女性患者,56 岁。临床诊断:慢性肾功能不全。

【IIF-ANCA 结果判读解析】

HEp-2 细胞上为 ANA 细胞核核仁型弱荧光染色,对后续甲醛固定的人中性粒细胞和乙醇固定的人中性粒细胞判断 ANCA 结果干扰较小。

甲醛固定的人中性粒细胞呈荧光染色阴性。

乙醇固定的人中性粒细胞呈现核周胞浆的平滑丝带状荧光,无带状荧光向细胞核内浸润,荧光阳性染色均匀分布于核周,无不规则的块状。

综合以上情况,该标本可判断为不典型 pANCA 阳性。此患者的 ANCA 谱 6 种常见靶抗原对应的抗体检测结果均为阴性。

► 图 6-1-34
HEp-2 细胞和人中性粒细胞

► 图 6-1-35
甲醛固定的人中性粒细胞

► 图 6-1-36
乙醇固定的人中性粒细胞

【IIF-ANCA 判读结果】

ANCA 阳性,不典型 pANCA 型。

【ANCA 谱结果】

靶抗原	定性结果	定量结果	单位	参考范围
MPO	阴性	9.81	RU/ml	≤ 20
PR3	阴性	2.00	RU/ml	≤ 20
LF	阴性	0.12	S/CO	≤ 1
HLE	阴性	0.11	S/CO	≤ 1
CG	阴性	0.03	S/CO	≤ 1
BPI	阴性	0.22	S/CO	≤ 1

【临床资料】

男性患者,79 岁。临床诊断:发热。

【IIF-ANCA 结果判读解析】

HEp-2 细胞可见胞浆型弱荧光染色,在后续甲醛固定的人中性粒细胞上判断 ANCA 结果时,需要考虑 ANA 胞浆型荧光染色的干扰。

甲醛固定的人中性粒细胞胞浆呈现均匀弥散分布的细颗粒状荧光,在分叶核间无增强的荧光染色。因此可以判断存在 ANCA,荧光强度较弱。而且需要考虑是否存在 ANA 胞浆型荧光染色的干扰。

乙醇固定的人中性粒细胞呈现核周胞浆的平滑丝带状荧光,无带状荧光向细胞核内浸润,荧光阳性染色均匀分布于核周,无不规则的块状。

综合以上情况,该标本可判断为不典型 pANCA 阳性。此患者的 ANCA 谱 6 种常见靶抗原对应的抗体检测结果也均为阴性。

▶ 图 6-1-37
HEp-2 细胞和人中性粒细胞

▶ 图 6-1-38
甲醛固定的人中性粒细胞

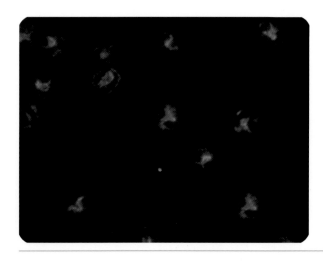

▶ 图 6-1-39
乙醇固定的人中性粒细胞

【IIF-ANCA 判读结果】

ANCA 阳性,不典型 pANCA 型。

【ANCA 谱结果】

靶抗原	定性结果	定量结果	单位	参考范围
MPO	阴性	6.77	RU/ml	≤ 20
PR3	阴性	4.13	RU/ml	≤ 20
LF	阴性	0.19	S/CO	≤ 1
HLE	阴性	0.40	S/CO	≤ 1
CG	阴性	0.10	S/CO	≤ 1
BPI	阳性	1.01	S/CO	≤ 1

【临床资料】

男性患者,60 岁。临床诊断:周围神经病。

【IIF-ANCA 结果判读解析】

HEp-2 细胞荧光染色阴性。

甲醛固定的人中性粒细胞呈荧光染色阴性。

乙醇固定的人中性粒细胞呈现核周胞浆的平滑丝带状荧光,无带状荧光向细胞核内浸润,荧光阳性染色均匀分布于核周,无不规则的块状。

综合以上情况,该标本可判断为不典型 pANCA 阳性。

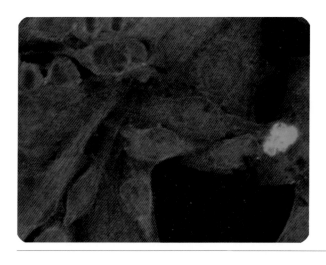

▶ 图 6-1-40
HEp-2 细胞和人中性粒细胞

▶ 图 6-1-41
甲醛固定的人中性粒细胞

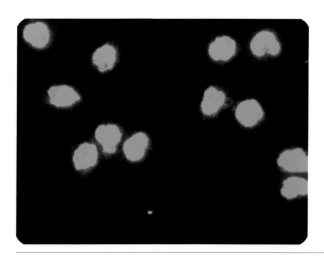

▶ 图 6-1-42
乙醇固定的人中性粒细胞

【IIF-ANCA 判读结果】

ANCA 阳性,不典型 pANCA 型。

【ANCA 谱结果】

靶抗原	定性结果	定量结果	单位	参考范围
MPO	阴性	2.00	RU/ml	≤ 20
PR3	阴性	10.26	RU/ml	≤ 20
LF	阴性	0.09	S/CO	≤ 1
HLE	阴性	0.11	S/CO	≤ 1
CG	阴性	0.02	S/CO	≤ 1
BPI	阳性	1.18	S/CO	≤ 1

【临床资料】

男性患者,74 岁。临床诊断:肺间质纤维化。

【IIF-ANCA 结果判读解析】

HEp-2 细胞可见胞浆型弱荧光染色,在后续甲醛固定的人中性粒细胞上判断 ANCA 结果时,需要考虑 ANA 胞浆型荧光染色的干扰。中性粒细胞荧光染色阳性,表明存在 ANCA 或者 GS-ANA。

甲醛固定的人中性粒细胞胞浆呈现均匀弥散分布的细颗粒状荧光,在分叶核间无增强的荧光染色。因此可以判断存在 ANCA,荧光强度较弱。同时需要考虑是否存在 ANA 胞浆型荧光染色的干扰。

乙醇固定的人中性粒细胞呈现核周胞浆的平滑丝带状荧光,无带状荧光向细胞核内浸润,荧光阳性染色均匀分布于核周,无不规则的块状。

综合以上情况,该标本可判断为不典型 pANCA 阳性。其靶抗原通常非 MPO 或者 PR3,此患者的 ANCA 谱为针对靶抗原 BPI 的抗体检测结果阳性。

▶ 图 6-1-43
HEp-2 细胞和人中性粒细胞

▶ 图 6-1-44
甲醛固定的人中性粒细胞

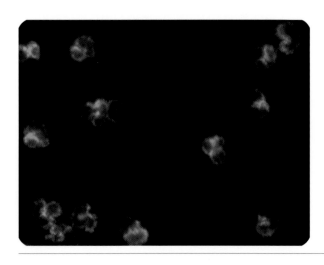

▶ 图 6-1-45
乙醇固定的人中性粒细胞

【IIF-ANCA 判读结果】

ANCA 阳性,不典型 pANCA 型。

【ANCA 谱结果】

靶抗原	定性结果	定量结果	单位	参考范围
MPO	阴性	2.00	RU/ml	≤ 20
PR3	阴性	2.00	RU/ml	≤ 20
LF	阴性	0.06	S/CO	≤ 1
HLE	阴性	0.05	S/CO	≤ 1
CG	阴性	0.05	S/CO	≤ 1
BPI	阴性	0.31	S/CO	≤ 1

【临床资料】

女性患者,61 岁。临床诊断:中枢性尿崩症。

【IIF-ANCA 结果判读解析】

HEp-2 细胞荧光染色阴性。

甲醛固定的人中性粒细胞呈荧光染色阴性。

乙醇固定的人中性粒细胞呈现核周胞浆的平滑丝带状荧光,无带状荧光向细胞核内浸润,荧光阳性染色均匀分布于核周,无不规则的块状。

综合以上情况,该标本可判断为不典型 pANCA 阳性。

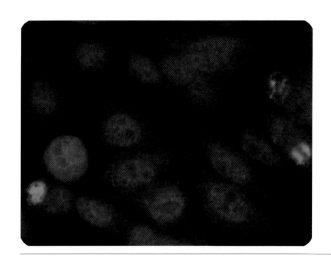

▶ 图 6-1-46
HEp-2 细胞和人中性粒细胞

▶ 图 6-1-47
甲醛固定的人中性粒细胞

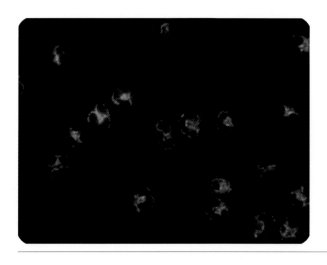

▶ 图 6-1-48
乙醇固定的人中性粒细胞

【IIF-ANCA 判读结果】

ANCA 阳性,不典型 pANCA 型。

【ANCA 谱结果】

靶抗原	定性结果	定量结果	单位	参考范围
MPO	阴性	2.00	RU/ml	≤ 20
PR3	阴性	2.00	RU/ml	≤ 20
LF	阴性	0.10	S/CO	≤ 1
HLE	阴性	0.03	S/CO	≤ 1
CG	阴性	0.01	S/CO	≤ 1
BPI	阴性	0.40	S/CO	≤ 1

【临床资料】

男性患者,51 岁。临床诊断:无。

【IIF-ANCA 结果判读解析】

HEp-2 细胞上为 ANA 细胞核斑点型弱荧光染色,在后续乙醇固定的人中性粒细胞上判断 ANCA 结果时,需要考虑 ANA 细胞核斑点型荧光染色的干扰。中性粒细胞荧光染色阳性,表明存在 ANCA 或者 GS-ANA。

甲醛固定的人中性粒细胞呈荧光染色阴性。

乙醇固定的人中性粒细胞呈现核周胞浆的平滑丝带状荧光,无带状荧光向细胞核内浸润,荧光阳性染色均匀分布于核周,无不规则的块状。

综合以上情况,该标本可判断为不典型 pANCA 阳性。

一、细胞核型抗核抗体阳性的不典型 pANCA

细胞核型抗核抗体阳性的不典型 pANCA 阳性各种常见临床情况见图 6-2-1~图 6-2-108。

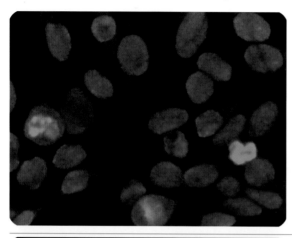

▶ 图 6-2-1
HEp-2 细胞和人中性粒细胞

▶ 图 6-2-2
甲醛固定的人中性粒细胞

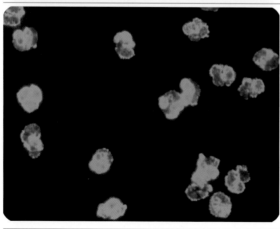

▶ 图 6-2-3
乙醇固定的人中性粒细胞

【IIF-ANCA 判读结果】

ANCA 阳性,不典型 pANCA 型。

【ANCA 谱结果】

靶抗原	定性结果	定量结果	单位	参考范围
MPO	阴性	2.54	RU/ml	≤ 20
PR3	阴性	7.33	RU/ml	≤ 20
LF	阴性	0.65	S/CO	≤ 1
HLE	阴性	0.50	S/CO	≤ 1
CG	阴性	0.07	S/CO	≤ 1
BPI	阴性	0.04	S/CO	≤ 1

【临床资料】

女性患者,72 岁。临床诊断:肺间质病变。

【IIF-ANCA 结果判读解析】

HEp-2 细胞呈现 ANA 细胞核均质型荧光染色,在后续乙醇固定的人中性粒细胞上判断 ANCA 结果时,需要考虑 ANA 细胞核均质型荧光染色的干扰。

甲醛固定的人中性粒细胞胞浆呈现均匀弥散分布的细颗粒状荧光,分叶核间无增强的荧光染色。因此可以判断 ANCA 阳性,荧光强度较弱。

乙醇固定的人中性粒细胞呈现核周胞浆的平滑丝带状荧光,无带状荧光向细胞核内浸润,荧光阳性染色均匀分布于核周,无不规则的块状。符合一般情况下,pANCA 在乙醇固定的人中性粒细胞荧光染色强于甲醛固定的人中性粒细胞荧光染色。

综合以上情况,该标本可判断为不典型 pANCA 阳性。肺间质病变患者常常由于肺血管受累出现不典型的 pANCA 阳性,但其靶抗原常为非 MPO 或者 PR3 的其他靶抗原,且此患者的 ANCA 谱其他常见靶抗原(如 LF、HLE、CG 及 BPI)对应的抗体检测结果也均为阴性。

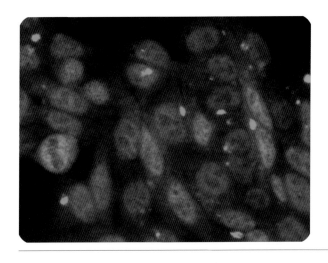

▶ 图 6-2-4
HEp-2 细胞和人中性粒细胞

▶ 图 6-2-5
甲醛固定的人中性粒细胞

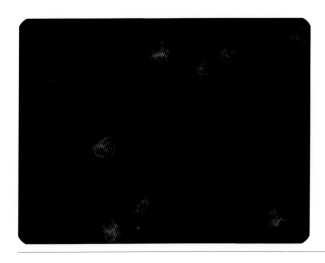

▶ 图 6-2-6
乙醇固定的人中性粒细胞

【IIF-ANCA 判读结果】

ANCA 阳性，不典型 pANCA 型。

【ANCA 谱结果】

靶抗原	定性结果	定量结果	单位	参考范围
MPO	阴性	2.00	RU/ml	≤ 20
PR3	阴性	2.00	RU/ml	≤ 20
LF	阴性	0.09	S/CO	≤ 1
HLE	阴性	0.02	S/CO	≤ 1
CG	阴性	0.01	S/CO	≤ 1
BPI	阴性	0.16	S/CO	≤ 1

【临床资料】

男性患者，75 岁。临床诊断：间质性肺炎。

【IIF-ANCA 结果判读解析】

HEp-2 细胞上为 ANA 细胞核斑点型弱荧光染色，在后续乙醇固定的人中性粒细胞上判断 ANCA 结果时，需要考虑 ANA 细胞核斑点型荧光染色的干扰。

甲醛固定的人中性粒细胞上荧光染色阴性。

乙醇固定的人中性粒细胞呈现核周胞浆的平滑丝带状荧光，无带状荧光向细胞核内浸润，荧光阳性染色均匀分布于核周，无不规则的块状。

综合以上情况，该标本可判断为不典型 pANCA 阳性。

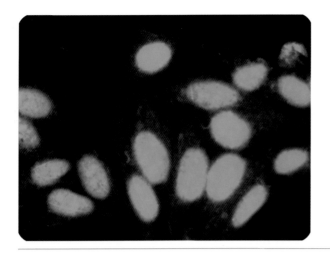

▶ 图 6-2-7
HEp-2 细胞和人中性粒细胞

▶ 图 6-2-8
甲醛固定的人中性粒细胞

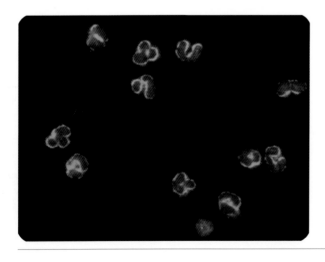

▶ 图 6-2-9
乙醇固定的人中性粒细胞

【IIF-ANCA 判读结果】

ANCA 阳性,不典型 pANCA 型。

【ANCA 谱结果】

靶抗原	定性结果	定量结果	单位	参考范围
MPO	阴性	2.00	RU/ml	≤ 20
PR3	阴性	2.00	RU/ml	≤ 20
LF	阴性	0.06	S/CO	≤ 1
HLE	阴性	0.00	S/CO	≤ 1
CG	阴性	0.05	S/CO	≤ 1
BPI	阴性	0.15	S/CO	≤ 1

【临床资料】

女性患者,68 岁。临床诊断:肺间质病变。

【IIF-ANCA 结果判读解析】

HEp-2 细胞呈现 ANA 细胞核均质型和核仁型强荧光染色,在后续乙醇固定的人中性粒细胞上判断 ANCA 结果时,需要考虑 ANA 细胞核均质型和核仁型荧光染色的干扰。

甲醛固定的人中性粒细胞上荧光染色阴性。

乙醇固定的人中性粒细胞呈现核周胞浆的平滑丝带状荧光,无带状荧光向细胞核内浸润,荧光阳性染色均匀分布于核周,无不规则的块状。

综合以上情况,该标本可判断为不典型 pANCA 阳性。肺部病变患者常常由于肺血管受累出现不典型 pANCA 阳性,且其 ANCA 谱 6 个常见靶抗原对应抗体的检测结果均为阴性。

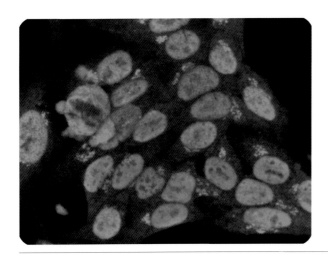

▶ 图 6-2-10
HEp-2 细胞和人中性粒细胞

▶ 图 6-2-11
甲醛固定的人中性粒细胞

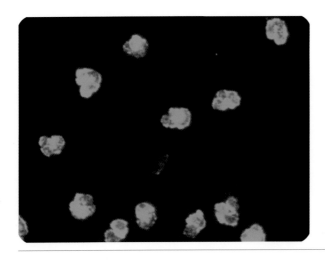

▶ 图 6-2-12
乙醇固定的人中性粒细胞

【IIF-ANCA 判读结果】

ANCA 阳性,不典型 pANCA 型。

【ANCA 谱结果】

靶抗原	定性结果	定量结果	单位	参考范围
MPO	阴性	2.00	RU/ml	≤ 20
PR3	阴性	2.00	RU/ml	≤ 20
LF	阴性	0.23	S/CO	≤ 1
HLE	阴性	0.46	S/CO	≤ 1
CG	阴性	0.02	S/CO	≤ 1
BPI	阴性	0.09	S/CO	≤ 1

【临床资料】

男性患者,88 岁。临床诊断:结缔组织病。

【IIF-ANCA 结果判读解析】

HEp-2 细胞呈现 ANA 细胞核斑点型强荧光染色,同时胞浆中可见胞浆型荧光染色,在后续甲醛固定的人中性粒细胞和乙醇固定的人中性粒细胞上判断 ANCA 结果时,需要考虑 ANA 细胞核斑点型和胞浆型荧光染色的干扰。

甲醛固定的人中性粒细胞荧光染色阴性。

乙醇固定的人中性粒细胞呈现核周胞浆的平滑丝带状荧光,无带状荧光向细胞核内浸润,荧光阳性染色均匀分布于核周,无不规则的块状。

综合以上情况,该标本可判断为不典型 pANCA 阳性。

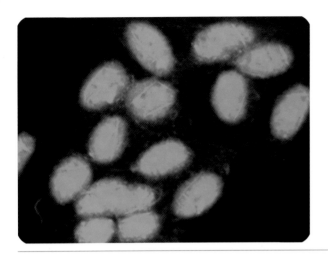

▶ 图 6-2-13
HEp-2 细胞和人中性粒细胞

▶ 图 6-2-14
甲醛固定的人中性粒细胞

▶ 图 6-2-15
乙醇固定的人中性粒细胞

【IIF-ANCA 判读结果】

ANCA 阳性,不典型 pANCA 型。

【ANCA 谱结果】

靶抗原	定性结果	定量结果	单位	参考范围
MPO	阴性	2.81	RU/ml	≤ 20
PR3	阴性	13.14	RU/ml	≤ 20
LF	阴性	0.02	S/CO	≤ 1
HLE	阴性	0.03	S/CO	≤ 1
CG	阴性	0.03	S/CO	≤ 1
BPI	阴性	0.01	S/CO	≤ 1

【临床资料】

女性患者,55 岁。临床诊断:结缔组织病(CTD)。

【IIF-ANCA 结果判读解析】

HEp-2 细胞上呈现 ANA 细胞核均质型和核仁型强荧光染色,在后续乙醇固定的人中性粒细胞上判断 ANCA 结果时,需要考虑 ANA 细胞核均质型和核仁型荧光染色的干扰。

甲醛固定的人中性粒细胞上荧光染色阴性。

乙醇固定的人中性粒细胞呈现核周胞浆的平滑丝带状荧光,无带状荧光向细胞核内浸润,荧光阳性染色均匀分布于核周,无不规则的块状。

综合以上情况,该标本可判断为不典型 pANCA 阳性。

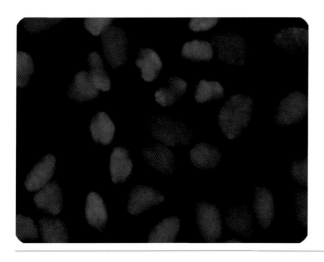

▶ 图 6-2-16
HEp-2 细胞和人中性粒细胞

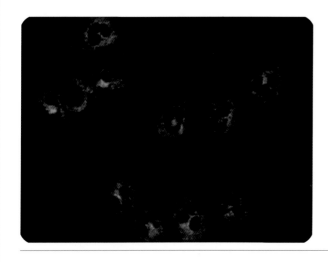

▶ 图 6-2-17
甲醛固定的人中性粒细胞

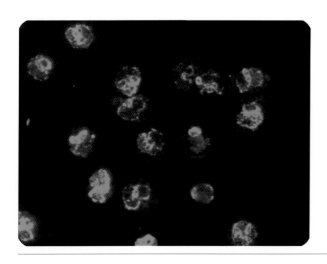

▶ 图 6-2-18
乙醇固定的人中性粒细胞

【IIF-ANCA 判读结果】

ANCA 阳性,不典型 pANCA 型。

【ANCA 谱结果】

靶抗原	定性结果	定量结果	单位	参考范围
MPO	阴性	14.11	RU/ml	≤ 20
PR3	阴性	2.48	RU/ml	≤ 20
LF	阳性	1.01	S/CO	≤ 1
HLE	阴性	0.01	S/CO	≤ 1
CG	阴性	0.00	S/CO	≤ 1
BPI	阴性	0.15	S/CO	≤ 1

【临床资料】

男性患者,54 岁。临床诊断:肺间质病变。

【IIF-ANCA 结果判读解析】

HEp-2 细胞上呈现 ANA 细胞核均质型弱荧光染色,在后续乙醇固定的人中性粒细胞上判断 ANCA 结果时,需要考虑 ANA 细胞核均质型荧光染色的干扰。

甲醛固定的人中性粒细胞胞浆呈现均匀弥散分布的细颗粒状荧光,在分叶核间无增强的荧光染色,荧光强度较弱,可以考虑 ANCA 阳性。

乙醇固定的人中性粒细胞呈现核周胞浆的平滑丝带状荧光,无带状荧光向细胞核内浸润,荧光阳性染色均匀分布于核周,无不规则的块状。

综合以上情况,该标本可判断为不典型 pANCA 阳性。ANCA 谱检测结果显示针对靶抗原 LF 的抗体阳性,也与临床诊断肺间质病变符合。

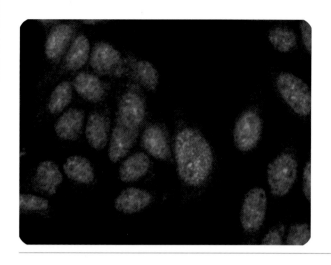

▶ 图 6-2-19
HEp-2 细胞和人中性粒细胞

▶ 图 6-2-20
甲醛固定的人中性粒细胞

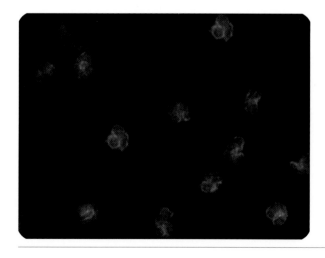

▶ 图 6-2-21
乙醇固定的人中性粒细胞

【IIF-ANCA 判读结果】

ANCA 阳性,不典型 pANCA 型。

【ANCA 谱结果】

靶抗原	定性结果	定量结果	单位	参考范围
MPO	阴性	2.00	RU/ml	≤ 20
PR3	阴性	2.00	RU/ml	≤ 20
LF	阴性	0.07	S/CO	≤ 1
HLE	阴性	0.01	S/CO	≤ 1
CG	阴性	0.02	S/CO	≤ 1
BPI	阴性	0.11	S/CO	≤ 1

【临床资料】

女性患者,62 岁。临床诊断:类风湿关节炎(rheumatoid arthritis,RA)。

【IIF-ANCA 结果判读解析】

HEp-2 细胞上呈现 ANA 细胞核斑点型弱荧光染色,在后续乙醇固定的人中性粒细胞上判断 ANCA 结果时,需要考虑 ANA 细胞核斑点型荧光染色的干扰。

甲醛固定的人中性粒细胞上荧光染色阴性。

乙醇固定的人中性粒细胞呈现核周胞浆的平滑丝带状荧光,无带状荧光向细胞核内浸润,荧光阳性染色均匀分布于核周,无不规则的块状,考虑 pANCA 阳性。pANCA 阳性时,乙醇固定的人中性粒细胞荧光染色常强于甲醛固定的人中性粒细胞荧光染色。

综合以上情况,该标本可判断为不典型 pANCA 阳性。

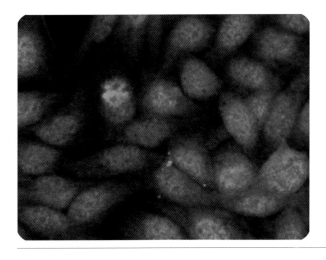

▶ 图 6-2-22
HEp-2 细胞和人中性粒细胞

▶ 图 6-2-23
甲醛固定的人中性粒细胞

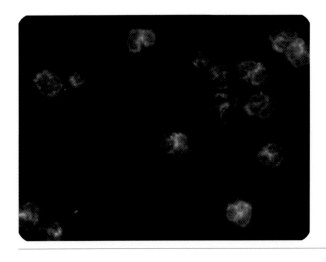

▶ 图 6-2-24
乙醇固定的人中性粒细胞

【IIF-ANCA 判读结果】

ANCA 阳性,不典型 pANCA 型。

【ANCA 谱结果】

靶抗原	定性结果	定量结果	单位	参考范围
MPO	阴性	2.00	RU/ml	≤ 20
PR3	阴性	2.00	RU/ml	≤ 20
LF	阴性	0.07	S/CO	≤ 1
HLE	阴性	0.12	S/CO	≤ 1
CG	阴性	0.00	S/CO	≤ 1
BPI	阴性	0.13	S/CO	≤ 1

【临床资料】

女性患者,57 岁。临床诊断:慢性肾功能衰竭。

【IIF-ANCA 结果判读解析】

HEp-2 细胞上呈现 ANA 细胞核斑点型弱荧光染色,在后续乙醇固定的人中性粒细胞上判断 ANCA 结果时,需要考虑 ANA 细胞核斑点型荧光染色的干扰。

甲醛固定的人中性粒细胞呈荧光染色阴性。

乙醇固定的人中性粒细胞呈现核周胞浆的平滑丝带状荧光,无带状荧光向细胞核内浸润,荧光阳性染色均匀分布于核周,无不规则的块状。

综合以上情况,该标本可判断为不典型 pANCA 阳性。

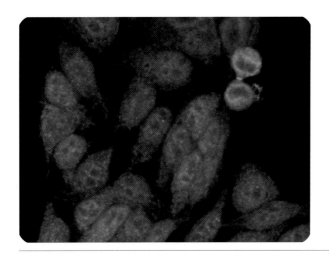

► 图 6-2-25
HEp-2 细胞和人中性粒细胞

► 图 6-2-26
甲醛固定的人中性粒细胞

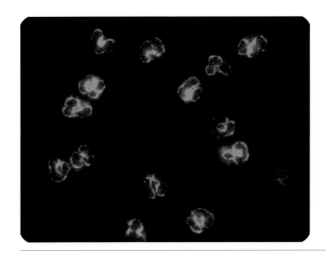

► 图 6-2-27
乙醇固定的人中性粒细胞

【IIF-ANCA 判读结果】

ANCA 阳性,不典型 pANCA 型。

【ANCA 谱结果】

靶抗原	定性结果	定量结果	单位	参考范围
MPO	阴性	2.00	RU/ml	≤ 20
PR3	阴性	2.00	RU/ml	≤ 20
LF	阴性	0.10	S/CO	≤ 1
HLE	阴性	0.02	S/CO	≤ 1
CG	阴性	0.01	S/CO	≤ 1
BPI	阴性	0.15	S/CO	≤ 1

【临床资料】

女性患者,69 岁。临床诊断:梗阻性黄疸。

【IIF-ANCA 结果判读解析】

HEp-2 细胞上为 ANA 细胞核斑点型弱荧光染色,在后续乙醇固定的人中性粒细胞上判断 ANCA 结果时,需要考虑 ANA 细胞核斑点型荧光染色的干扰。中性粒细胞荧光染色阳性,表明存在 ANCA 或者 GS-ANA。

甲醛固定的人中性粒细胞上荧光染色阴性。

乙醇固定的人中性粒细胞呈现核周胞浆的平滑丝带状荧光,无带状荧光向细胞核内浸润,荧光阳性染色均匀分布于核周,无不规则的块状,考虑不典型 pANCA 阳性。pANCA 阳性时,乙醇固定的人中性粒细胞荧光染色常强于甲醛固定的人中性粒细胞荧光染色。

综合以上情况,该标本可判断为不典型 pANCA 阳性。

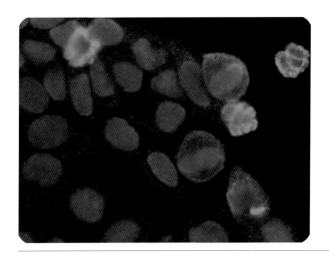

▶ 图 6-2-28
HEp-2 细胞和人中性粒细胞

▶ 图 6-2-29
甲醛固定的人中性粒细胞

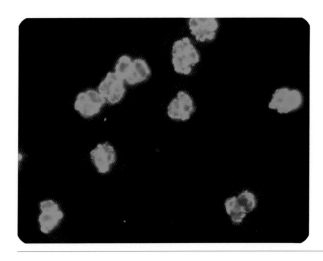

▶ 图 6-2-30
乙醇固定的人中性粒细胞

【IIF-ANCA 判读结果】

ANCA 阳性,不典型 pANCA 型。

【ANCA 谱结果】

靶抗原	定性结果	定量结果	单位	参考范围
MPO	阴性	2.00	RU/ml	≤ 20
PR3	阴性	2.00	RU/ml	≤ 20
LF	阳性	1.98	S/CO	≤ 1
HLE	阴性	0.02	S/CO	≤ 1
CG	阴性	0.03	S/CO	≤ 1
BPI	阴性	0.07	S/CO	≤ 1

【临床资料】

女性患者,27 岁。临床诊断:自身免疫病?

【IIF-ANCA 结果判读解析】

HEp-2 细胞为 ANA 细胞核均质型荧光染色,所以在后续乙醇固定的人中性粒细胞上判断 ANCA 结果时,需要考虑 ANA 细胞核均质型荧光染色的干扰。中性粒细胞荧光染色阳性,表明存在 ANCA 或者 GS-ANA。

甲醛固定的人中性粒细胞胞浆呈现荧光染色阴性。

乙醇固定的人中性粒细胞呈现核周胞浆的平滑丝带状荧光,无带状荧光向细胞核内浸润,荧光阳性染色均匀分布于核周,无不规则的块状。核周胞浆的荧光染色可考虑为 ANA 细胞核均质型荧光染色在乙醇固定的人中性粒细胞上的干扰。

综合以上情况,该标本可判断为不典型 pANCA 阳性,与针对靶抗原 LF 的抗体阳性结果相符。

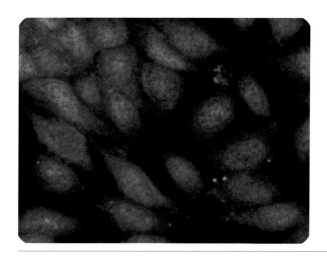

▶ 图 6-2-31
HEp-2 细胞和人中性粒细胞

▶ 图 6-2-32
甲醛固定的人中性粒细胞

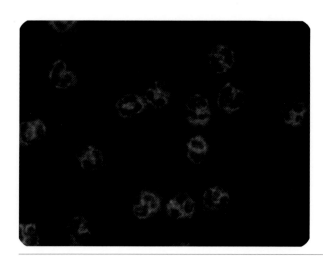

▶ 图 6-2-33
乙醇固定的人中性粒细胞

【IIF-ANCA 判读结果】

ANCA 阳性,不典型 pANCA 型。

【ANCA 谱结果】

靶抗原	定性结果	定量结果	单位	参考范围
MPO	阴性	2.27	RU/ml	≤ 20
PR3	阴性	2.19	RU/ml	≤ 20
LF	阴性	0.24	S/CO	≤ 1
HLE	阴性	0.08	S/CO	≤ 1
CG	阴性	0.07	S/CO	≤ 1
BPI	阴性	0.14	S/CO	≤ 1

【临床资料】

女性患者,56 岁。临床诊断:肺间质病变。

【IIF-ANCA 结果判读解析】

HEp-2 细胞上为 ANA 细胞核斑点型强荧光染色,在后续乙醇固定的人中性粒细胞上判断 ANCA 结果时,需要考虑 ANA 细胞核斑点型荧光染色的干扰。

甲醛固定的人中性粒细胞上荧光染色阴性。

乙醇固定的人中性粒细胞呈现核周胞浆的平滑丝带状荧光,无带状荧光向细胞核内浸润,荧光阳性染色均匀分布于核周,无不规则的块状。

综合以上情况,该标本可判断为不典型 pANCA 阳性。肺间质病变患者常常由于肺血管受累出现不典型的 pANCA 阳性,但其靶抗原通常不是 MPO 或者 PR3。且此患者的 ANCA 谱其他常见靶抗原(如 LF、HLE、CG 及 BPI)对应的抗体检测结果也均为阴性。

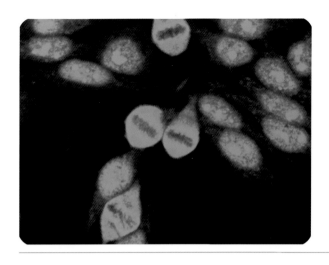

► 图 6-2-34
HEp-2 细胞和人中性粒细胞

► 图 6-2-35
甲醛固定的人中性粒细胞

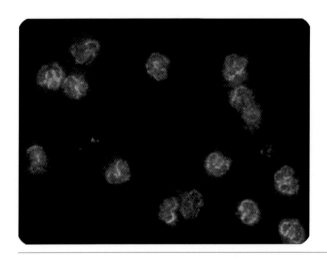

► 图 6-2-36
乙醇固定的人中性粒细胞

【IIF-ANCA 判读结果】

ANCA 阳性,不典型 pANCA 型。

【ANCA 谱结果】

靶抗原	定性结果	定量结果	单位	参考范围
MPO	阴性	2.49	RU/ml	≤ 20
PR3	阴性	2.67	RU/ml	≤ 20
LF	阴性	0.08	S/CO	≤ 1
HLE	阴性	0.06	S/CO	≤ 1
CG	阴性	0.02	S/CO	≤ 1
BPI	阴性	0.35	S/CO	≤ 1

【临床资料】

女性患者,62 岁。临床诊断:肺部阴影。

【IIF-ANCA 结果判读解析】

HEp-2 细胞上为 ANA 细胞核斑点型和核仁型强荧光染色,在后续乙醇固定的人中性粒细胞上判断 ANCA 结果时,需要考虑 ANA 细胞核斑点型和核仁型荧光染色的干扰。

甲醛固定的人中性粒细胞上荧光染色阴性。

乙醇固定的人中性粒细胞呈现核周胞浆的平滑丝带状荧光,无带状荧光向细胞核内浸润,荧光阳性染色均匀分布于核周,无不规则的块状。细胞核上见整个细胞核的荧光染色,可考虑为 ANA 细胞核斑点型和核仁型在乙醇固定的人中性粒细胞上的干扰。

综合以上情况,该标本荧光检测结果判断为不典型 pANCA。

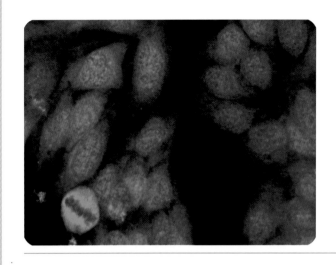

▶ 图 6-2-37
HEp-2 细胞和人中性粒细胞

▶ 图 6-2-38
甲醛固定的人中性粒细胞

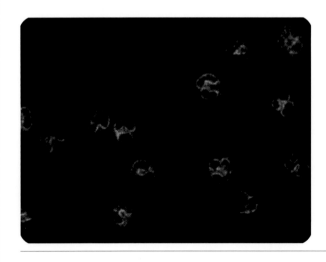

▶ 图 6-2-39
乙醇固定的人中性粒细胞

【IIF-ANCA 判读结果】

ANCA 阳性，不典型 pANCA 型。

【ANCA 谱结果】

靶抗原	定性结果	定量结果	单位	参考范围
MPO	阴性	3.30	RU/ml	≤ 20
PR3	阴性	2.00	RU/ml	≤ 20
LF	阴性	0.05	S/CO	≤ 1
HLE	阴性	0.03	S/CO	≤ 1
CG	阴性	0.01	S/CO	≤ 1
BPI	阴性	0.01	S/CO	≤ 1

【临床资料】

男性患者，57 岁。临床诊断：气管狭窄。

【IIF-ANCA 结果判读解析】

HEp-2 细胞上为 ANA 细胞核斑点型荧光染色，在后续乙醇固定的人中性粒细胞上判断 ANCA 结果时，需要考虑 ANA 细胞核斑点型荧光染色的干扰。

甲醛固定的人中性粒细胞上荧光染色阴性。

乙醇固定的人中性粒细胞呈现核周胞浆的平滑丝带状荧光，无带状荧光向细胞核内浸润，荧光阳性染色均匀分布于核周，无不规则的块状。

综合以上情况，该标本可判断为不典型 pANCA 阳性。

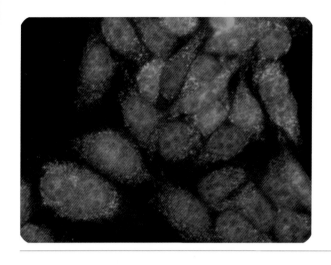

▶ 图 6-2-40
HEp-2 细胞和人中性粒细胞

▶ 图 6-2-41
甲醛固定的人中性粒细胞

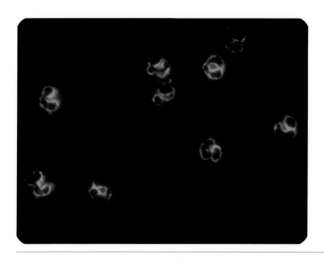

▶ 图 6-2-42
乙醇固定的人中性粒细胞

【IIF-ANCA 判读结果】

ANCA 阳性,不典型 pANCA 型。

【ANCA 谱结果】

靶抗原	定性结果	定量结果	单位	参考范围
MPO	阴性	2.00	RU/ml	≤ 20
PR3	阴性	3.05	RU/ml	≤ 20
LF	阴性	0.11	S/CO	≤ 1
HLE	阴性	0.02	S/CO	≤ 1
CG	阴性	0.01	S/CO	≤ 1
BPI	阴性	0.09	S/CO	≤ 1

【临床资料】

女性患者,46 岁。临床诊断:克罗恩病。

【IIF-ANCA 结果判读解析】

HEp-2 细胞上为 ANA 细胞核斑点型弱荧光染色,在后续乙醇固定的人中性粒细胞上判断 ANCA 结果时,需要考虑 ANA 细胞核斑点型荧光染色的干扰。

甲醛固定的人中性粒细胞上荧光染色阴性。

乙醇固定的人中性粒细胞呈现核周胞浆的平滑丝带状荧光,无带状荧光向细胞核内浸润,荧光阳性染色均匀分布于核周,无不规则的块状。

综合以上情况,该标本可判断为不典型 pANCA 阳性。克罗恩病患者常常出现不典型 pANCA 阳性。

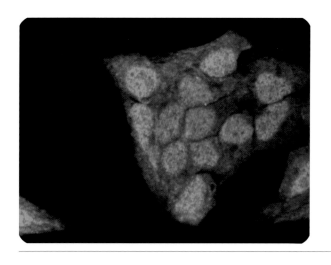

▶ 图 6-2-43
HEp-2 细胞和人中性粒细胞

▶ 图 6-2-44
甲醛固定的人中性粒细胞

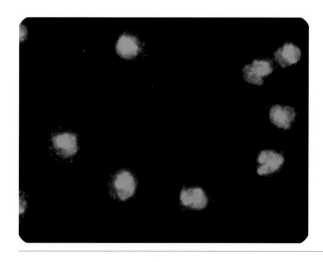

▶ 图 6-2-45
乙醇固定的人中性粒细胞

【IIF-ANCA 判读结果】

ANCA 阳性,不典型 pANCA 型。

【ANCA 谱结果】

靶抗原	定性结果	定量结果	单位	参考范围
MPO	阴性	4.00	RU/ml	≤ 20
PR3	阴性	2.29	RU/ml	≤ 20
LF	阳性	3.74	S/CO	≤ 1
HLE	阴性	0.12	S/CO	≤ 1
CG	阴性	0.19	S/CO	≤ 1
BPI	阴性	0.33	S/CO	≤ 1

【临床资料】

女性患者,61 岁。临床诊断:结缔组织病。

【IIF-ANCA 结果判读解析】

HEp-2 细胞为 ANA 细胞核斑点型强荧光染色,同时胞浆中可见胞浆型弱荧光染色,所以在后续甲醛固定的人中性粒细胞和乙醇固定的人中性粒细胞上判断 ANCA 结果时,需要考虑 ANA 细胞核斑点型和胞浆型荧光染色的干扰。

甲醛固定的人中性粒细胞上荧光染色阴性。

乙醇固定的人中性粒细胞上荧光染色较为复杂。乙醇固定的人中性粒细胞呈现整个细胞核的强荧光染色,可考虑为 ANA 细胞核斑点型荧光染色在乙醇固定的人中性粒细胞上的干扰。核周胞浆的平滑丝带状荧光,荧光阳性染色均匀分布于核周,无不规则的块状。

综合以上情况,该标本可判断为不典型 pANCA 阳性,与针对靶抗原 LF 的抗体阳性结果相符。

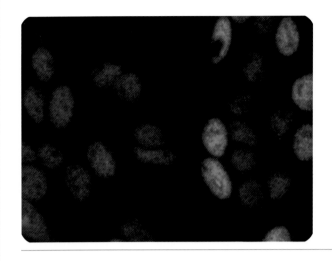

► 图 6-2-46
HEp-2 细胞和人中性粒细胞

► 图 6-2-47
甲醛固定的人中性粒细胞

► 图 6-2-48
乙醇固定的人中性粒细胞

【IIF-ANCA 判读结果】

ANCA 阳性，不典型 pANCA 型。

【ANCA 谱结果】

靶抗原	定性结果	定量结果	单位	参考范围
MPO	阴性	2.00	RU/ml	≤ 20
PR3	阴性	2.00	RU/ml	≤ 20
LF	阴性	0.05	S/CO	≤ 1
HLE	阴性	0.04	S/CO	≤ 1
CG	阴性	0.00	S/CO	≤ 1
BPI	阳性	2.27	S/CO	≤ 1

【临床资料】

男性患者，84 岁。临床诊断：皮肌炎。

【IIF-ANCA 结果判读解析】

HEp-2 细胞上为 ANA 细胞核斑点型荧光染色，在后续乙醇固定的人中性粒细胞上判断 ANCA 结果时，需要考虑 ANA 细胞核斑点型荧光染色的干扰。

甲醛固定的人中性粒细胞上荧光染色阴性。

乙醇固定的人中性粒细胞呈现核周胞浆的平滑丝带状荧光，无带状荧光向细胞核内浸润，荧光阳性染色均匀分布于核周，无不规则的块状。

综合以上情况，该标本可判断为不典型 pANCA 阳性。

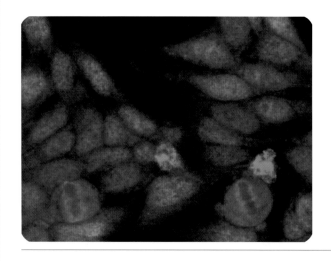

▶ 图 6-2-49
HEp-2 细胞和人中性粒细胞

▶ 图 6-2-50
甲醛固定的人中性粒细胞

▶ 图 6-2-51
乙醇固定的人中性粒细胞

【IIF-ANCA 判读结果】

ANCA 阳性,不典型 pANCA 型。

【ANCA 谱结果】

靶抗原	定性结果	定量结果	单位	参考范围
MPO	阴性	2.24	RU/ml	≤ 20
PR3	阴性	2.00	RU/ml	≤ 20
LF	阴性	0.06	S/CO	≤ 1
HLE	阴性	0.01	S/CO	≤ 1
CG	阴性	0.03	S/CO	≤ 1
BPI	阴性	0.03	S/CO	≤ 1

【临床资料】

女性患者,52 岁。临床诊断:发热。

【IIF-ANCA 结果判读解析】

HEp-2 细胞上为 ANA 细胞核斑点型荧光染色,在后续乙醇固定的人中性粒细胞上判断 ANCA 结果时,需要考虑 ANA 细胞核斑点型荧光染色的干扰。

甲醛固定的人中性粒细胞上荧光染色阴性。

乙醇固定的人中性粒细胞呈现核周胞浆的平滑丝带状荧光,无带状荧光向细胞核内浸润,荧光阳性染色均匀分布于核周,无不规则的块状。

综合以上情况,该标本可判断为不典型 pANCA 阳性。

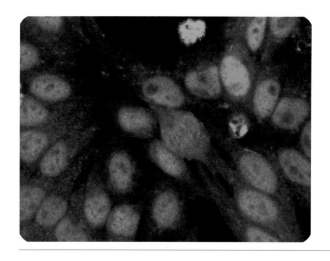

▶ 图 6-2-52
HEp-2 细胞和人中性粒细胞

▶ 图 6-2-53
甲醛固定的人中性粒细胞

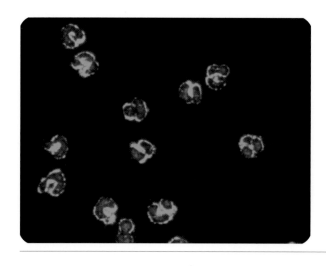

▶ 图 6-2-54
乙醇固定的人中性粒细胞

【IIF-ANCA 判读结果】

ANCA 阳性,不典型 pANCA 型。

【ANCA 谱结果】

靶抗原	定性结果	定量结果	单位	参考范围
MPO	阴性	2.00	RU/ml	≤20
PR3	阴性	2.00	RU/ml	≤20
LF	阴性	0.17	S/CO	≤1
HLE	阴性	0.13	S/CO	≤1
CG	阴性	0.08	S/CO	≤1
BPI	阳性	1.15	S/CO	≤1

【临床资料】

男性患者,90 岁。临床诊断:急性肾功能不全。

【IIF-ANCA 结果判读解析】

HEp-2 细胞上为 ANA 细胞核斑点型荧光染色,在后续乙醇固定的人中性粒细胞上判断 ANCA 结果时,需要考虑 ANA 细胞核斑点型荧光染色的干扰。

甲醛固定的人中性粒细胞呈荧光染色阴性。

乙醇固定的人中性粒细胞呈现核周胞浆的平滑丝带状荧光,无带状荧光向细胞核内浸润,荧光阳性染色均匀分布于核周,无不规则的块状。

综合以上情况,该标本可判断为不典型 pANCA 阳性,与 ANCA 谱检测结果显示的针对靶抗原 BPI 的抗体阳性相符。

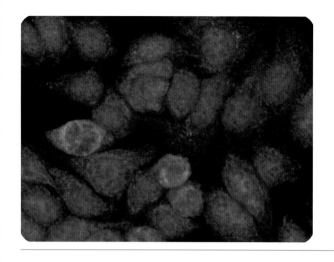

▶ 图 6-2-55
HEp-2 细胞和人中性粒细胞

▶ 图 6-2-56
甲醛固定的人中性粒细胞

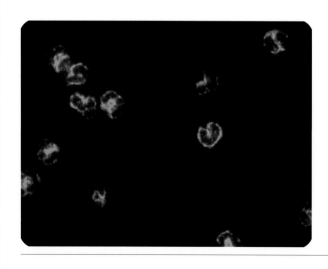

▶ 图 6-2-57
乙醇固定的人中性粒细胞

【IIF-ANCA 判读结果】

ANCA 阳性,不典型 pANCA 型。

【ANCA 谱结果】

靶抗原	定性结果	定量结果	单位	参考范围
MPO	阴性	2.00	RU/ml	≤20
PR3	阴性	2.00	RU/ml	≤20
LF	阴性	0.09	S/CO	≤1
HLE	阴性	0.04	S/CO	≤1
CG	阴性	0.02	S/CO	≤1
BPI	阴性	0.58	S/CO	≤1

【临床资料】

女性患者,42 岁。临床诊断:关节痛。

【IIF-ANCA 结果判读解析】

HEp-2 细胞上为 ANA 细胞核斑点型弱荧光染色,在后续乙醇固定的人中性粒细胞上判断 ANCA 结果时,需要考虑 ANA 细胞核斑点型荧光染色的干扰。

甲醛固定的人中性粒细胞上荧光染色阴性。

乙醇固定的人中性粒细胞呈现核周胞浆的平滑丝带状荧光,无带状荧光向细胞核内浸润,荧光阳性染色均匀分布于核周,无不规则的块状。

综合以上情况,该标本可判断为不典型 pANCA 阳性。

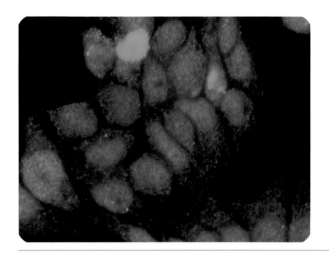

▶ 图 6-2-58
HEp-2 细胞和人中性粒细胞

▶ 图 6-2-59
甲醛固定的人中性粒细胞

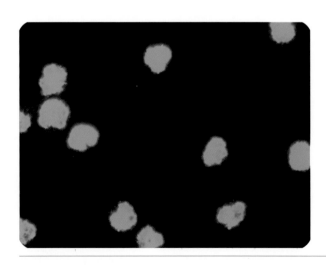

▶ 图 6-2-60
乙醇固定的人中性粒细胞

【IIF-ANCA 判读结果】

ANCA 阳性,不典型 pANCA 型。

【ANCA 谱结果】

靶抗原	定性结果	定量结果	单位	参考范围
MPO	阴性	2.00	RU/ml	≤20
PR3	阴性	2.00	RU/ml	≤20
LF	阴性	0.12	S/CO	≤1
HLE	阴性	0.06	S/CO	≤1
CG	阴性	0.05	S/CO	≤1
BPI	阴性	0.13	S/CO	≤1

【临床资料】

女性患者,83 岁。临床诊断:关节炎。

【IIF-ANCA 结果判读解析】

HEp-2 细胞上为 ANA 细胞核斑点型荧光染色,在后续乙醇固定的人中性粒细胞上判断 ANCA 结果时,需要考虑 ANA 细胞核斑点型荧光染色的干扰。

甲醛固定的人中性粒细胞上荧光染色阴性。

乙醇固定的人中性粒细胞上整个细胞核有荧光染色,可考虑为 ANA 细胞核斑点型荧光染色在乙醇固定的人中性粒细胞上的干扰。核周有增强的平滑丝带状荧光,荧光阳性染色主要集中在分叶核周围,形成环状。

综合以上情况,该标本可判断为不典型 pANCA 阳性。

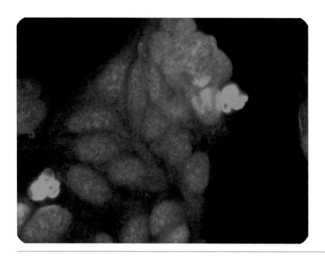

▶ 图 6-2-61
HEp-2 细胞和人中性粒细胞

▶ 图 6-2-62
甲醛固定的人中性粒细胞

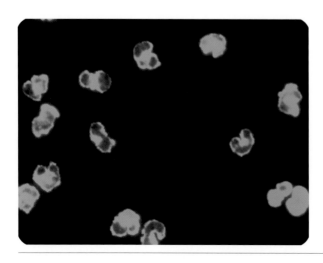

▶ 图 6-2-63
乙醇固定的人中性粒细胞

【IIF-ANCA 判读结果】

ANCA 阳性,不典型 pANCA 型。

【ANCA 谱结果】

靶抗原	定性结果	定量结果	单位	参考范围
MPO	阴性	3.25	RU/ml	≤20
PR3	阴性	2.15	RU/ml	≤20
LF	阴性	0.18	S/CO	≤1
HLE	阴性	0.23	S/CO	≤1
CG	阴性	0.01	S/CO	≤1
BPI	阴性	0.21	S/CO	≤1

【临床资料】

女性患者,25 岁。临床诊断:甲状腺功能亢进。

【IIF-ANCA 结果判读解析】

HEp-2 细胞上为 ANA 细胞核斑点型弱荧光染色,在后续乙醇固定的人中性粒细胞上判断 ANCA 结果时,需要考虑 ANA 细胞核斑点型荧光染色的干扰。中性粒细胞荧光染色阳性,表明存在 ANCA 或者 GS-ANA。

甲醛固定的人中性粒细胞呈荧光染色阴性。

乙醇固定的人中性粒细胞呈现核周胞浆的平滑丝带状荧光,无带状荧光向细胞核内浸润,荧光阳性染色均匀分布于核周,无不规则的块状。

综合以上情况,该标本可判断为不典型 pANCA 阳性。

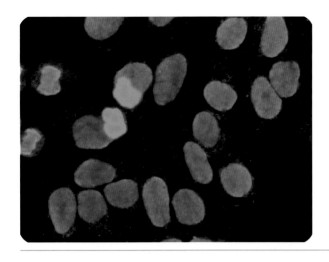

▶ 图 6-2-64
　HEp-2 细胞和人中性粒细胞

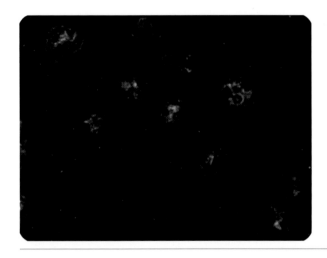

▶ 图 6-2-65
　甲醛固定的人中性粒细胞

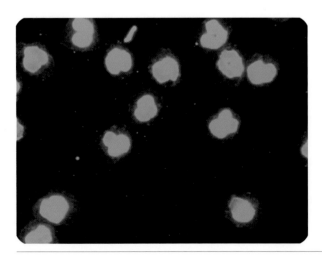

▶ 图 6-2-66
　乙醇固定的人中性粒细胞

【IIF-ANCA 判读结果】

ANCA 阳性,不典型 pANCA 型。

【ANCA 谱结果】

靶抗原	定性结果	定量结果	单位	参考范围
MPO	阴性	2.00	RU/ml	≤20
PR3	阴性	2.00	RU/ml	≤20
LF	阳性	3.18	S/CO	≤1
HLE	阴性	0.18	S/CO	≤1
CG	阴性	0.02	S/CO	≤1
BPI	阴性	0.59	S/CO	≤1

【临床资料】

女性患者,11 岁。临床诊断:系统性红斑狼疮。

【IIF-ANCA 结果判读解析】

HEp-2 细胞为 ANA 细胞核均质型荧光染色,所以在后续乙醇固定的人中性粒细胞上判断 ANCA 结果时,需要考虑 ANA 细胞核均质型荧光染色的干扰。中性粒细胞荧光染色阳性,表明存在 ANCA 或者 GS-ANA。

甲醛固定的人中性粒细胞胞浆呈现均匀弥散分布的细颗粒状荧光,在分叶核间无增强的荧光染色。因此可以判断存在 ANCA,荧光强度较弱。

乙醇固定的人中性粒细胞上整个细胞核有荧光染色,可考虑为 ANA 均质型荧光染色在乙醇固定的人中性粒细胞上的干扰。核周有增强的平滑丝带状荧光,无带状荧光向细胞核内浸润,荧光阳性染色均匀分布于核周,无不规则的块状。

综合以上情况,该标本可判断为不典型 pANCA 阳性,与针对靶抗原 LF 的抗体阳性结果符合。

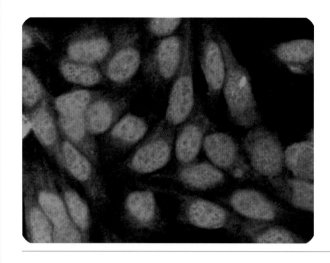

► 图 6-2-67
HEp-2 细胞和人中性粒细胞

► 图 6-2-68
甲醛固定的人中性粒细胞

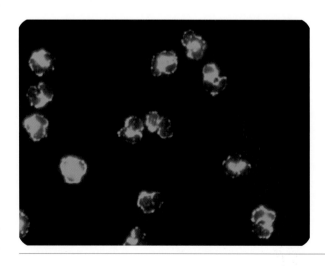

► 图 6-2-69
乙醇固定的人中性粒细胞

【IIF-ANCA 判读结果】

ANCA 阳性,不典型 pANCA 型。

【ANCA 谱结果】

靶抗原	定性结果	定量结果	单位	参考范围
MPO	阴性	8.26	RU/ml	≤20
PR3	阴性	4.35	RU/ml	≤20
LF	阴性	0.12	S/CO	≤1
HLE	阴性	0.08	S/CO	≤1
CG	阴性	0.16	S/CO	≤1
BPI	阴性	0.24	S/CO	≤1

【临床资料】

女性患者,16 岁。临床诊断:白塞综合征(贝赫切特综合征)。

【IIF-ANCA 结果判读解析】

HEp-2 细胞上为 ANA 细胞核斑点型荧光染色,在后续乙醇固定的人中性粒细胞上判断 ANCA 结果时,需要考虑 ANA 细胞核斑点型荧光染色的干扰。中性粒细胞荧光染色阳性,表明存在 ANCA 或者 GS-ANA。

甲醛固定的人中性粒细胞上荧光染色阴性。

乙醇固定的人中性粒细胞呈现核周胞浆的平滑丝带状荧光,无带状荧光向细胞核内浸润,荧光阳性染色均匀分布于核周,无无规则的块状。

综合以上情况,该标本可判断为不典型 pANCA 阳性。

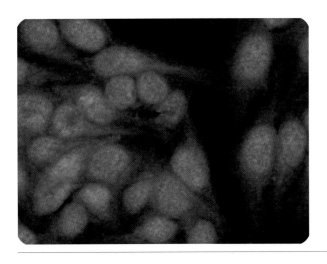

▶ 图 6-2-70
HEp-2 细胞和人中性粒细胞

▶ 图 6-2-71
甲醛固定的人中性粒细胞

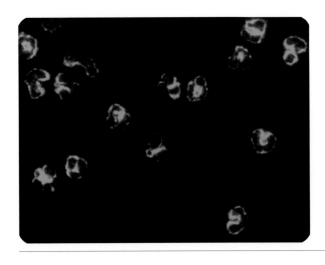

▶ 图 6-2-72
乙醇固定的人中性粒细胞

【IIF–ANCA 判读结果】

ANCA 阳性,不典型 pANCA 型。

【ANCA 谱结果】

靶抗原	定性结果	定量结果	单位	参考范围
MPO	阴性	2.00	RU/ml	≤20
PR3	阴性	2.00	RU/ml	≤20
LF	阴性	0.08	S/CO	≤1
HLE	阴性	0.02	S/CO	≤1
CG	阴性	0.14	S/CO	≤1
BPI	阴性	0.08	S/CO	≤1

【临床资料】

女性患者,21 岁。临床诊断:白塞综合征(贝赫切特综合征)。

【IIF–ANCA 结果判读解析】

HEp-2 细胞上为 ANA 细胞核斑点型弱荧光染色,在后续乙醇固定的人中性粒细胞上判断 ANCA 结果时,需要考虑 ANA 细胞核斑点型荧光染色的干扰。

甲醛固定的人中性粒细胞呈荧光染色阴性。

乙醇固定的人中性粒细胞呈现核周胞浆的平滑丝带状荧光,无带状荧光向细胞核内浸润,荧光阳性染色均匀分布于核周,无不规则的块状。

综合以上情况,该标本可判断为不典型 pANCA 阳性。

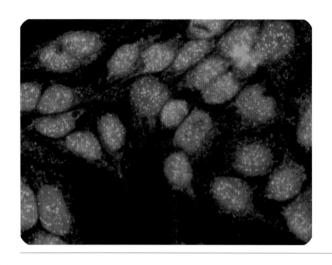

▶ 图 6-2-73
HEp-2 细胞和人中性粒细胞

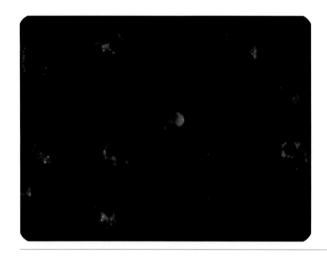

▶ 图 6-2-74
甲醛固定的人中性粒细胞

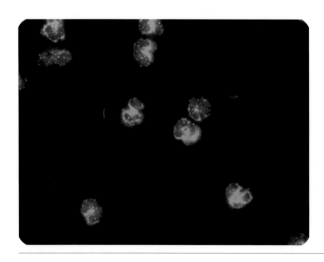

▶ 图 6-2-75
乙醇固定的人中性粒细胞

【IIF-ANCA 判读结果】

ANCA 阳性,不典型 pANCA 型。

【ANCA 谱结果】

靶抗原	定性结果	定量结果	单位	参考范围
MPO	阴性	11.30	RU/ml	≤20
PR3	阴性	2.00	RU/ml	≤20
LF	阴性	0.07	S/CO	≤1
HLE	阴性	0.05	S/CO	≤1
CG	阴性	0.01	S/CO	≤1
BPI	阴性	0.07	S/CO	≤1

【临床资料】

女性患者,56 岁。临床诊断:淋巴细胞性垂体炎。

【IIF-ANCA 结果判读解析】

HEp-2 细胞为 ANA 细胞核均质型和着丝点型荧光染色,同时胞浆中可见胞浆型弱荧光染色,所以在后续甲醛固定的人中性粒细胞和乙醇固定的人中性粒细胞上判断 ANCA 结果时,需要考虑 ANA 细胞核均质型和着丝点型、胞浆型荧光染色的干扰。

甲醛固定的人中性粒细胞呈荧光染色阴性。

乙醇固定的人中性粒细胞呈现核周胞浆的平滑丝带状荧光,无带状荧光向细胞核内浸润,荧光阳性染色均匀分布于核周,无不规则的块状。通常 pANCA 在乙醇固定的人中性粒细胞上荧光染色强于甲醛固定的人中性粒细胞荧光染色。

综合以上情况,该标本可判断为不典型 pANCA 阳性。

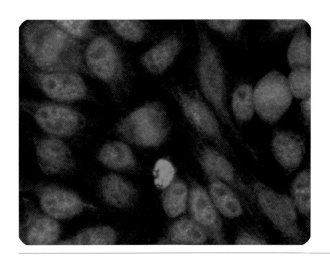

▶ 图 6-2-76
HEp-2 细胞和人中性粒细胞

▶ 图 6-2-77
甲醛固定的人中性粒细胞

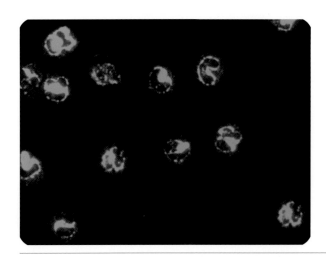

▶ 图 6-2-78
乙醇固定的人中性粒细胞

【IIF–ANCA 判读结果】

ANCA 阳性,不典型 pANCA 型。

【ANCA 谱结果】

靶抗原	定性结果	定量结果	单位	参考范围
MPO	阴性	2.00	RU/ml	≤20
PR3	阴性	2.68	RU/ml	≤20
LF	阴性	0.12	S/CO	≤1
HLE	阴性	0.53	S/CO	≤1
CG	阴性	0.01	S/CO	≤1
BPI	阴性	0.15	S/CO	≤1

【临床资料】

女性患者,44 岁。临床诊断:溃疡性结肠炎。

【IIF–ANCA 结果判读解析】

HEp-2 细胞为 ANA 细胞核斑点型荧光染色,同时胞浆中可见胞浆型弱荧光染色,所以在后续甲醛固定的人中性粒细胞和乙醇固定的人中性粒细胞上判断 ANCA 结果时,需要考虑 ANA 细胞核斑点型和胞浆型荧光染色的干扰。中性粒细胞荧光染色阳性,表明存在 ANCA 或者 GS–ANA。

甲醛固定的人中性粒细胞胞浆呈现均匀弥散分布的细颗粒状荧光,在分叶核间无增强的荧光染色。因此可以判断存在 ANCA,荧光强度较弱。

乙醇固定的人中性粒细胞呈现核周胞浆的平滑丝带状荧光,无带状荧光向细胞核内浸润,荧光阳性染色均匀分布于核周,无不规则的块状。

综合以上情况,该标本可判断为不典型 pANCA 阳性,与临床诊断溃疡性结肠炎符合。此患者的 ANCA 谱 6 种常见靶抗原对应的抗体检测结果均为阴性。

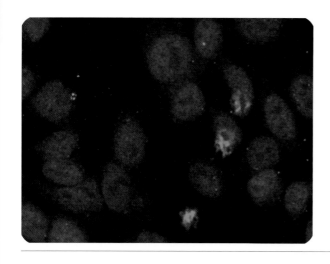

► 图 6-2-79
HEp-2 细胞和人中性粒细胞

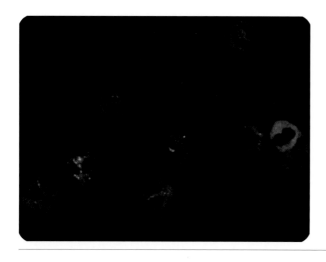

► 图 6-2-80
甲醛固定的人中性粒细胞

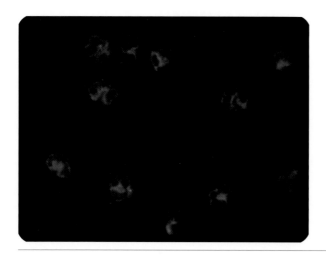

► 图 6-2-81
乙醇固定的人中性粒细胞

【 IIF–ANCA 判读结果 】

ANCA 阳性,不典型 pANCA 型。

【 ANCA 谱结果 】

靶抗原	定性结果	定量结果	单位	参考范围
MPO	阴性	2.00	RU/ml	≤20
PR3	阴性	2.00	RU/ml	≤20
LF	阴性	0.09	S/CO	≤1
HLE	阴性	0.12	S/CO	≤1
CG	阴性	0.01	S/CO	≤1
BPI	阴性	0.12	S/CO	≤1

【 临床资料 】

男性患者,67 岁。临床诊断:发热待查。

【 IIF–ANCA 结果判读解析 】

HEp-2 细胞为 ANA 细胞核斑点型弱荧光染色,对后续甲醛固定的人中性粒细胞和乙醇固定的人中性粒细胞判断 ANCA 结果干扰较小。

甲醛固定的人中性粒细胞呈荧光染色阴性。

乙醇固定的人中性粒细胞呈现核周胞浆的平滑丝带状荧光,无带状荧光向细胞核内浸润,荧光阳性染色均匀分布于核周,无不规则的块状。

综合以上情况,该标本可判断为不典型 pANCA 阳性。

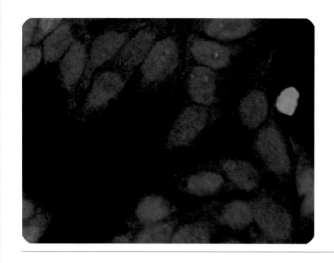

▶ 图 6-2-82
HEp-2 细胞和人中性粒细胞

▶ 图 6-2-83
甲醛固定的人中性粒细胞

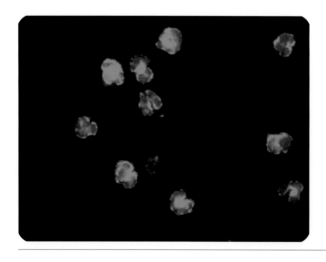

▶ 图 6-2-84
乙醇固定的人中性粒细胞

【IIF-ANCA 判读结果】

ANCA 阳性,不典型 pANCA 型。

【ANCA 谱结果】

靶抗原	定性结果	定量结果	单位	参考范围
MPO	阴性	2.00	RU/ml	≤20
PR3	阴性	2.15	RU/ml	≤20
LF	阴性	0.16	S/CO	≤1
HLE	阴性	0.06	S/CO	≤1
CG	阴性	0.12	S/CO	≤1
BPI	阴性	0.14	S/CO	≤1

【临床资料】

女性患者,53 岁。临床诊断:肾小球肾炎;急性肾功能衰竭。

【IIF-ANCA 结果判读解析】

HEp-2 细胞上为 ANA 细胞核均质型和胞浆型荧光染色,所以在后续甲醛固定的人中性粒细胞和乙醇固定的人中性粒细胞上判断 ANCA 结果时,需要考虑 ANA 细胞核均质型和胞浆型荧光染色的干扰。中性粒细胞荧光染色阳性,表明存在 ANCA 或者 GS-ANA。

甲醛固定的人中性粒细胞呈荧光染色阴性。

乙醇固定的人中性粒细胞呈现核周胞浆的平滑丝带状荧光,无带状荧光向细胞核内浸润,荧光阳性染色均匀分布于核周,无不规则的块状。

综合以上情况,该标本可判断为不典型 pANCA 阳性,此患者的 ANCA 谱 6 种常见靶抗原对应的抗体检测结果均为阴性。

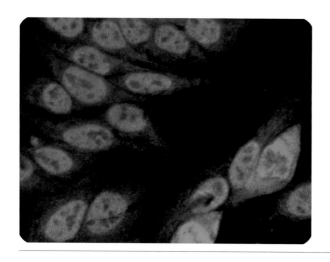

▶ 图 6-2-85
HEp-2 细胞和人中性粒细胞

▶ 图 6-2-86
甲醛固定的人中性粒细胞

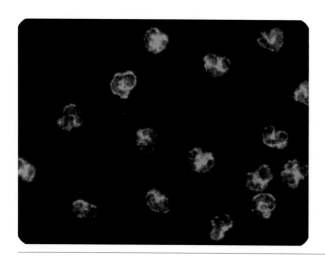

▶ 图 6-2-87
乙醇固定的人中性粒细胞

【IIF-ANCA 判读结果】

ANCA 阳性,不典型 pANCA 型。

【ANCA 谱结果】

靶抗原	定性结果	定量结果	单位	参考范围
MPO	阴性	2.00	RU/ml	≤20
PR3	阴性	2.00	RU/ml	≤20
LF	阴性	0.11	S/CO	≤1
HLE	阴性	0.12	S/CO	≤1
CG	阴性	0.04	S/CO	≤1
BPI	阴性	0.45	S/CO	≤1

【临床资料】

女性患者,78 岁。临床诊断:肺间质纤维化。

【IIF-ANCA 结果判读解析】

HEp-2 细胞为 ANA 细胞核斑点型强荧光染色,同时胞浆中可见胞浆型弱荧光染色,所以在后续甲醛固定的人中性粒细胞和乙醇固定的人中性粒细胞上判断 ANCA 结果时,需要考虑 ANA 细胞核斑点型和胞浆型荧光染色的干扰。

甲醛固定的人中性粒细胞呈荧光染色阴性。

乙醇固定的人中性粒细胞呈现核周胞浆的平滑丝带状荧光,无带状荧光向细胞核内浸润,荧光阳性染色均匀分布于核周,无不规则的块状。

综合以上情况,该标本可判断为不典型 pANCA 阳性,此患者的 ANCA 谱 6 种常见靶抗原对应的抗体检测结果均为阴性。

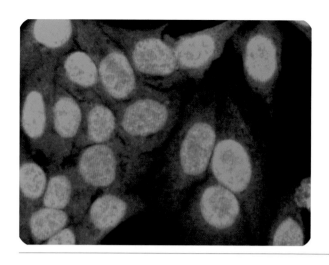

▶ 图 6-2-88
HEp-2 细胞和人中性粒细胞

▶ 图 6-2-89
甲醛固定的人中性粒细胞

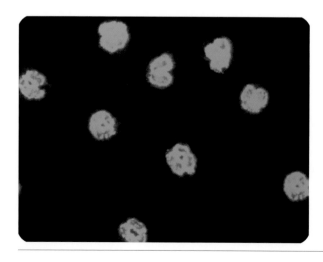

▶ 图 6-2-90
乙醇固定的人中性粒细胞

【IIF-ANCA 判读结果】

ANCA 阳性,不典型 pANCA 型。

【ANCA 谱结果】

靶抗原	定性结果	定量结果	单位	参考范围
MPO	阴性	2.00	RU/ml	≤20
PR3	阴性	2.00	RU/ml	≤20
LF	阴性	0.08	S/CO	≤1
HLE	阴性	0.05	S/CO	≤1
CG	阴性	0.01	S/CO	≤1
BPI	阴性	0.08	S/CO	≤1

【临床资料】

男性患者,57 岁。临床诊断:间质性肺炎。

【IIF-ANCA 结果判读解析】

HEp-2 细胞为 ANA 细胞核斑点型强荧光染色,同时胞浆中可见胞浆型弱荧光染色,所以在后续甲醛固定的人中性粒细胞和乙醇固定的人中性粒细胞上判断 ANCA 结果时,需要考虑 ANA 细胞核斑点型和胞浆型荧光染色的干扰。

甲醛固定的人中性粒细胞呈荧光染色阴性。

乙醇固定的人中性粒细胞呈现核周胞浆的平滑丝带状荧光,无带状荧光向细胞核内浸润,荧光阳性染色均匀分布于核周,无不规则的块状。

综合以上情况,该标本可判断为不典型 pANCA 阳性,此患者的 ANCA 谱 6 种常见靶抗原对应的抗体检测结果均为阴性。

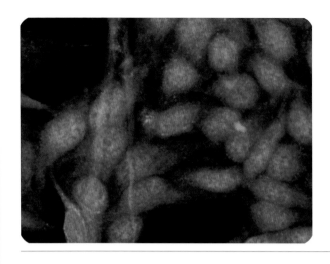

▶ 图 6-2-91
HEp-2 细胞和人中性粒细胞

▶ 图 6-2-92
甲醛固定的人中性粒细胞

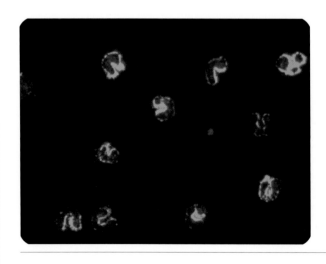

▶ 图 6-2-93
乙醇固定的人中性粒细胞

【IIF-ANCA 判读结果】

ANCA 阳性,不典型 pANCA 型。

【ANCA 谱结果】

靶抗原	定性结果	定量结果	单位	参考范围
MPO	阴性	2.00	RU/ml	≤20
PR3	阴性	2.00	RU/ml	≤20
LF	阴性	0.09	S/CO	≤1
HLE	阴性	0.11	S/CO	≤1
CG	阴性	0.02	S/CO	≤1
BPI	阳性	1.05	S/CO	≤1

【临床资料】

女性患者,48 岁。临床诊断:血管炎。

【IIF-ANCA 结果判读解析】

HEp-2 细胞为 ANA 细胞核斑点型荧光染色,同时胞浆中可见胞浆型弱荧光染色,所以在后续甲醛固定的人中性粒细胞和乙醇固定的人中性粒细胞上判断 ANCA 结果时,需要考虑 ANA 细胞核斑点型和胞浆型荧光染色的干扰。

甲醛固定的人中性粒细胞呈荧光染色阴性。

乙醇固定的人中性粒细胞呈现核周胞浆的平滑丝带状荧光,无带状荧光向细胞核内浸润,荧光阳性染色均匀分布于核周,无不规则的块状。

综合以上情况,该标本可判断为不典型 pANCA 阳性,与患者 ANCA 谱中靶抗原 BPI 的抗体弱阳性结果符合。

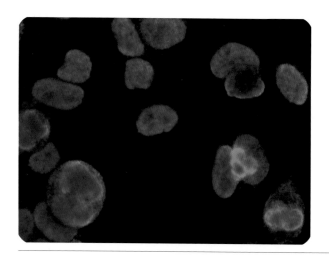

▶ 图 6-2-94
HEp-2 细胞和人中性粒细胞

▶ 图 6-2-95
甲醛固定的人中性粒细胞

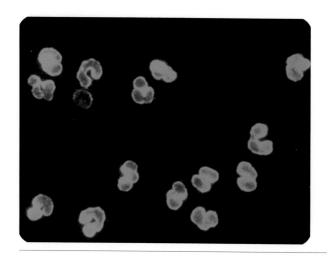

▶ 图 6-2-96
乙醇固定的人中性粒细胞

【IIF-ANCA 判读结果】

ANCA 阳性,不典型 pANCA 型。

【ANCA 谱结果】

靶抗原	定性结果	定量结果	单位	参考范围
MPO	阴性	2.30	RU/ml	≤20
PR3	阴性	2.30	RU/ml	≤20
LF	阳性	2.38	S/CO	≤1
HLE	阴性	0.10	S/CO	≤1
CG	阴性	0.05	S/CO	≤1
BPI	阴性	0.94	S/CO	≤1

【临床资料】

女性患者,28 岁。临床诊断:系统性红斑狼疮。

【IIF-ANCA 结果判读解析】

HEp-2 细胞为 ANA 细胞核均质型荧光染色,所以在后续乙醇固定的人中性粒细胞上判断 ANCA 结果时,需要考虑 ANA 细胞核均质型荧光染色的干扰。

甲醛固定的人中性粒细胞呈荧光染色阴性。

乙醇固定的人中性粒细胞呈现核周胞浆的平滑丝带状荧光,无带状荧光向细胞核内浸润,荧光阳性染色均匀分布于核周,无不规则的块状。而中性粒细胞核上的荧光染色可考虑为 ANA 细胞核均质型荧光染色在乙醇固定的人中性粒细胞上的干扰。

综合以上情况,该标本可判断为不典型 pANCA 阳性。但其靶抗原通常不是 MPO 或者 PR3,此患者的针对靶抗原 LF 的抗体检测结果阳性。

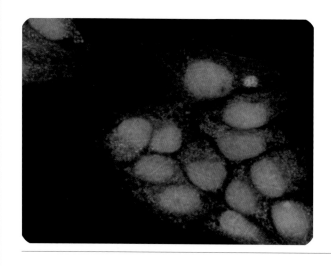

▶ 图 6-2-97
HEp-2 细胞和人中性粒细胞

▶ 图 6-2-98
甲醛固定的人中性粒细胞

▶ 图 6-2-99
乙醇固定的人中性粒细胞

【IIF-ANCA 判读结果】

ANCA 阳性,不典型 pANCA 型。

【ANCA 谱结果】

靶抗原	定性结果	定量结果	单位	参考范围
MPO	阴性	2.00	RU/ml	≤20
PR3	阴性	2.00	RU/ml	≤20
LF	阴性	0.13	S/CO	≤1
HLE	阴性	0.07	S/CO	≤1
CG	阴性	0.01	S/CO	≤1
BPI	阳性	1.24	S/CO	≤1

【临床资料】

女性患者,39 岁。临床诊断:不完全性肠梗阻。

【IIF-ANCA 结果判读解析】

HEp-2 细胞为 ANA 细胞核均质型强荧光染色,同时胞浆中可见胞浆型弱荧光染色,所以在后续甲醛固定的人中性粒细胞和乙醇固定的人中性粒细胞上判断 ANCA 结果时,需要考虑 ANA 细胞核均质型和胞浆型荧光染色的干扰。

甲醛固定的人中性粒细胞呈荧光染色阴性。

乙醇固定的人中性粒细胞呈现典型的核周胞浆的平滑丝带状荧光,无带状荧光向细胞核内浸润,荧光阳性染色均匀分布于核周,无不规则的块状。细胞核上的荧光染色可考虑为 ANA 细胞核均质型荧光染色在乙醇固定的人中性粒细胞上的干扰。

综合以上情况,该标本可判断为不典型 pANCA 阳性。此患者的 ANCA 谱为针对靶抗原 BPI 的抗体检测结果阳性。

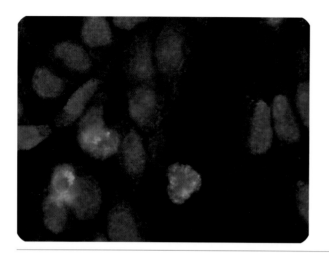

▶ 图 6-2-100
HEp-2 细胞和人中性粒细胞

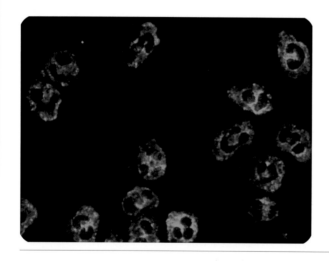

▶ 图 6-2-101
甲醛固定的人中性粒细胞

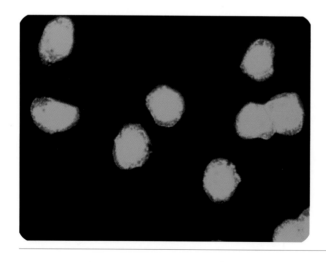

▶ 图 6-2-102
乙醇固定的人中性粒细胞

【IIF-ANCA 判读结果】

ANCA 阳性,不典型 pANCA 型。

【ANCA 谱结果】

靶抗原	定性结果	定量结果	单位	参考范围
MPO	阴性	2.00	RU/ml	≤20
PR3	阴性	2.00	RU/ml	≤20
LF	阳性	1.14	S/CO	≤1
HLE	阴性	0.10	S/CO	≤1
CG	阴性	0.10	S/CO	≤1
BPI	阴性	0.28	S/CO	≤1

【临床资料】

女性患者,50 岁。临床诊断:局限性硬皮病。

【IIF-ANCA 结果判读解析】

HEp-2 细胞为 ANA 荧光染色阴性。细胞间粒细胞荧光染色阴性,可排除 GS-ANA 干扰。甲醛固定的人中性粒细胞胞浆呈现均匀弥散分布的细颗粒状荧光,在分叶核间无增强的荧光染色。因此可以判断存在 ANCA。

乙醇固定的人中性粒细胞呈现整个细胞核胞浆的荧光染色,结合 HEp-2 细胞荧光染色阴性和 HEp-2 细胞间粒细胞荧光染色阴性,排除 GS-ANA 干扰,可以考虑乙醇固定的人中性粒细胞荧光染色为 ANCA 阳性。

综合以上情况,该标本可判断为不典型 pANCA 阳性。其靶抗原通常非 MPO 或者 PR3,此患者的 ANCA 谱为针对靶抗原 LF 的抗体检测结果阳性。

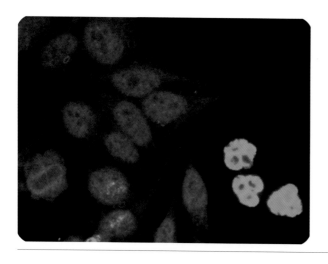

▶ 图 6-2-103
HEp-2 细胞和人中性粒细胞

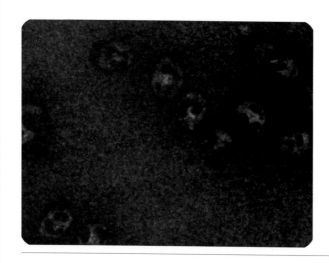

▶ 图 6-2-104
甲醛固定的人中性粒细胞

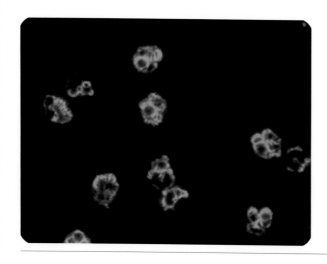

▶ 图 6-2-105
乙醇固定的人中性粒细胞

【IIF-ANCA 判读结果】

ANCA 阳性，不典型 pANCA 型。

【ANCA 谱结果】

靶抗原	定性结果	定量结果	单位	参考范围
MPO	阴性	2.60	RU/ml	≤20
PR3	阳性	83.49	RU/ml	≤20
LF	阴性	0.50	S/CO	≤1
HLE	阴性	0.03	S/CO	≤1
CG	阴性	0.02	S/CO	≤1
BPI	阴性	0.64	S/CO	≤1

【临床资料】

男性患者，15 岁。临床诊断：溃疡性结肠炎。

【IIF-ANCA 结果判读解析】

HEp-2 细胞上为 ANA 细胞核颗粒型弱荧光染色，在后续乙醇固定的人中性粒细胞上判断 ANCA 结果时，需要考虑 ANA 颗粒型荧光染色的干扰。中性粒细胞荧光染色阳性，表明存在 ANCA 或者 GS-ANA。

甲醛固定的人中性粒细胞呈荧光染色阴性。

乙醇固定的人中性粒细胞呈现核周带状荧光染色增强，荧光阳性染色主要集中在分叶核周围，形成环状，无带状荧光向细胞核内浸润，由此可以判断不典型 pANCA 阳性。

综合以上情况，该标本可判断为不典型 pANCA 阳性，与临床诊断溃疡性结肠炎符合。虽然针对靶抗原 PR3 的抗体阳性，但在临床实践中仍存在此情况。

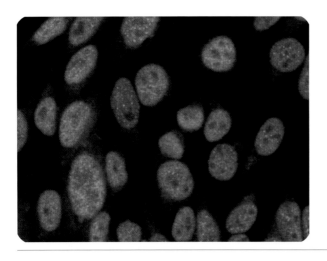

▶ 图 6-2-106
HEp-2 细胞和人中性粒细胞

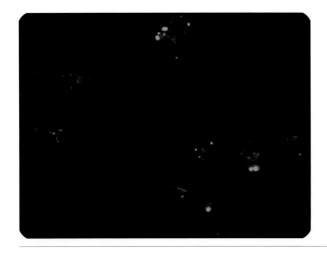

▶ 图 6-2-107
甲醛固定的人中性粒细胞

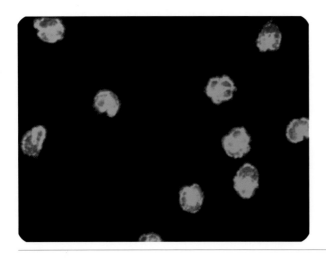

▶ 图 6-2-108
乙醇固定的人中性粒细胞

【IIF-ANCA 判读结果】

ANCA 阳性,不典型 pANCA 型。

【ANCA 谱结果】

靶抗原	定性结果	定量结果	单位	参考范围
MPO	阴性	2.00	RU/ml	≤20
PR3	阳性	68.38	RU/ml	≤20
LF	阳性	1.54	S/CO	≤1
HLE	阴性	0.05	S/CO	≤1
CG	阴性	0.21	S/CO	≤1
BPI	阴性	0.12	S/CO	≤1

【临床资料】

男性患者,12 岁。临床诊断:腹泻。

【IIF-ANCA 结果判读解析】

HEp-2 细胞上为 ANA 细胞核颗粒型荧光染色,在后续乙醇固定的人中性粒细胞上判断 ANCA 结果时,需要考虑 ANA 颗粒型荧光染色的干扰。中性粒细胞荧光染色阳性,表明存在 ANCA 或者 GS-ANA。

甲醛固定的人中性粒细胞呈荧光染色阴性。

乙醇固定的人中性粒细胞呈现核周平滑丝带状荧光,荧光阳性染色主要集中在分叶核周围,形成环状,无带状荧光向细胞核内浸润,由此可以判断不典型 pANCA 阳性。患者经过治疗后,ANCA 滴度会随病情好转而降低。

综合以上情况,该标本可判断为不典型 pANCA 阳性。虽然针对靶抗原 PR3 的抗体阳性,但在临床实践中仍存在此情况。

二、胞浆型抗核抗体阳性的不典型 pANCA

胞浆型抗核抗体阳性的不典型 pANCA 各种常见临床情况见图 6-2-109~ 图 6-2-147。

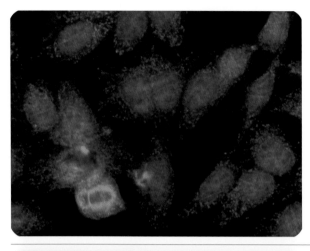

▶ 图 6-2-109
HEp-2 细胞和人中性粒细胞

▶ 图 6-2-110
甲醛固定的人中性粒细胞

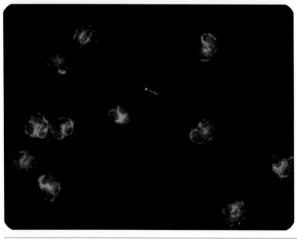

▶ 图 6-2-111
乙醇固定的人中性粒细胞

【IIF-ANCA 判读结果】

ANCA 阳性,不典型 pANCA 型。

【ANCA 谱结果】

靶抗原	定性结果	定量结果	单位	参考范围
MPO	阴性	3.73	RU/ml	≤20
PR3	阴性	4.38	RU/ml	≤20
LF	阴性	0.04	S/CO	≤1
HLE	阴性	0.00	S/CO	≤1
CG	阴性	0.02	S/CO	≤1
BPI	阴性	0.20	S/CO	≤1

【临床资料】

女性患者,54 岁。临床诊断:荨麻疹性血管炎。

【IIF-ANCA 结果判读解析】

HEp-2 细胞上呈现 ANA 胞浆型荧光染色,所以在后续甲醛固定的人中性粒细胞上判断 ANCA 结果时,需要考虑 ANA 胞浆型荧光染色的干扰。

甲醛固定的人中性粒细胞上荧光染色阴性。

乙醇固定的人中性粒细胞呈现核周胞浆的平滑丝带状荧光,无带状荧光向细胞核内浸润,荧光阳性染色均匀分布于核周,无不规则的块状。

pANCA 阳性时,乙醇固定的人中性粒细胞荧光染色常强于甲醛固定的人中性粒细胞荧光染色,荨麻疹性血管炎患者 ANCA 谱检测结果常阴性。综合以上情况,该标本可判断为不典型 pANCA 阳性。

▶ 图 6-2-112
HEp-2 细胞和人中性粒细胞

▶ 图 6-2-113
甲醛固定的人中性粒细胞

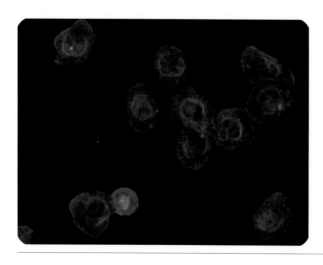

▶ 图 6-2-114
乙醇固定的人中性粒细胞

【IIF-ANCA 判读结果】

ANCA 阳性,不典型 pANCA 型。

【ANCA 谱结果】

靶抗原	定性结果	定量结果	单位	参考范围
MPO	阳性	88.41	RU/ml	≤20
PR3	阴性	15.33	RU/ml	≤20
LF	阳性	1.18	S/CO	≤1
HLE	阳性	3.04	S/CO	≤1
CG	阴性	0.17	S/CO	≤1
BPI	阴性	0.19	S/CO	≤1

【临床资料】

男性患者,94 岁。临床诊断:无。

【IIF-ANCA 结果判读解析】

HEp-2 细胞上呈现 ANA 胞浆型荧光染色,在后续甲醛固定的人中性粒细胞上判断 ANCA 结果时,需要考虑 ANA 胞浆型荧光染色的干扰。

甲醛固定的人中性粒细胞上荧光染色阴性。

乙醇固定的人中性粒细胞上荧光染色较为复杂。中性粒细胞胞浆为均匀荧光染色,并非 cANCA 颗粒型胞浆荧光染色,可能为 ANA 细颗粒胞浆型荧光染色的干扰。在此荧光染色背景上可见中性粒细胞呈现核周胞浆的平滑丝带状荧光,无带状荧光向细胞核内浸润,荧光阳性染色均匀分布于核周,无不规则的块状,可以判断不典型 pANCA 阳性。

综合以上情况,该标本可判断不典型 pANCA 型阳性。临床工作中需要注意,出现这种荧光染色时常会出现针对 MPO 和 PR3 靶抗原的抗体同时阳性。

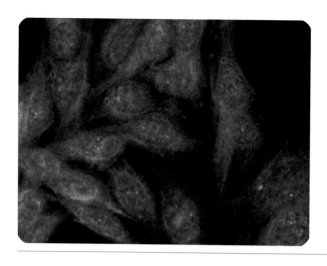

▶ 图 6-2-115
HEp-2 细胞和人中性粒细胞

▶ 图 6-2-116
甲醛固定的人中性粒细胞

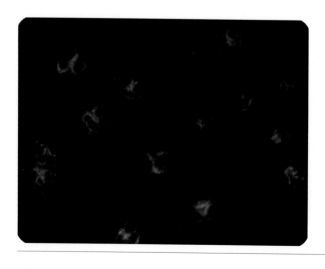

▶ 图 6-2-117
乙醇固定的人中性粒细胞

【IIF-ANCA 判读结果】

ANCA 阳性,不典型 pANCA 型。

【ANCA 谱结果】

靶抗原	定性结果	定量结果	单位	参考范围
MPO	阴性	5.21	RU/ml	≤20
PR3	阴性	2.00	RU/ml	≤20
LF	阴性	0.13	S/CO	≤1
HLE	阴性	0.25	S/CO	≤1
CG	阴性	0.03	S/CO	≤1
BPI	阴性	0.04	S/CO	≤1

【临床资料】

男性患者,18 岁。临床诊断:无。

【IIF-ANCA 结果判读解析】

HEp-2 细胞可见胞浆型荧光染色,在后续甲醛固定的人中性粒细胞上判断 ANCA 结果时,需要考虑 ANA 胞浆型荧光染色的干扰。

甲醛固定的人中性粒细胞胞浆呈现均匀弥散分布的细颗粒状荧光,在分叶核间无增强的荧光染色。因此可以判断存在 ANCA,荧光强度较弱。同时需要考虑是否存在 ANA 胞浆型荧光染色的干扰。

乙醇固定的人中性粒细胞呈现核周胞浆的平滑丝带状荧光,无带状荧光向细胞核内浸润,荧光阳性染色均匀分布于核周,无不规则的块状。中性粒细胞胞浆型弱荧光染色考虑为 ANA 胞浆型荧光染色在乙醇固定的人中性粒细胞上的干扰。

综合以上情况,该标本可判断为不典型 pANCA 阳性。

▶ 图 6-2-118
HEp-2 细胞和人中性粒细胞

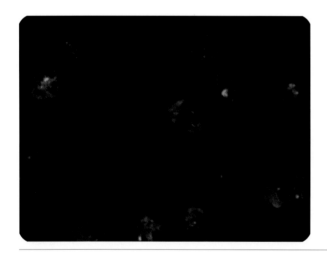

▶ 图 6-2-119
甲醛固定的人中性粒细胞

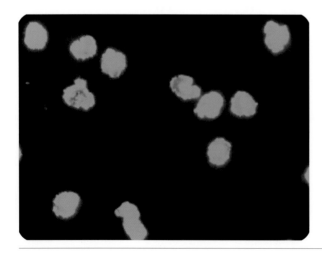

▶ 图 6-2-120
乙醇固定的人中性粒细胞

【IIF-ANCA 判读结果】

ANCA 阳性,不典型 pANCA 型。

【ANCA 谱结果】

靶抗原	定性结果	定量结果	单位	参考范围
MPO	阴性	2.00	RU/ml	≤20
PR3	阴性	2.00	RU/ml	≤20
LF	阴性	0.16	S/CO	≤1
HLE	阴性	0.02	S/CO	≤1
CG	阴性	0.03	S/CO	≤1
BPI	阴性	0.32	S/CO	≤1

【临床资料】

男性患者,49 岁。临床诊断:肺部阴影;感染。

【IIF-ANCA 结果判读解析】

HEp-2 细胞为 ANA 胞浆型荧光染色,所以在后续甲醛固定的人中性粒细胞上判断 ANCA 结果时,需要考虑 ANA 胞浆型荧光染色的干扰。中性粒细胞荧光染色阳性,表明存在 ANCA 或者 GS-ANA。

甲醛固定的人中性粒细胞上荧光染色阴性。

乙醇固定的人中性粒细胞呈现核周胞浆的平滑丝带状荧光,无带状荧光向细胞核内浸润,荧光阳性染色均匀分布于核周,无不规则的块状。由于荧光强度太强,导致看起来像整个人中性粒细胞核均匀染色,将样本进一步稀释后核周胞浆的平滑丝带状荧光将更加清晰。

综合以上情况,该标本荧光检测结果判断为不典型 pANCA。

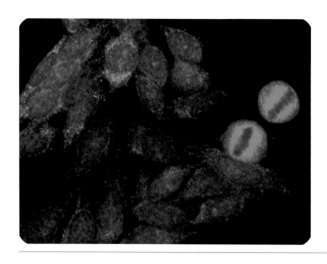

▶ 图 6-2-121
HEp-2 细胞和人中性粒细胞

▶ 图 6-2-122
甲醛固定的人中性粒细胞

▶ 图 6-2-123
乙醇固定的人中性粒细胞

【IIF-ANCA 判读结果】

ANCA 阳性,不典型 pANCA 型。

【ANCA 谱结果】

靶抗原	定性结果	定量结果	单位	参考范围
MPO	阴性	2.00	RU/ml	≤20
PR3	阴性	2.00	RU/ml	≤20
LF	阴性	0.35	S/CO	≤1
HLE	阴性	0.05	S/CO	≤1
CG	阴性	0.03	S/CO	≤1
BPI	阴性	0.02	S/CO	≤1

【临床资料】

女性患者,57 岁。临床诊断:纵隔淋巴结肿大;肺部阴影。

【IIF-ANCA 结果判读解析】

HEp-2 细胞胞浆中可见胞浆型荧光染色,在后续甲醛固定的人中性粒细胞上判断 ANCA 结果时,需要考虑 ANA 胞浆型荧光染色的干扰。

甲醛固定的人中性粒细胞上荧光染色阴性。

乙醇固定的人中性粒细胞呈现核周胞浆的平滑丝带状荧光,无带状荧光向细胞核内浸润,荧光阳性染色均匀分布于核周,无不规则的块状。

综合以上情况,该标本可判断为不典型 pANCA 阳性。

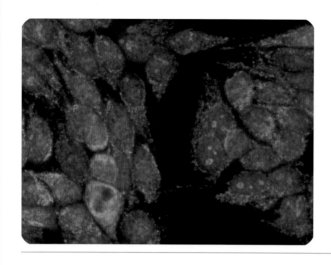

▶ 图 6-2-124
HEp-2 细胞和人中性粒细胞

▶ 图 6-2-125
甲醛固定的人中性粒细胞

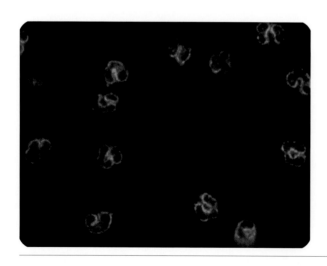

▶ 图 6-2-126
乙醇固定的人中性粒细胞

【IIF–ANCA 判读结果】

ANCA 阳性,不典型 pANCA 型。

【ANCA 谱结果】

靶抗原	定性结果	定量结果	单位	参考范围
MPO	阴性	2.00	RU/ml	≤20
PR3	阴性	2.29	RU/ml	≤20
LF	阴性	0.07	S/CO	≤1
HLE	阴性	0.02	S/CO	≤1
CG	阴性	0.03	S/CO	≤1
BPI	阴性	0.08	S/CO	≤1

【临床资料】

女性患者,65 岁。临床诊断:慢性肾功能不全。

【IIF–ANCA 结果判读解析】

HEp-2 细胞上为 ANA 胞浆型荧光染色,在后续甲醛固定的人中性粒细胞上判断 ANCA 结果时,需要考虑 ANA 胞浆型荧光染色的干扰。

甲醛固定的人中性粒细胞呈荧光染色阴性。

乙醇固定的人中性粒细胞呈现核周胞浆的平滑丝带状荧光,无带状荧光向细胞核内浸润,荧光阳性染色均匀分布于核周,无不规则的块状。

综合以上情况,该标本可判断为不典型 pANCA 阳性。

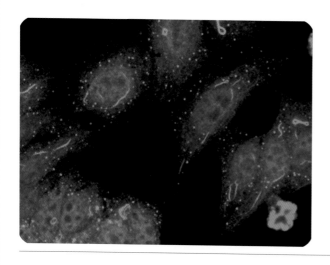

► 图 6-2-127
　HEp-2 细胞和人中性粒细胞

► 图 6-2-128
　甲醛固定的人中性粒细胞

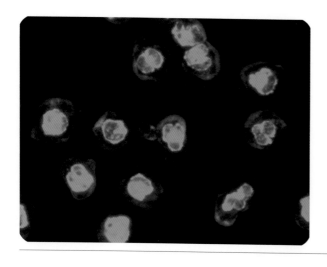

► 图 6-2-129
　乙醇固定的人中性粒细胞

【IIF-ANCA 判读结果】

ANCA 阳性,不典型 pANCA 型。

【ANCA 谱结果】

靶抗原	定性结果	定量结果	单位	参考范围
MPO	阴性	5.95	RU/ml	≤20
PR3	阴性	3.05	RU/ml	≤20
LF	阴性	0.09	S/CO	≤1
HLE	阴性	0.01	S/CO	≤1
CG	阴性	0.01	S/CO	≤1
BPI	阴性	0.07	S/CO	≤1

【临床资料】

男性患者,65 岁。临床诊断:慢性肾功能衰竭。

【IIF-ANCA 结果判读解析】

HEp-2 细胞可见胞浆型荧光染色,在后续甲醛固定的人中性粒细胞上判断 ANCA 结果时,需要考虑 ANA 胞浆型荧光染色的干扰。中性粒细胞荧光染色阳性,表明存在 ANCA 或者 GS-ANA。

甲醛固定的人中性粒细胞胞浆呈现均匀弥散分布的细颗粒状荧光,在分叶核间无增强的荧光染色。因此可以判断存在 ANCA,荧光强度较弱,而且需要考虑是否存在 ANA 胞浆型荧光染色的干扰。

乙醇固定的人中性粒细胞呈现核周胞浆的平滑丝带状荧光,无带状荧光向细胞核内浸润,荧光阳性染色均匀分布于核周,无不规则的块状。同时可见胞浆中弱荧光染色,但并非典型的 ANCA 胞浆颗粒型荧光染色,考虑为 ANA 胞浆型荧光染色的干扰。

综合以上情况,该标本可判断为不典型 pANCA 阳性。

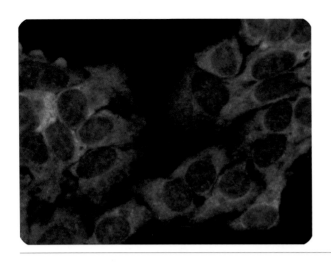

► 图 6-2-130
HEp-2 细胞和人中性粒细胞

► 图 6-2-131
甲醛固定的人中性粒细胞

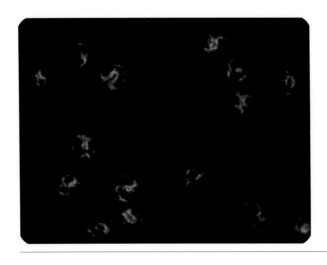

► 图 6-2-132
乙醇固定的人中性粒细胞

【IIF-ANCA 判读结果】

ANCA 阳性,不典型 pANCA 型。

【ANCA 谱结果】

靶抗原	定性结果	定量结果	单位	参考范围
MPO	阴性	2.00	RU/ml	≤20
PR3	阴性	2.00	RU/ml	≤20
LF	阴性	0.13	S/CO	≤1
HLE	阴性	0.03	S/CO	≤1
CG	阴性	0.01	S/CO	≤1
BPI	阴性	0.14	S/CO	≤1

【临床资料】

女性患者,51 岁。临床诊断:肢体麻木;肢体无力。

【IIF-ANCA 结果判读解析】

HEp-2 细胞可见胞浆型荧光染色,在后续甲醛固定的人中性粒细胞上判断 ANCA 结果时,需要考虑 ANA 胞浆型荧光染色的干扰。

甲醛固定的人中性粒细胞呈荧光染色阴性。

乙醇固定的人中性粒细胞呈现核周胞浆的平滑丝带状荧光,无带状荧光向细胞核内浸润,荧光阳性染色均匀分布于核周,无不规则的块状。

综合以上情况,该标本可判断为不典型 pANCA 阳性。

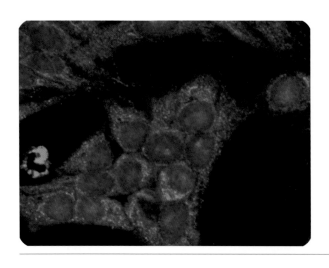

▶ 图 6-2-133
HEp-2 细胞和人中性粒细胞

▶ 图 6-2-134
甲醛固定的人中性粒细胞

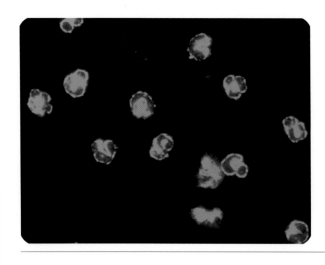

▶ 图 6-2-135
乙醇固定的人中性粒细胞

【IIF-ANCA 判读结果】

ANCA 阳性,不典型 pANCA 型。

【ANCA 谱结果】

靶抗原	定性结果	定量结果	单位	参考范围
MPO	阴性	2.00	RU/ml	≤20
PR3	阴性	3.71	RU/ml	≤20
LF	阴性	0.17	S/CO	≤1
HLE	阴性	0.02	S/CO	≤1
CG	阴性	0.04	S/CO	≤1
BPI	阴性	0.04	S/CO	≤1

【临床资料】

女性患者,68 岁。临床诊断:呼吸困难。

【IIF-ANCA 结果判读解析】

HEp-2 细胞上呈现 ANA 胞浆型荧光染色,在后续甲醛固定的人中性粒细胞上判断 ANCA 结果时,需要考虑 ANA 胞浆型荧光染色的干扰。中性粒细胞荧光染色阳性,表明存在 ANCA 或者 GS-ANA。

甲醛固定的人中性粒细胞上荧光染色阴性。

乙醇固定的人中性粒细胞呈现核周胞浆的平滑丝带状荧光,无带状荧光向细胞核内浸润,荧光阳性染色均匀分布于核周,无不规则的块状。

综合以上情况,该标本可判断为不典型 pANCA 阳性。

▶ 图 6-2-136
HEp-2 细胞和人中性粒细胞

▶ 图 6-2-137
甲醛固定的人中性粒细胞

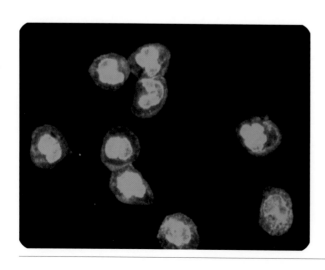

▶ 图 6-2-138
乙醇固定的人中性粒细胞

【IIF-ANCA 判读结果】

ANCA 阳性，不典型 pANCA 型。

【ANCA 谱结果】

靶抗原	定性结果	定量结果	单位	参考范围
MPO	阴性	3.31	RU/ml	≤20
PR3	阴性	3.67	RU/ml	≤20
LF	阴性	0.55	S/CO	≤1
HLE	阴性	0.20	S/CO	≤1
CG	阴性	0.07	S/CO	≤1
BPI	阴性	0.84	S/CO	≤1

【临床资料】

女性患者，49 岁。临床诊断：类风湿关节炎。

【IIF-ANCA 结果判读解析】

HEp-2 细胞可见胞浆型荧光染色，在后续甲醛固定的人中性粒细胞上判断 ANCA 结果时，需要考虑 ANA 胞浆型荧光染色的干扰。

甲醛固定的人中性粒细胞胞浆呈现均匀弥散分布的细颗粒状荧光，在分叶核间无增强的荧光染色。因此可以考虑存在 ANCA，荧光强度较弱。同时需要考虑是否存在 ANA 胞浆型荧光染色的干扰。

乙醇固定的人中性粒细胞呈现核周胞浆的平滑丝带状荧光，荧光阳性染色均匀分布于核周，无不规则的块状。中性粒细胞胞浆型弱荧光染色考虑为 ANA 胞浆型荧光染色在乙醇固定的人中性粒细胞上的干扰。

综合以上情况，该标本可判断为不典型 pANCA 阳性。

► 图 6-2-139
HEp-2 细胞和人中性粒细胞

► 图 6-2-140
甲醛固定的人中性粒细胞

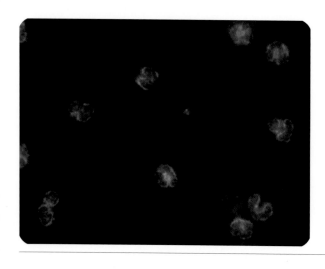

► 图 6-2-141
乙醇固定的人中性粒细胞

【IIF-ANCA 判读结果】

ANCA 阳性,不典型 pANCA 型。

【ANCA 谱结果】

靶抗原	定性结果	定量结果	单位	参考范围
MPO	阴性	2.00	RU/ml	≤20
PR3	阴性	3.05	RU/ml	≤20
LF	阴性	0.05	S/CO	≤1
HLE	阴性	0.06	S/CO	≤1
CG	阴性	0.62	S/CO	≤1
BPI	阴性	0.04	S/CO	≤1

【临床资料】

女性患者,53 岁。临床诊断:间质性肺炎。

【IIF-ANCA 结果判读解析】

HEp-2 细胞呈现 ANA 胞浆型荧光染色,所以在后续甲醛固定的人中性粒细胞上判断 ANCA 结果时,需要考虑 ANA 胞浆型荧光染色的干扰。

甲醛固定的人中性粒细胞呈荧光染色阴性。

乙醇固定的人中性粒细胞呈现核周胞浆的平滑丝带状荧光,无带状荧光向细胞核内浸润,荧光阳性染色均匀分布于核周,无不规则的块状。

综合以上情况,该标本判断为不典型 pANCA。肺部病变患者常由于肺血管受累出现不典型 pANCA 阳性,但其靶抗原通常不是 MPO 或者 PR3。且此患者的 ANCA 谱其他常见靶抗原(如 LF、HLE、CG 及 BPI)对应的抗体检测结果也均为阴性。

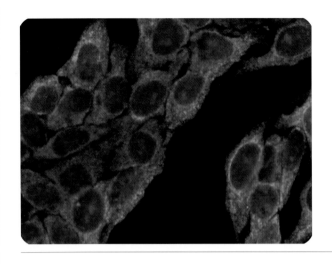

▶ 图 6-2-142
HEp-2 细胞和人中性粒细胞

▶ 图 6-2-143
甲醛固定的人中性粒细胞

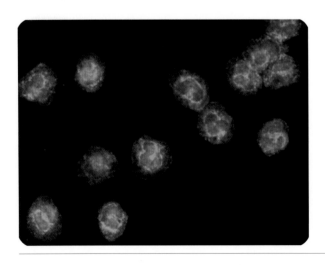

▶ 图 6-2-144
乙醇固定的人中性粒细胞

【IIF-ANCA 判读结果】

ANCA 阳性,不典型 pANCA 型。

【ANCA 谱结果】

靶抗原	定性结果	定量结果	单位	参考范围
MPO	阴性	2.00	RU/ml	≤20
PR3	阴性	2.00	RU/ml	≤20
LF	阴性	0.23	S/CO	≤1
HLE	阴性	0.03	S/CO	≤1
CG	阴性	0.00	S/CO	≤1
BPI	阴性	0.08	S/CO	≤1

【临床资料】

女性患者,27 岁。临床诊断:无。

【IIF-ANCA 结果判读解析】

HEp-2 细胞可见胞浆型强荧光染色,在后续甲醛固定的人中性粒细胞上判断 ANCA 结果时,需要考虑 ANA 胞浆型荧光染色的干扰。

甲醛固定的人中性粒细胞胞浆呈现均匀弥散分布的细颗粒状弱荧光,在分叶核间无增强的荧光染色。因此可以判断存在 ANCA,荧光强度较弱。同时需要考虑是否存在 ANA 胞浆型荧光染色的干扰。

乙醇固定的人中性粒细胞呈现核周胞浆的平滑丝带状荧光,无带状荧光向细胞核内浸润,荧光阳性染色均匀分布于核周,无不规则的块状。中性粒细胞胞浆型弱荧光染色考虑为 ANA 胞浆型荧光染色在乙醇固定的人中性粒细胞上的干扰。

综合以上情况,该标本可判断为不典型 pANCA 阳性,与此患者的 ANCA 谱 6 种常见靶抗原对应的抗体检测结果也均为阴性相符。

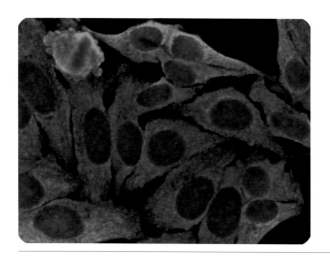

▶ 图 6-2-145
HEp-2 细胞和人中性粒细胞

▶ 图 6-2-146
甲醛固定的人中性粒细胞

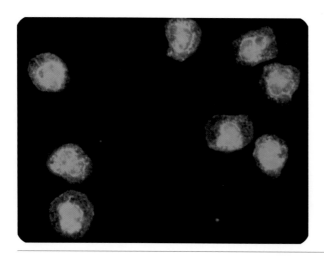

▶ 图 6-2-147
乙醇固定的人中性粒细胞

【IIF-ANCA 判读结果】

ANCA 阳性，不典型 pANCA 型。

【ANCA 谱结果】

靶抗原	定性结果	定量结果	单位	参考范围
MPO	阴性	2.00	RU/ml	≤20
PR3	阴性	2.00	RU/ml	≤20
LF	阴性	0.15	S/CO	≤1
HLE	阴性	0.10	S/CO	≤1
CG	阴性	0.02	S/CO	≤1
BPI	阴性	0.31	S/CO	≤1

【临床资料】

女性患者，28 岁。临床诊断：系统性红斑狼疮。

【IIF-ANCA 结果判读解析】

HEp-2 细胞可见胞浆型荧光染色，在后续甲醛固定的人中性粒细胞上判断 ANCA 结果时，需要考虑 ANA 胞浆型荧光染色的干扰。

甲醛固定的人中性粒细胞呈荧光染色阴性。

乙醇固定的人中性粒细胞呈现核周胞浆的平滑丝带状荧光，无带状荧光向细胞核内浸润，荧光阳性染色均匀分布于核周，无不规则的块状。中性粒细胞胞浆型弱荧光染色考虑为 ANA 胞浆型荧光染色在乙醇固定的人中性粒细胞上的干扰。

综合以上情况，该标本可判断为不典型 pANCA 阳性。

第七章
不典型胞浆型抗中性粒细胞胞浆抗体

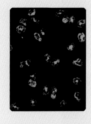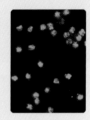

抗核抗体阴性的不典型 cANCA

抗核抗体阴性的不典型 cANCA 各种常见临床情况见图 7-1-1~ 图 7-1-9。

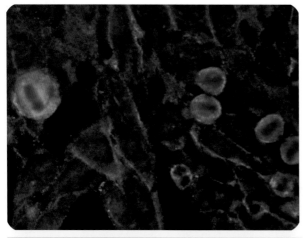

▶ 图 7-1-1
HEp-2 细胞和人中性粒细胞

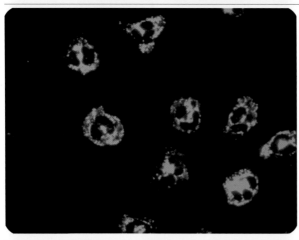

▶ 图 7-1-2
甲醛固定的人中性粒细胞

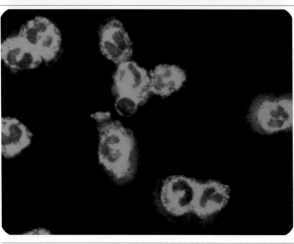

▶ 图 7-1-3
乙醇固定的人中性粒细胞

【IIF-ANCA 判读结果】

ANCA 阳性,cANCA 型。

【ANCA 谱结果】

靶抗原	定性结果	定量结果	单位	参考范围
MPO	阴性	5.51	RU/ml	≤20
PR3	阴性	9.24	RU/ml	≤20
LF	阴性	0.11	S/CO	≤1
HLE	阴性	0.49	S/CO	≤1
CG	阴性	0.03	S/CO	≤1
BPI	阴性	0.25	S/CO	≤1

【临床资料】

男性患者,61 岁。临床诊断:肺间质病变。

【IIF-ANCA 结果判读解析】

HEp-2 细胞胞浆中可见弱荧光染色,在后续甲醛固定的人中性粒细胞上判断 ANCA 结果时,需要考虑 ANA 胞浆型荧光染色的干扰。

甲醛固定的人中性粒细胞胞浆呈现均匀弥散分布的细颗粒状荧光,胞浆中的荧光可清晰勾勒出细胞及细胞核的形态,在分叶核间无增强的荧光染色。因此可以判断存在 ANCA。

乙醇固定的人中性粒细胞胞浆呈现均匀弥散分布的细颗粒状荧光,胞浆中的荧光可清晰勾勒出细胞及细胞核的形态,在分叶核间无增强的荧光染色。

综合以上情况,该标本判断为不典型 cANCA 阳性,且 ANCA 谱常见 6 种靶抗原的抗体检测结果均为阴性。

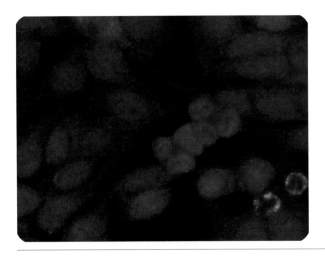

▶ 图 7-1-4
HEp-2 细胞和人中性粒细胞

▶ 图 7-1-5
甲醛固定的人中性粒细胞

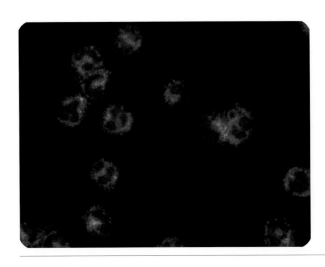

▶ 图 7-1-6
乙醇固定的人中性粒细胞

【IIF-ANCA 判读结果】

ANCA 阳性,不典型 cANCA 型。

【ANCA 谱结果】

靶抗原	定性结果	定量结果	单位	参考范围
MPO	阴性	2.00	RU/ml	≤20
PR3	阴性	2.00	RU/ml	≤20
LF	阴性	0.09	S/CO	≤1
HLE	阴性	0.30	S/CO	≤1
CG	阴性	0.03	S/CO	≤1
BPI	阴性	0.11	S/CO	≤1

【临床资料】

女性患者,30 岁。临床诊断:甲状腺功能亢进。

【IIF-ANCA 结果判读解析】

HEp-2 细胞上为 ANA 细胞核斑点型弱荧光染色,在后续乙醇固定的人中性粒细胞上判断 ANCA 结果时,需要考虑 ANA 细胞核颗粒型荧光染色的干扰。

甲醛固定的人中性粒细胞胞浆呈现均匀弥散分布的细颗粒状荧光,在分叶核间无增强的荧光染色。因此可以判断存在 ANCA。

在乙醇固定的中性粒细胞上呈现胞浆中均匀弥散分布的细颗粒状荧光,在分叶核间无增强的荧光染色。不典型 cANCA 阳性时常出现乙醇固定的人中性粒细胞荧光强度强于甲醛固定的人中性粒细胞基质上的荧光强度。

综合以上情况,该标本可判断为不典型 cANCA 阳性,与此患者的 ANCA 谱 6 种常见靶抗原对应的抗体检测结果也均为阴性相符。

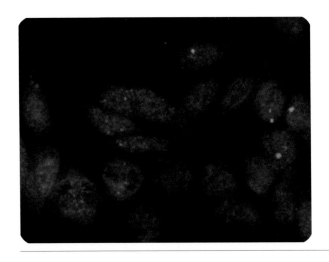

▶ 图 7-1-7
HEp-2 细胞和人中性粒细胞

▶ 图 7-1-8
甲醛固定的人中性粒细胞

▶ 图 7-1-9
乙醇固定的人中性粒细胞

【IIF-ANCA 判读结果】

ANCA 阳性,不典型 cANCA 型。

【ANCA 谱结果】

靶抗原	定性结果	定量结果	单位	参考范围
MPO	阴性	2.00	RU/ml	≤20
PR3	阴性	2.00	RU/ml	≤20
LF	阴性	0.28	S/CO	≤1
HLE	阴性	0.05	S/CO	≤1
CG	阴性	0.01	S/CO	≤1
BPI	阴性	0.25	S/CO	≤1

【临床资料】

女性患者,21 岁。临床诊断:嗜酸细胞性肺炎。

【IIF-ANCA 结果判读解析】

HEp-2 细胞荧光染色阴性。

甲醛固定的人中性粒细胞荧光染色阴性。

乙醇固定的人中性粒细胞胞浆呈现均匀弥散分布的细颗粒状荧光,胞浆中的荧光可清晰勾勒出细胞及细胞核的形态,在分叶核间无增强的荧光染色。典型的 cANCA 阳性时,通常甲醛固定的人中性粒细胞基质上的荧光强度强于乙醇固定的人中性粒细胞荧光强度,但是不典型 cANCA 阳性时常出现乙醇固定的人中性粒细胞荧光强度强于甲醛固定的人中性粒细胞基质上的荧光强度。

综合以上情况,该标本判断为不典型 cANCA 阳性,且 ANCA 谱 6 种常见靶抗原对应的抗体检测结果均为阴性。

抗核抗体阳性的不典型 cANCA

一、细胞核型抗核抗体阳性的不典型 cANCA

细胞核型抗核抗体阳性的不典型 cANCA 各种常见临床情况见图 7-2-1~ 图 7-2-15。

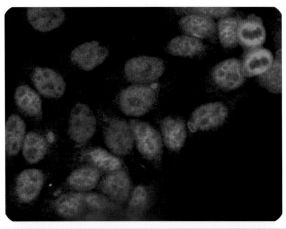

▶ 图 7-2-1
HEp-2 细胞和人中性粒细胞

▶ 图 7-2-2
甲醛固定的人中性粒细胞

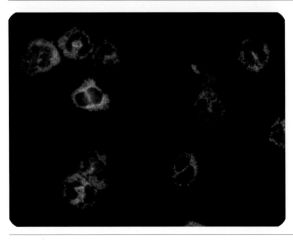

▶ 图 7-2-3
乙醇固定的人中性粒细胞

【IIF-ANCA 判读结果】

ANCA 阳性,不典型 cANCA 型。

【ANCA 谱结果】

靶抗原	定性结果	定量结果	单位	参考范围
MPO	阴性	3.43	RU/ml	≤20
PR3	阴性	2.00	RU/ml	≤20
LF	阴性	0.08	S/CO	≤1
HLE	阴性	0.10	S/CO	≤1
CG	阴性	0.01	S/CO	≤1
BPI	阴性	0.03	S/CO	≤1

【临床资料】

女性患者,25 岁。临床诊断:待查。

【IIF-ANCA 结果判读解析】

HEp-2 细胞为 ANA 细胞核斑点型荧光染色,所以在后续乙醇固定的人中性粒细胞上判断 ANCA 结果时,需要考虑 ANA 细胞核斑点型荧光染色的干扰。

甲醛固定的人中性粒细胞胞浆呈现均匀弥散分布的细颗粒状荧光,在分叶核间无增强的荧光染色。因此可以判断存在 ANCA,荧光强度较弱。

在乙醇固定的中性粒细胞上呈现胞浆中均匀弥散分布的细颗粒状荧光,在分叶核间无增强的荧光染色。不典型 cANCA 阳性时常出现乙醇固定的人中性粒细胞荧光强度强于甲醛固定的人中性粒细胞基质上的荧光强度。

综合以上情况,该标本可判断为不典型 cANCA 阳性。

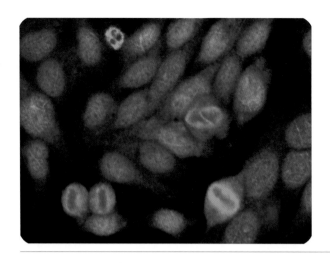

▶ 图 7-2-4
　HEp-2 细胞和人中性粒细胞

▶ 图 7-2-5
　甲醛固定的人中性粒细胞

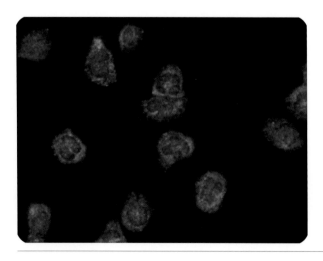

▶ 图 7-2-6
　乙醇固定的人中性粒细胞

【IIF-ANCA 判读结果】
ANCA 阳性,不典型 cANCA 型。

【ANCA 谱结果】

靶抗原	定性结果	定量结果	单位	参考范围
MPO	阴性	2.38	RU/ml	≤20
PR3	阴性	2.00	RU/ml	≤20
LF	阴性	0.19	S/CO	≤1
HLE	阴性	0.04	S/CO	≤1
CG	阴性	0.03	S/CO	≤1
BPI	阳性	7.24	S/CO	≤1

【临床资料】
女性患者,71 岁。临床诊断：Ⅱ型糖尿病。

【IIF-ANCA 结果判读解析】
HEp-2 细胞上为 ANA 细胞核斑点型荧光染色,在后续乙醇固定的人中性粒细胞上判断 ANCA 结果时,需要考虑 ANA 细胞核斑点型荧光染色的干扰。中性粒细胞荧光染色阳性,表明存在 ANCA 或者 GS-ANA。

甲醛固定的人中性粒细胞胞浆呈现均匀弥散分布的细颗粒状荧光,在分叶核间无增强的荧光染色。因此可以判断存在 ANCA,荧光强度较弱。

乙醇固定的人中性粒细胞胞浆呈现均匀弥散分布的细颗粒状荧光,胞浆中的荧光可清晰勾勒出细胞及细胞核的形态,在分叶核间无增强的荧光染色。该标本除了中性粒细胞胞浆细颗粒状荧光染色,还可见细胞核颗粒状荧光染色背景,考虑为 ANA 细胞核斑点型荧光染色的干扰。

综合以上情况,该标本可判断为不典型 cANCA 阳性。ANCA 谱检测结果显示针对靶抗原 BPI 的抗体阳性。

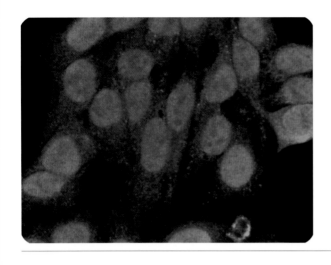

► 图 7-2-7
HEp-2 细胞和人中性粒细胞

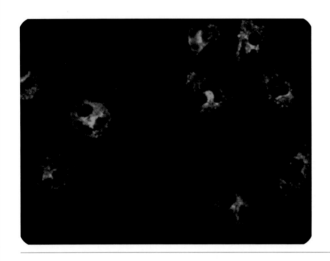

► 图 7-2-8
甲醛固定的人中性粒细胞

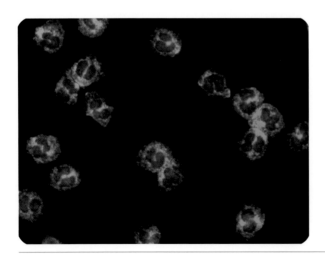

► 图 7-2-9
乙醇固定的人中性粒细胞

【IIF-ANCA 判读结果】

ANCA 阳性,不典型 cANCA 型。

【ANCA 谱结果】

靶抗原	定性结果	定量结果	单位	参考范围
MPO	阴性	2.00	RU/ml	≤20
PR3	阴性	2.00	RU/ml	≤20
LF	阴性	0.18	S/CO	≤1
HLE	阴性	0.05	S/CO	≤1
CG	阴性	0.07	S/CO	≤1
BPI	阴性	0.07	S/CO	≤1

【临床资料】

男性患者,62 岁。临床诊断:蛋白尿;Ⅱ型糖尿病;高脂血症。

【IIF-ANCA 结果判读解析】

HEp-2 细胞上为 ANA 细胞核斑点型荧光染色,在后续乙醇固定的人中性粒细胞上判断 ANCA 结果时,需要考虑 ANA 细胞核斑点型荧光染色的干扰。

在甲醛固定的中性粒细胞上呈现胞浆中均匀弥散分布的细颗粒状荧光,在分叶核间无增强的荧光染色。因此可以判断存在 ANCA。

在乙醇固定的中性粒细胞上呈现胞浆中均匀弥散分布的细颗粒状荧光,在分叶核间无增强的荧光染色。不典型 cANCA 阳性时常出现乙醇固定的人中性粒细胞荧光强度强于甲醛固定的人中性粒细胞基质上的荧光强度。

综合以上情况,该标本可判断为不典型 cANCA 阳性。

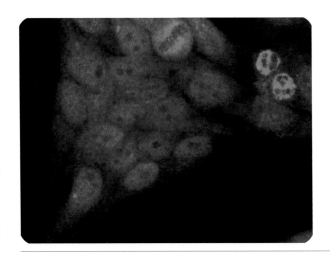

▶ 图 7-2-10
HEp-2 细胞和人中性粒细胞

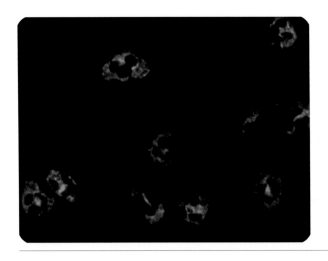

▶ 图 7-2-11
甲醛固定的人中性粒细胞

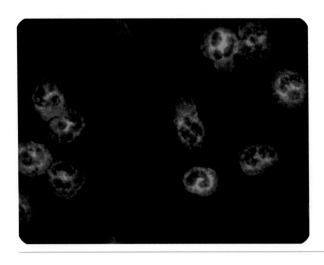

▶ 图 7-2-12
乙醇固定的人中性粒细胞

【IIF-ANCA 判读结果】

ANCA 阳性,不典型 cANCA 型。

【ANCA 谱结果】

靶抗原	定性结果	定量结果	单位	参考范围
MPO	阴性	2.00	RU/ml	≤20
PR3	阴性	16.43	RU/ml	≤20
LF	阴性	0.28	S/CO	≤1
HLE	阴性	0.03	S/CO	≤1
CG	阴性	0.01	S/CO	≤1
BPI	阳性	2.20	S/CO	≤1

【临床资料】

女性患者,52 岁。临床诊断:腹痛。

【IIF-ANCA 结果判读解析】

HEp-2 细胞为 ANA 细胞核斑点型和胞浆型的弱荧光染色,所以在后续甲醛固定的人中性粒细胞和乙醇固定的人中性粒细胞上判断 ANCA 结果时,需要考虑 ANA 细胞核斑点型和胞浆型荧光染色的干扰。中性粒细胞荧光染色阳性,表明存在 ANCA 或者 GS-ANA。

甲醛固定的人中性粒细胞胞浆呈现均匀弥散分布的细颗粒状荧光,在分叶核间无增强的荧光染色。因此可以判断存在 ANCA。

在乙醇固定的中性粒细胞上呈现胞浆中均匀弥散分布的细颗粒状荧光,在分叶核间无增强的荧光染色。不典型 cANCA 阳性时常出现乙醇固定的人中性粒细胞荧光强度强于甲醛固定的人中性粒细胞基质上的荧光强度。

综合以上情况,该标本可判断为不典型 cANCA 阳性。ANCA 谱检测结果显示针对靶抗原 BPI 的抗体阳性。

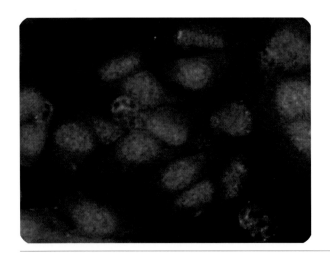

▶ 图 7-2-13
HEp-2 细胞和人中性粒细胞

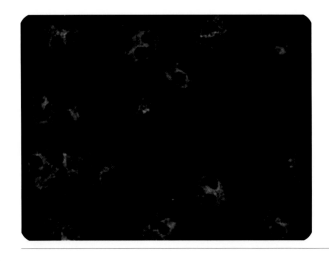

▶ 图 7-2-14
甲醛固定的人中性粒细胞

▶ 图 7-2-15
乙醇固定的人中性粒细胞

【IIF-ANCA 判读结果】

ANCA 阳性,不典型 cANCA 型。

【ANCA 谱结果】

靶抗原	定性结果	定量结果	单位	参考范围
MPO	阴性	2.00	RU/ml	≤20
PR3	阴性	2.19	RU/ml	≤20
LF	阴性	0.07	S/CO	≤1
HLE	阴性	0.16	S/CO	≤1
CG	阴性	0.02	S/CO	≤1
BPI	阴性	0.03	S/CO	≤1

【临床资料】

女性患者,28 岁。临床诊断:甲状腺功能亢进。

【IIF-ANCA 结果判读解析】

HEp-2 细胞上可见 ANA 细胞核斑点型弱荧光染色,在后续乙醇固定的人中性粒细胞上判断 ANCA 结果时,需要考虑 ANA 细胞核斑点型荧光染色的干扰。

甲醛固定的人中性粒细胞胞浆呈现均匀弥散分布的细颗粒状荧光,在分叶核间无增强的荧光染色。因此可以判断存在 ANCA,荧光强度较弱。

在乙醇固定的中性粒细胞上呈现胞浆中均匀弥散分布的细颗粒状荧光,在分叶核间无增强的荧光染色。中性粒细胞核上颗粒状弱荧光染色考虑为 ANA 细胞核斑点型荧光染色的干扰。

综合以上情况,该标本可判断为不典型 cANCA 阳性。

二、胞浆型抗核抗体阳性的不典型 cANCA

胞浆型抗核抗体阳性的不典型 cANCA 见图 7-2-16~ 图 7-2-18。

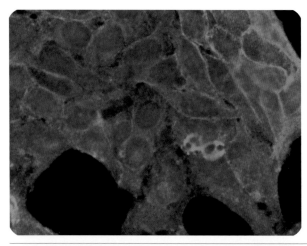

▶ 图 7-2-16
HEp-2 细胞和人中性粒细胞

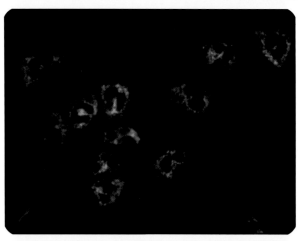

▶ 图 7-2-17
甲醛固定的人中性粒细胞

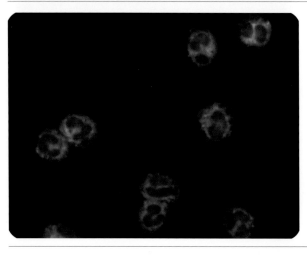

▶ 图 7-2-18
乙醇固定的人中性粒细胞

【IIF-ANCA 判读结果】

ANCA 阳性,不典型 cANCA 型。

【ANCA 谱结果】

靶抗原	定性结果	定量结果	单位	参考范围
MPO	阴性	2.00	RU/ml	≤20
PR3	阴性	3.82	RU/ml	≤20
LF	阴性	0.07	S/CO	≤1
HLE	阴性	0.07	S/CO	≤1
CG	阴性	0.03	S/CO	≤1
BPI	阴性	0.49	S/CO	≤1

【临床资料】

男性患者,52 岁。临床诊断:升主动脉动脉瘤。

【IIF-ANCA 结果判读解析】

HEp-2 细胞可见胞浆型荧光染色,在后续甲醛固定的人中性粒细胞上判断 ANCA 结果时,需要考虑 ANA 胞浆型荧光染色的干扰。

甲醛固定的人中性粒细胞胞浆呈现均匀弥散分布的细颗粒状荧光,在分叶核间无增强的荧光染色。因此可以判断存在 ANCA。

在乙醇固定的中性粒细胞上呈现胞浆中均匀弥散分布的细颗粒状荧光,在分叶核间无增强的荧光染色。

综合以上情况,该标本可判断为不典型 cANCA 阳性。此患者的 ANCA 谱 6 种常见靶抗原对应的抗体检测结果均为阴性。

第八章
抗中性粒细胞胞浆抗体阴性

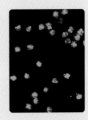

第一节 | 抗核抗体阴性

抗核抗体阴性且 ANCA 阴性的各种常见临床情况见图 8-1-1~ 图 8-1-15。

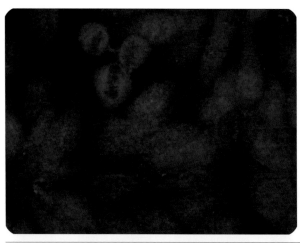

▶ 图 8-1-1
HEp-2 细胞和人中性粒细胞

▶ 图 8-1-2
甲醛固定的人中性粒细胞

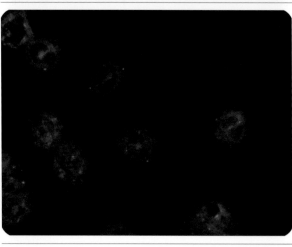

▶ 图 8-1-3
乙醇固定的人中性粒细胞

【IIF-ANCA 判读结果】

ANCA 阴性。

【ANCA 谱结果】

靶抗原	定性结果	定量结果	单位	参考范围
MPO	阴性	0.05	RU/ml	≤20
PR3	阴性	2.00	RU/ml	≤20
LF	阴性	2.00	S/CO	≤1
HLE	阴性	0.09	S/CO	≤1
CG	阴性	0.12	S/CO	≤1
BPI	阴性	0.06	S/CO	≤1

【临床资料】

女性患者,18 岁。临床诊断:间质性肺炎。

【IIF-ANCA 结果判读解析】

HEp-2 细胞上荧光染色阴性。

甲醛固定的人中性粒细胞上荧光染色阴性。

乙醇固定的人中性粒细胞上荧光染色阴性。

综合以上情况,该标本 ANCA 阴性。

► 图 8-1-4
HEp-2 细胞和人中性粒细胞

► 图 8-1-5
甲醛固定的人中性粒细胞

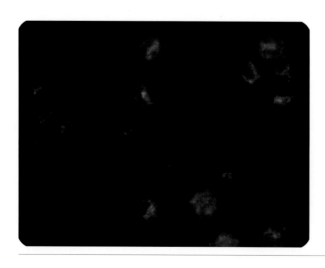

► 图 8-1-6
乙醇固定的人中性粒细胞

【IIF-ANCA 判读结果】
ANCA 阴性。

【ANCA 谱结果】

靶抗原	定性结果	定量结果	单位	参考范围
MPO	阴性	2.00	RU/ml	≤20
PR3	阴性	2.00	RU/ml	≤20
LF	阴性	0.07	S/CO	≤1
HLE	阴性	0.04	S/CO	≤1
CG	阴性	0.00	S/CO	≤1
BPI	阴性	0.12	S/CO	≤1

【临床资料】
男性患者,68 岁。临床诊断:无。

【IIF-ANCA 结果判读解析】
HEp-2 细胞荧光染色阴性。
甲醛固定的人中性粒细胞上荧光染色阴性。
乙醇固定的人中性粒细胞上荧光染色阴性。
综合以上情况,该标本 ANCA 阴性。

▶ 图 8-1-7
HEp-2 细胞和人中性粒细胞

▶ 图 8-1-8
甲醛固定的人中性粒细胞

▶ 图 8-1-9
乙醇固定的人中性粒细胞

【IIF-ANCA 判读结果】

ANCA 阴性。

【ANCA 谱结果】

靶抗原	定性结果	定量结果	单位	参考范围
MPO	阴性	5.40	RU/ml	≤20
PR3	阴性	2.00	RU/ml	≤20
LF	阴性	0.09	S/CO	≤1
HLE	阴性	0.04	S/CO	≤1
CG	阴性	0.01	S/CO	≤1
BPI	阴性	0.19	S/CO	≤1

【临床资料】

女性患者,64 岁。临床诊断:慢性肾功能不全。

【IIF-ANCA 结果判读解析】

HEp-2 细胞荧光染色阴性。

甲醛固定的人中性粒细胞上荧光染色阴性。

乙醇固定的人中性粒细胞上荧光染色阴性。

综合以上情况,该标本可判断为 ANCA 阴性。

▶ 图 8-1-10
HEp-2 细胞和人中性粒细胞

▶ 图 8-1-11
甲醛固定的人中性粒细胞

▶ 图 8-1-12
乙醇固定的人中性粒细胞

【IIF-ANCA 判读结果】

ANCA 阴性。

【ANCA 谱结果】

靶抗原	定性结果	定量结果	单位	参考范围
MPO	阴性	8.62	RU/ml	≤20
PR3	阴性	5.87	RU/ml	≤20
LF	阴性	0.10	S/CO	≤1
HLE	阴性	0.29	S/CO	≤1
CG	阴性	0.13	S/CO	≤1
BPI	阴性	0.92	S/CO	≤1

【临床资料】

女性患者,63 岁。临床诊断:肺部阴影。

【IIF-ANCA 结果判读解析】

HEp-2 细胞荧光染色阴性。

甲醛固定的人中性粒细胞上荧光染色阴性。

乙醇固定的人中性粒细胞上荧光染色阴性。

综合以上情况,该标本可判断为 ANCA 阴性。

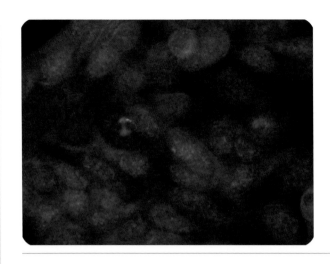

▶ 图 8-1-13
HEp-2 细胞和人中性粒细胞

▶ 图 8-1-14
甲醛固定的人中性粒细胞

▶ 图 8-1-15
乙醇固定的人中性粒细胞

【IIF-ANCA 判读结果】

ANCA 阴性。

【ANCA 谱结果】

靶抗原	定性结果	定量结果	单位	参考范围
MPO	阴性	2.00	RU/ml	≤20
PR3	阴性	2.00	RU/ml	≤20
LF	阴性	0.08	S/CO	≤1
HLE	阴性	0.02	S/CO	≤1
CG	阴性	0.31	S/CO	≤1
BPI	阴性	0.10	S/CO	≤1

【临床资料】

男性患者,50 岁。临床诊断:血尿;蛋白尿。

【IIF-ANCA 结果判读解析】

HEp-2 细胞荧光染色阴性。

甲醛固定的人中性粒细胞上荧光染色阴性。

乙醇固定的人中性粒细胞弱荧光染色,并不能明确肯定 ANCA 阳性。

综合以上情况,该标本判断为 ANCA 阴性。此患者的 ANCA 谱 6 种常见靶抗原对应的抗体检测结果也均为阴性。

第二节　抗核抗体阳性

抗核抗体阳性 ANCA 阴性的各种常见临床情况见图 8-2-1~ 图 8-2-21。

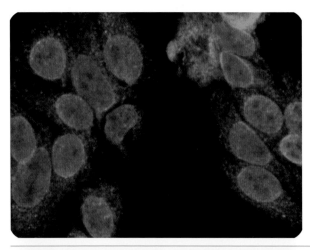

▶ 图 8-2-1
HEp-2 细胞和人中性粒细胞

▶ 图 8-2-2
甲醛固定的人中性粒细胞

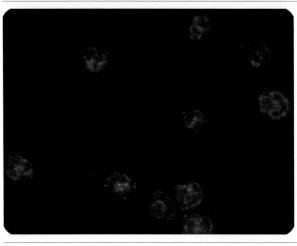

▶ 图 8-2-3
乙醇固定的人中性粒细胞

【IIF-ANCA 判读结果】

ANCA 阴性。

【ANCA 谱结果】

靶抗原	定性结果	定量结果	单位	参考范围
MPO	阴性	2.00	RU/ml	≤20
PR3	阴性	2.00	RU/ml	≤20
LF	阴性	0.12	S/CO	≤1
HLE	阴性	0.02	S/CO	≤1
CG	阴性	0.01	S/CO	≤1
BPI	阴性	0.26	S/CO	≤1

【临床资料】

女性患者,70 岁。临床诊断:自身免疫性肝炎。

【IIF-ANCA 结果判读解析】

HEp-2 细胞上为 ANA 细胞核核膜型荧光染色,在后续乙醇固定的人中性粒细胞上判断 ANCA 结果时,需要考虑 ANA 细胞核核膜型荧光染色的干扰。

甲醛固定的人中性粒细胞呈荧光染色阴性。

乙醇固定的人中性粒细胞呈现核周胞浆的平滑丝带状荧光,无带状荧光向细胞核内浸润,荧光阳性染色均匀分布于核周,无不规则的块状,上述弱的荧光染色考虑为 ANA 细胞核核膜型荧光染色的干扰。

综合以上情况,该标本可判断为 ANCA 阴性。此患者的 ANCA 谱 6 种常见靶抗原对应的抗体检测结果也均为阴性。

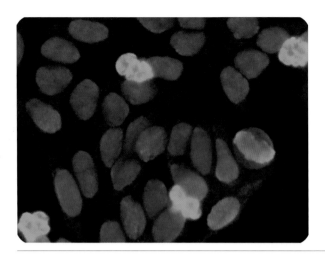

▶ 图 8-2-4
HEp-2 细胞和人中性粒细胞

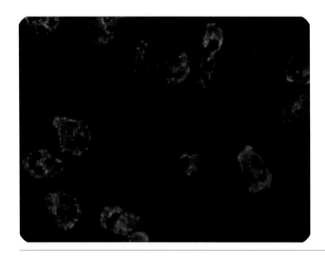

▶ 图 8-2-5
甲醛固定的人中性粒细胞

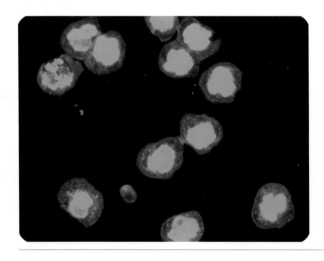

▶ 图 8-2-6
乙醇固定的人中性粒细胞

【IIF-ANCA 判读结果】

ANCA 阴性。

【ANCA 谱结果】

靶抗原	定性结果	定量结果	单位	参考范围
MPO	阴性	2.00	RU/ml	≤20
PR3	阴性	2.00	RU/ml	≤20
LF	阴性	0.16	S/CO	≤1
HLE	阴性	0.01	S/CO	≤1
CG	阴性	0.01	S/CO	≤1
BPI	阴性	0.02	S/CO	≤1

【临床资料】

女性患者,33岁。临床诊断:系统性红斑狼疮(systemic lupus erythematosus,SLE)。

【IIF-ANCA 结果判读解析】

HEp-2 细胞为 ANA 细胞核均质型强荧光染色,细胞核周荧光染色加强,所以在后续乙醇固定的人中性粒细胞上判断 ANCA 结果时,需要考虑 ANA 细胞核均质型荧光染色的干扰,特别是由于核周荧光染色加强,导致对乙醇固定的人中性粒细胞上误判为 pANCA 的干扰。中性粒细胞荧光染色阳性,表明存在 ANCA 或者 GS-ANA。

甲醛固定的人中性粒细胞胞浆荧光强度较弱,因此无法判断是否存在 ANCA。

乙醇固定的人中性粒细胞上可见整个细胞核的强荧光染色,考虑为 ANA 均质型核成分在乙醇固定的人中性粒细胞上的干扰。核周可见带状荧光染色加强,考虑是均质型荧光染色导致的核周荧光增强。结合甲醛固定的人中性粒细胞胞浆荧光染色情况,考虑 ANCA 阴性。在采用荧光法检测 ANCA 时,不能依据 HEp-2 细胞和乙醇固定的人中性粒细胞荧光染色强度差异来判断是否存在 ANCA,因为采用荧光法检测 ANA 和 ANCA 时,两者的标本的最佳稀释度是不同的,因此在同一个稀释度下,荧光强度差异不能作为是否存在 ANCA 的依据。

综合以上情况,该标本可判断为 ANCA 阴性。

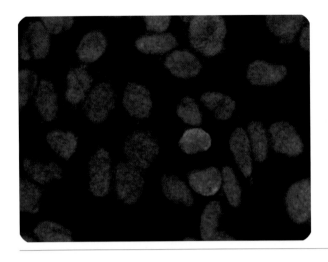

► 图 8-2-7
HEp-2 细胞和人中性粒细胞

► 图 8-2-8
甲醛固定的人中性粒细胞

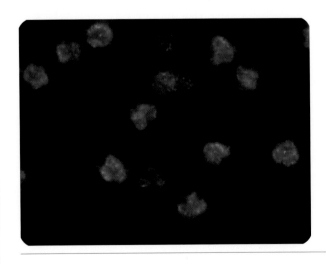

► 图 8-2-9
乙醇固定的人中性粒细胞

【IIF-ANCA 判读结果】

ANCA 阴性。

【ANCA 谱结果】

靶抗原	定性结果	定量结果	单位	参考范围
MPO	阴性	20.00	RU/ml	≤20
PR3	阴性	2.15	RU/ml	≤20
LF	阴性	0.52	S/CO	≤1
HLE	阴性	0.03	S/CO	≤1
CG	阴性	0.23	S/CO	≤1
BPI	阴性	0.14	S/CO	≤1

【临床资料】

女性患者,23 岁。临床诊断:系统性红斑狼疮。

【IIF-ANCA 结果判读解析】

HEp-2 细胞为 ANA 细胞核均质型荧光染色,所以在后续乙醇固定的人中性粒细胞上判断 ANCA 结果时,需要考虑 ANA 细胞核均质型荧光染色的干扰。

甲醛固定的人中性粒细胞呈荧光染色阴性。

乙醇固定的人中性粒细胞上整个细胞核有弱荧光染色,细胞核上的荧光染色可考虑为 ANA 细胞核均质型荧光染色在乙醇固定的人中性粒细胞上的干扰。

综合以上情况,该标本可判断为 ANCA 阴性。此患者的 ANCA 谱 6 种常见靶抗原对应的抗体检测结果也均为阴性。

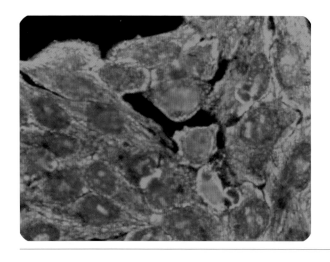

▶ 图 8-2-10
HEp-2 细胞和人中性粒细胞

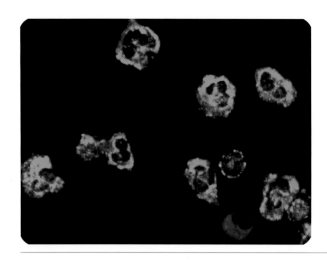

▶ 图 8-2-11
甲醛固定的人中性粒细胞

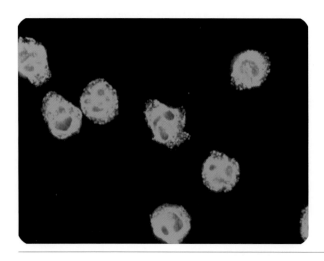

▶ 图 8-2-12
乙醇固定的人中性粒细胞

【IIF-ANCA 判读结果】

ANCA 阴性。

【ANCA 谱结果】

靶抗原	定性结果	定量结果	单位	参考范围
MPO	阴性	2.00	RU/ml	≤20
PR3	阴性	2.34	RU/ml	≤20
LF	阴性	0.09	S/CO	≤1
HLE	阴性	0.08	S/CO	≤1
CG	阴性	0.02	S/CO	≤1
BPI	阴性	0.40	S/CO	≤1

【临床资料】

女性患者,33 岁。临床诊断:腹水。

【IIF-ANCA 结果判读解析】

HEp-2 细胞为 ANA 细胞核核仁型和胞浆型荧光染色,所以在后续甲醛固定的人中性粒细胞和乙醇固定的人中性粒细胞上判断 ANCA 结果时,需要考虑 ANA 细胞核核仁型和胞浆型荧光染色的干扰。

甲醛固定的人中性粒细胞胞浆呈现弥散分布、粗细不一的颗粒状荧光,考虑为 HEp-2 细胞胞浆型荧光染色的干扰。

乙醇固定的人中性粒细胞上呈现胞浆中均匀弥散分布的细颗粒状荧光,在分叶核间无增强的荧光染色,考虑为 HEp-2 细胞胞浆型荧光染色的干扰。细胞核核仁上的荧光染色可考虑为 ANA 细胞核核仁型荧光染色在乙醇固定的人中性粒细胞上的干扰。

综合以上情况,该标本可判断为不典型 cANCA 阳性。此患者的 ANCA 谱 6 种常见靶抗原对应的抗体检测结果均为阴性。当 HEp-2 细胞出现抗核糖体核糖核蛋白(ribosomal ribonucleoprotein,rRNP)抗体特征性荧光染色时(分裂间期 HEp-2 细胞胞浆呈现非常致密、均匀的细颗粒状荧光染色,有时呈"云雾状"覆盖部分或整个细胞浆,细胞核周围区荧光染色加强,常伴有特征性空泡出现,细胞核浆为荧光染色阴性,细胞核仁呈现均质型荧光染色),甲醛固定的人中性粒细胞和乙醇固定的中性粒细胞常呈现与此患者一样的荧光染色干扰。

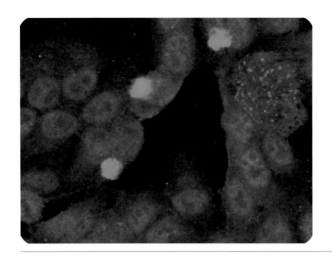

▶ 图 8-2-13
HEp-2 细胞和人中性粒细胞

▶ 图 8-2-14
甲醛固定的人中性粒细胞

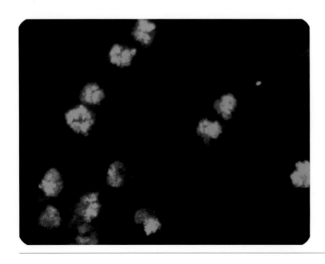

▶ 图 8-2-15
乙醇固定的人中性粒细胞

【IIF-ANCA 判读结果】

ANCA 阴性。

【ANCA 谱结果】

靶抗原	定性结果	定量结果	单位	参考范围
MPO	阴性	18.39	RU/ml	≤20
PR3	阴性	15.52	RU/ml	≤20
LF	阴性	0.15	S/CO	≤1
HLE	阴性	0.15	S/CO	≤1
CG	阴性	0.46	S/CO	≤1
BPI	阴性	0.30	S/CO	≤1

【临床资料】

女性患者,45 岁。临床诊断:口腔溃疡。

【IIF-ANCA 结果判读解析】

HEp-2 细胞上为 ANA 细胞核斑点型弱荧光染色,在后续乙醇固定的人中性粒细胞上判断 ANCA 结果时,需要考虑 ANA 细胞核斑点型荧光染色的干扰。

甲醛固定的人中性粒细胞上荧光染色阴性。

乙醇固定的人中性粒细胞核上呈现颗粒状荧光染色,但并非典型的 ANCA 荧光染色,考虑为 ANA 细胞核斑点型荧光染色在乙醇固定的人中性粒细胞上的干扰。

综合以上情况,该标本判断为 ANCA 阴性。此患者的 ANCA 谱 6 种常见靶抗原对应的抗体检测结果也均为阴性。

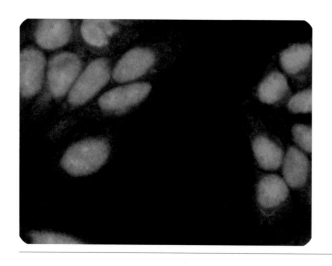

▶ 图 8-2-16
HEp-2 细胞和人中性粒细胞

▶ 图 8-2-17
甲醛固定的人中性粒细胞

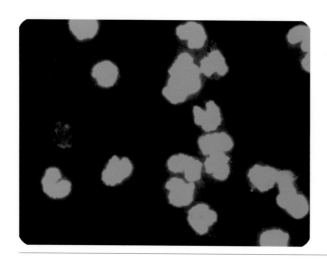

▶ 图 8-2-18
乙醇固定的人中性粒细胞

【IIF-ANCA 判读结果】

ANCA 阴性。

【ANCA 谱结果】

靶抗原	定性结果	定量结果	单位	参考范围
MPO	阴性	3.73	RU/ml	≤20
PR3	阴性	2.00	RU/ml	≤20
LF	阴性	0.29	S/CO	≤1
HLE	阴性	0.07	S/CO	≤1
CG	阴性	0.00	S/CO	≤1
BPI	阴性	0.09	S/CO	≤1

【临床资料】

男性患者,69 岁。临床诊断:肾功能不全。

【IIF-ANCA 结果判读解析】

HEp-2 细胞为 ANA 细胞核均质型强荧光染色,同时胞浆中可见胞浆型弱荧光染色,所以在后续甲醛固定的人中性粒细胞和乙醇固定的人中性粒细胞上判断 ANCA 结果时,需要考虑 ANA 细胞核均质型和胞浆型荧光染色的干扰。

甲醛固定的人中性粒细胞呈荧光染色阴性。

乙醇固定的人中性粒细胞上整个细胞核有荧光染色,细胞核上的荧光染色可考虑为 ANA 细胞核均质型荧光染色在乙醇固定的人中性粒细胞上的干扰。

综合以上情况,该标本可判断为 ANCA 阴性。此患者的 ANCA 谱 6 种常见靶抗原对应的抗体检测结果均为阴性。

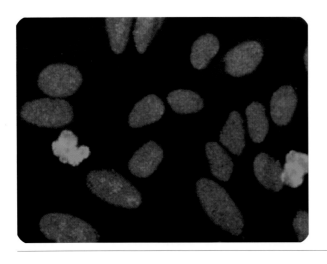

► 图 8-2-19
HEp-2 细胞和人中性粒细胞

► 图 8-2-20
甲醛固定的人中性粒细胞

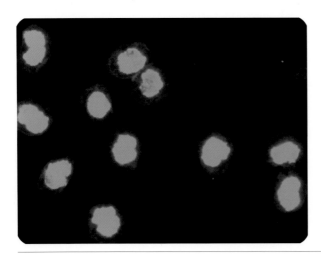

► 图 8-2-21
乙醇固定的人中性粒细胞

【IIF-ANCA 判读结果】

ANCA 阴性。

【ANCA 谱结果】

靶抗原	定性结果	定量结果	单位	参考范围
MPO	阴性	2.00	RU/ml	≤20
PR3	阴性	2.00	RU/ml	≤20
LF	阴性	0.09	S/CO	≤1
HLE	阴性	0.07	S/CO	≤1
CG	阴性	0.01	S/CO	≤1
BPI	阴性	0.20	S/CO	≤1

【临床资料】

女性患者,46 岁。临床诊断:结缔组织病(CTD)。

【IIF-ANCA 结果判读解析】

HEp-2 细胞为 ANA 细胞核均质型荧光染色,所以在后续乙醇固定的人中性粒细胞上判断 ANCA 结果时,需要考虑 ANA 细胞核均质型荧光染色的干扰。中性粒细胞荧光染色阳性,且与 HEp-2 细胞荧光强度基本一致,因此不考虑 GS-ANA 的存在。

甲醛固定的人中性粒细胞呈荧光染色阴性。

乙醇固定的人中性粒细胞上整个细胞核有荧光染色,可考虑为 ANA 均质型荧光染色在乙醇固定的人中性粒细胞上的干扰。因为乙醇固定的人中性粒细胞检测 ANCA 的最佳稀释度(如 1∶10)低于 HEp-2 细胞检测 ANA 的最佳稀释度(如 1∶100),因此在采用 ANCA 的最佳稀释度稀释血清检测 ANCA 时,如果血清中 ANA 滴度很高会导致 HEp-2 细胞 ANA 荧光强度低于真实强度。所以,虽然该标本乙醇固定的人中性粒细胞上荧光强度远高于 HEp-2 细胞核均质型荧光染色,但并不能以此作为存在 ANCA 的判断依据。

综合以上情况,该标本可判断为 ANCA 阴性。此患者的 ANCA 谱 6 种常见靶抗原对应的抗体检测结果均为阴性。

第三节 粒细胞特异性抗核抗体阳性

粒细胞特异性抗核抗体(GS-ANA)阳性常见临床情况见图 8-3-1~ 图 8-3-9。

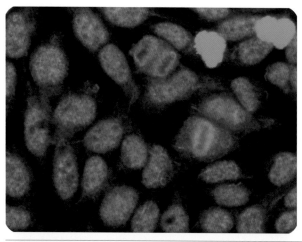

▶ 图 8-3-1
HEp-2 细胞和人中性粒细胞

▶ 图 8-3-2
甲醛固定的人中性粒细胞

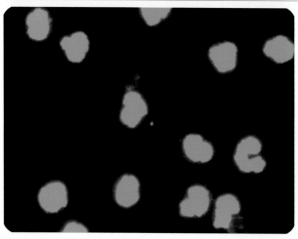

▶ 图 8-3-3
乙醇固定的人中性粒细胞

【IIF-ANCA 判读结果】

ANCA 阴性,GS-ANA 阳性。

【ANCA 谱结果】

靶抗原	定性结果	定量结果	单位	参考范围
MPO	阴性	4.54	RU/ml	≤20
PR3	阴性	2.00	RU/ml	≤20
LF	阴性	0.21	S/CO	≤1
HLE	阴性	0.00	S/CO	≤1
CG	阴性	0.00	S/CO	≤1
BPI	阴性	0.03	S/CO	≤1

【临床资料】

男性患者,69 岁。临床诊断:肾功能不全。

【IIF-ANCA 结果判读解析】

HEp-2 细胞上为 ANA 细胞核颗粒型荧光染色,在后续乙醇固定的人中性粒细胞上判断 ANCA 结果时,需要考虑 ANA 细胞核颗粒型荧光染色的干扰。中性粒细胞荧光染色阳性,且荧光强度强于 ANA 细胞核颗粒型荧光染色,表明存在 ANCA 或者 GS-ANA。

甲醛固定的人中性粒细胞上荧光染色阴性。

乙醇固定的人中性粒细胞核呈均匀的强荧光染色,中性粒细胞无核周荧光增强或者胞浆颗粒型荧光染色的表现,因此不考虑 ANCA 阳性。中性粒细胞核上未见整个细胞核的颗粒型荧光染色,排除 ANA 细胞核颗粒型在乙醇固定的人中性粒细胞上的干扰。

综合以上情况,该标本可考虑为 ANCA 阴性,GS-ANA 阳性。因以 HEp-2 细胞为基质检测 ANA 和以甲醛或乙醇固定的人中性粒细胞为基质检测 ANCA 时血清标本的最佳稀释度不相同,所以不能在检测 ANCA 最佳稀释度情况下,以乙醇固定的人中性粒细胞上荧光强度高于 HEp-2 细胞荧光强度作为存在 ANCA 的依据。

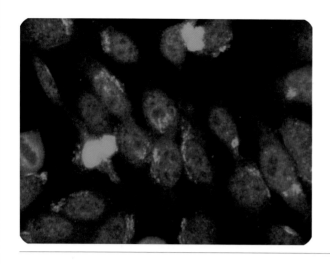

► 图 8-3-4
HEp-2 细胞和人中性粒细胞

► 图 8-3-5
甲醛固定的人中性粒细胞

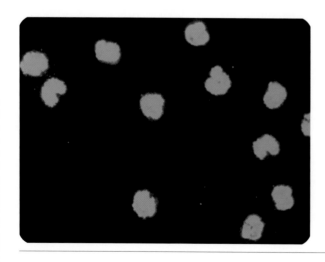

► 图 8-3-6
乙醇固定的人中性粒细胞

【IIF-ANCA 判读结果】
ANCA 阴性,GS-ANA 阳性。

【ANCA 谱结果】

靶抗原	定性结果	定量结果	单位	参考范围
MPO	阴性	2.00	RU/ml	≤20
PR3	阴性	2.00	RU/ml	≤20
LF	阴性	0.19	S/CO	≤1
HLE	阴性	0.03	S/CO	≤1
CG	阴性	0.01	S/CO	≤1
BPI	阴性	0.27	S/CO	≤1

【临床资料】
男性患者,71 岁。临床诊断:类风湿关节炎。

【IIF-ANCA 结果判读解析】
HEp-2 细胞上为 ANA 细胞核颗粒型弱荧光染色,在后续乙醇固定的人中性粒细胞上判断 ANCA 结果时,需要考虑 ANA 细胞核颗粒型荧光染色的干扰。中性粒细胞荧光染色阳性,荧光强度远高于 HEp-2 细胞上 ANA 细胞核颗粒型弱荧光染色的强度,表明存在 ANCA 或者 GS-ANA。

甲醛固定的人中性粒细胞上荧光染色阴性。

乙醇固定的人中性粒细胞核呈均匀的强荧光染色,中性粒细胞无核周荧光增强或者胞浆颗粒型荧光染色的表现,因此不考虑 ANCA 阳性。中性粒细胞核上未见整个细胞核的颗粒型荧光染色,排除 ANA 细胞核颗粒型在乙醇固定的人中性粒细胞上的干扰。

综合以上情况,该标本可考虑为 ANCA 阴性,GS-ANA 阳性。在类风湿关节炎患者中,GS-ANA 的阳性率较高,在临床 IIF-ANCA 检测中应注意,避免将 GS-ANA 误认为 ANCA 阳性。

► 图 8-3-7
HEp-2 细胞和人中性粒细胞

► 图 8-3-8
甲醛固定的人中性粒细胞

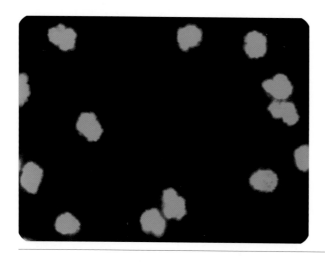

► 图 8-3-9
乙醇固定的人中性粒细胞

【IIF-ANCA 判读结果】

ANCA 阴性,GS-ANA 阳性。

【ANCA 谱结果】

靶抗原	定性结果	定量结果	单位	参考范围
MPO	阴性	2.00	RU/ml	≤20
PR3	阴性	2.00	RU/ml	≤20
LF	阴性	0.08	S/CO	≤1
HLE	阴性	0.02	S/CO	≤1
CG	阴性	0.01	S/CO	≤1
BPI	阴性	0.04	S/CO	≤1

【临床资料】

女性患者,54 岁。临床诊断:发热。

【IIF-ANCA 结果判读解析】

HEp-2 细胞为 ANA 胞浆型荧光染色,所以在后续甲醛固定的人中性粒细胞上判断 ANCA 结果时,需要考虑 ANA 胞浆型荧光染色的干扰。中性粒细胞荧光染色阳性,表明存在 ANCA 或者 GS-ANA。

甲醛固定的人中性粒细胞上荧光染色阴性。

乙醇固定的人中性粒细胞核上呈现明亮的均质型荧光染色,但并非典型的 ANCA 荧光染色,考虑为 GS-ANA 荧光染色在乙醇固定的人中性粒细胞上的呈现。

综合以上情况,该标本 ANCA 阴性,GS-ANA 阳性。此患者的 ANCA 谱 6 种常见靶抗原对应的抗体检测结果也均为阴性。

第四节　抗 MPO 抗体阳性

抗 MPO 抗体阳性而 ANCA 阴性的临床情况见图 8-4-1~ 图 8-4-6。

▶ 图 8-4-1
HEp-2 细胞和人中性粒细胞

▶ 图 8-4-2
甲醛固定的人中性粒细胞

▶ 图 8-4-3
乙醇固定的人中性粒细胞

【IIF-ANCA 判读结果】

ANCA 阴性。

【ANCA 谱结果】

靶抗原	定性结果	定量结果	单位	参考范围
MPO	阳性	44.27	RU/ml	≤20
PR3	阴性	2.00	RU/ml	≤20
LF	阴性	0.11	S/CO	≤1
HLE	阴性	0.10	S/CO	≤1
CG	阴性	0.03	S/CO	≤1
BPI	阴性	0.19	S/CO	≤1

【临床资料】

男性患者,74 岁。临床诊断:显微镜下多血管炎(MPA);肺间质纤维化。

【IIF-ANCA 结果判读解析】

HEp-2 细胞荧光染色阴性。

甲醛固定的人中性粒细胞呈荧光染色阴性。

乙醇固定的人中性粒细胞上荧光染色阴性。

综合以上情况,该标本可判断为 ANCA 阴性。但此患者 ANCA 谱中的靶抗原 MPO 的抗体为阳性结果,且临床诊断为 MPA。血管炎患者经过临床治疗后,可出现 IIF-ANCA 阴性,而靶抗原特异性抗体阳性。

▶ 图 8-4-4
HEp-2 细胞和人中性粒细胞

▶ 图 8-4-5
甲醛固定的人中性粒细胞

▶ 图 8-4-6
乙醇固定的人中性粒细胞

【IIF-ANCA 判读结果】

ANCA 阴性。

【ANCA 谱结果】

靶抗原	定性结果	定量结果	单位	参考范围
MPO	阳性	34.00	RU/ml	≤20
PR3	阴性	2.00	RU/ml	≤20
LF	阴性	0.12	S/CO	≤1
HLE	阴性	0.05	S/CO	≤1
CG	阴性	0.00	S/CO	≤1
BPI	阴性	0.09	S/CO	≤1

【临床资料】

女性患者,44 岁。临床诊断:肉芽肿性多血管炎(GPA);肺部感染。

【IIF-ANCA 结果判读解析】

HEp-2 细胞荧光染色阴性。

甲醛固定的人中性粒细胞呈荧光染色阴性。

乙醇固定的人中性粒细胞荧光染色阴性。

综合以上情况,该标本 ANCA 阴性。但此患者的 ANCA 谱中针对靶抗原 MPO 的抗体检测结果为阳性,血管炎患者经过临床治疗后,可出现 IIF-ANCA 阴性,而靶抗原特异性抗体阳性。

第五节 抗 PR3 抗体阳性

抗 PR3 抗体阳性而 ANCA 阴性的情况见图 8-5-1~ 图 8-5-3。

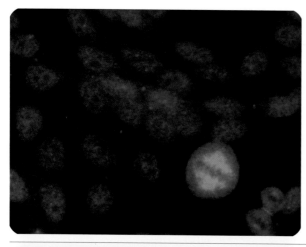

► 图 8-5-1
HEp-2 细胞和人中性粒细胞

► 图 8-5-2
甲醛固定的人中性粒细胞

► 图 8-5-3
乙醇固定的人中性粒细胞

【IIF-ANCA 判读结果】

ANCA 阴性。

【ANCA 谱结果】

靶抗原	定性结果	定量结果	单位	参考范围
MPO	阴性	2.00	RU/ml	≤ 20
PR3	阳性	108.67	RU/ml	≤ 20
LF	阴性	0.07	S/CO	≤ 1
HLE	阴性	0.01	S/CO	≤ 1
CG	阴性	0.01	S/CO	≤ 1
BPI	阴性	0.13	S/CO	≤ 1

【临床资料】

男性患者,36 岁。临床诊断:肉芽肿性多血管炎(GPA)。

【IIF-ANCA 结果判读解析】

HEp-2 细胞上为 ANA 细胞核斑点型荧光染色,在后续乙醇固定的人中性粒细胞上判断 ANCA 结果时,需要考虑 ANA 细胞核斑点型荧光染色的干扰。

甲醛固定的人中性粒细胞呈荧光染色阴性。

乙醇固定的人中性粒细胞荧光染色阴性。

综合以上情况,该标本 ANCA 阴性。但此患者的 ANCA 谱中针对靶抗原 PR3 的抗体检测结果为阳性,血管炎患者经过临床治疗后,可出现 IIF-ANCA 阴性,而靶抗原特异性抗体阳性。

第六节　抗 MPO 抗体和抗 PR3 抗体阳性

抗 MPO 抗体和抗 PR3 抗体阳性而 ANCA 阴性的情况见图 8-6-1~ 图 8-6-3。

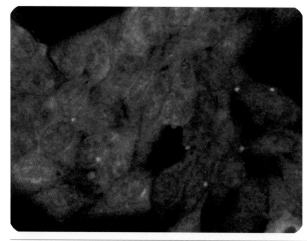

▶ 图 8-6-1
HEp-2 细胞和人中性粒细胞

▶ 图 8-6-2
甲醛固定的人中性粒细胞

▶ 图 8-6-3
乙醇固定的人中性粒细胞

【 IIF–ANCA 判读结果 】

ANCA 阴性。

【 ANCA 谱结果 】

靶抗原	定性结果	定量结果	单位	参考范围
MPO	阳性	40.23	RU/ml	≤20
PR3	阳性	39.33	RU/ml	≤20
LF	阴性	0.10	S/CO	≤1
HLE	阴性	0.05	S/CO	≤1
CG	阴性	0.03	S/CO	≤1
BPI	阴性	0.16	S/CO	≤1

【 临床资料 】

男性患者,70 岁。临床诊断:蛋白尿;肺部阴影。

【 IIF–ANCA 结果判读解析 】

HEp-2 细胞胞浆中可见胞浆型弱荧光染色,在后续甲醛固定的人中性粒细胞上判断 ANCA 结果时,需要考虑 ANA 胞浆型荧光染色的干扰。

甲醛固定的人中性粒细胞上荧光染色阴性。

乙醇固定的人中性粒细胞上荧光染色阴性。

综合以上情况,该标本判断为 ANCA 阴性。临床上如遇到 IIF–ANCA 阴性,而针对靶抗原 MPO 和 PR3 的抗体检测结果同时阳性时,可先不考虑血管炎诊断。常见于重症感染患者,可能是由于患者感染导致体内产生干扰针对靶抗原 MPO 和 PR3 的抗体检测方法导致的假阳性。但如果遇到 IIF–ANCA 阳性,同时针对靶抗原 MPO 和 PR3 的抗体检测结果阳性时,首先考虑血管炎。

参 考 文 献

［1］ Davies DJ, Moran JE, Niall JF, et al.Segmental necrotizing glomerulonephritis with antineutrophil antibody: possible arbovirus aetiology ? Br Med J (Clin Res Ed), 1982, 285(6342):606.

［2］ van der Woude FJ, Rasmussen N, Lobatto S, et al.Autoantibodies against neutrophils and monocytes:tool for diagnosis and marker of disease activity in Wegener's granulomatosis.Lancet, 1985, 1(8462):425–429.

［3］ Falk RJ, Jennette JC.Anti-neutrophil cytoplasmic autoantibodies with specificity for myeloperoxidase in patients with systemic vasculitis and idiopathic necrotizing and crescentic glomerulonephritis.N Engl J Med, 1988, 318(25):1651–1657.

［4］ Goldschmeding R, van der Schoot CE, ten Bokkel Huinink D, et al.Wegener's granulomatosis autoantibodies identify a novel diisopropylfluorophosphate-binding protein in the lysosomes of normal human neutrophils.J Clin Invest, 1989, 84(5):1577–1587.

［5］ Niles JL, McCluskey RT, Ahmad MF, et al.Wegener's granulomatosis autoantigen is a novel neutrophil serine proteinase.Blood, 1989, 74(6):1888–1893.

［6］ Jenne DE, Tschopp J, Ludemann J, et al.Wegener's autoantigen decoded.Nature, 1990, 346(6284):520.

［7］ Schulte-Pelkum J, Radice A, Norman GL, et al.Novel clinical and diagnostic aspects of antineutrophil cytoplasmic antibodies.J Immunol Res.2014, 2014:185416.

［8］ Bosch X, Guilabert A, Font J.Antineutrophil cytoplasmic antibodies.Lancet, 2006, 368(9533):404–418.

［9］ Hagen EC, Daha MR, Hermans J, et al.Diagnostic value of standardized assays for anti-neutrophil cytoplasmic antibodies in idiopathic systemic vasculitis.EC/BCR Project for ANCA Assay Standardization.Kidney Int.1998, 53(3):743–753.

［10］ Yates M, Watts R, Bajema I, et al.Validation of the EULAR/ERA-EDTA recommendations for the management of ANCA-associated vasculitis by disease content experts.RMD Open, 2017, 3(1):e000449.

［11］ Savige J, Gillis D, Benson E, et al.International consensus statement on testing and reporting of antineutrophil cytoplasmic antibodies (ANCA).Am J Clin Pathol, 1999, 111(4):507–513.

［12］ Damoiseaux J, Csernok E, Rasmussen N, et al.Detection of antineutrophil cytoplasmic antibodies (ANCAs):a multicentre European Vasculitis Study Group (EUVAS) evaluation of the value of indirect immunofluorescence (IIF) versus antigen-specific immunoassays.Ann Rheum Dis, 2017, 76(4):647–653.

［13］ Monogioudi E, Hutu DP, Martos G, et al.Development of a certified reference material for myeloperoxidase-anti-neutrophil cytoplasmic autoantibodies (MPO-ANCA).Clin Chim Acta, 2017, 467:48–50.

［14］ Bossuyt X, Cohen Tervaert JW, Arimura Y, et al.Position papter:Revised 2017 international consensus on testing of ANCAs in granulomatosis with polyangiitis and microscopic polyangiitis.Nat Rev Rheumatol, 2017, 13(11):683–692.